权威·前沿·原创

皮书系列为
"十二五""十三五""十四五"时期国家重点出版物出版专项规划项目

BLUE BOOK

智库成果出版与传播平台

人才蓝皮书
BLUE BOOK OF TALENTS

中国人工智能人才发展报告（2022）

ANNUAL REPORT ON ARTIFICIAL INTELLIGENCE TALENTS IN CHINA (2022)

主　编／莫　荣
副主编／战梦霞　吴加富

社会科学文献出版社
SOCIAL SCIENCES ACADEMIC PRESS（CHINA）

图书在版编目（CIP）数据

中国人工智能人才发展报告 . 2022/莫荣主编 . --
北京：社会科学文献出版社，2022.10
（人才蓝皮书）
ISBN 978-7-5228-0446-0

Ⅰ . ①中… Ⅱ . ①莫… Ⅲ . ①人工智能-人才培养-
研究报告-中国-2022 Ⅳ . ①TP18

中国版本图书馆 CIP 数据核字（2022）第 127005 号

人才蓝皮书
中国人工智能人才发展报告（2022）

主　　编／莫　荣
副 主 编／战梦霞　吴加富

出 版 人／王利民
组稿编辑／恽　薇
责任编辑／陈凤玲
责任印制／王京美

出　　版／社会科学文献出版社·经济与管理分社（010）59367226
　　　　　地址：北京市北三环中路甲 29 号院华龙大厦　邮编：100029
　　　　　网址：www. ssap. com. cn
发　　行／社会科学文献出版社（010）59367028
印　　装／天津千鹤文化传播有限公司

规　　格／开 本：787mm×1092mm　1/16
　　　　　印 张：20.5　字 数：305 千字
版　　次／2022 年 10 月第 1 版　2022 年 10 月第 1 次印刷
书　　号／ISBN 978-7-5228-0446-0
定　　价／198.00 元

读者服务电话：4008918866

主要编撰单位简介

中国劳动和社会保障科学研究院　　中国劳动和社会保障科学研究院（简称"劳科院"）是人力资源和社会保障部直属事业单位，是中国劳动和社会保障科研领域专业研究机构，主要承担就业创业、社会保障、劳动关系、工资收入分配等理论、政策及应用研究。劳科院发端于 1982 年 5 月原劳动人事部成立的劳动科学研究所，随着事业发展需要和机构改革与职能调整，先后成立劳动工资研究所、国际劳动保障研究所、中国劳动保障科学研究院和社会保障研究所，逐步形成"一院四所"的格局。2017 年 9 月，"一院四所"整合，设立中国劳动和社会保障科学研究院。

在中国改革开放和现代化建设的进程中，劳科院创造性地开展理论探索和政策研究，培养造就了一支素质优良、勇于创新的科研团队，取得一系列具有较大影响的科研成果，对国家劳动社会保障民生领域重大改革与科学决策发挥了支撑作用，得到了党和国家领导人及历任部领导的关怀厚爱。多名知名专家学者和高级领导干部曾先后在院所工作，为院所发展留下宝贵的财富。劳科院有 1 名全国政协委员、2 名文化名家暨"四个一批"人才、1 名"新世纪百千万人才工程"国家级人选、15 名国务院政府特殊津贴专家。其中，悦光昭荣获全国先进工作者称号，宋晓梧获得孙冶方经济学奖，何平、莫荣先后两次为中共中央政治局集体学习进行讲解。

40 年来，劳科院共承担国家社科基金项目等国家级课题 40 余项、部级课题 300 余项，基本科研经费课题 700 余项，社会横向课题 2000 余项。为积极就业政策制定、国家社会保障体系建立、中国特色和谐劳动关系构建、工资收入分配制度改革和劳动社会保障法制体系完善提供支持。参与了《中华人民共和国劳动法》《中华人民共和国就业促进法》《中华人民共和国劳动合同法》《中华人民共和国社会保险法》等多项法律法规的研究起草、评估、修订工作。参与我国第一部劳动保障白皮书《中国的劳动和社会保障状况》和第一部就业白皮书《中国的就业状况和政策》起草和发布。持续参与编制就业促进规划、人社事业发展规划等。编辑出版《中国劳动》学术杂志，出版《中国就业发展报告》《中国薪酬发展报告》《中国人力资源服务产业园发展报告》《中国人工智能人才发展报告》等系列蓝皮书。注重科研数据平台的建设、应用和推广，研发了具有自主知识产权的劳动保障政策仿真模型算法管理平台，建立了劳动力需求、企业薪酬调查及相关科研大数据库，形成面向各研究领域板块的数据采集、模拟分析和应用系统。参与工资收入分配重大改革和政策法规制定，为各级政府及有关部门、企事业单位的劳动人事分配制度改革提供智力支持。

劳科院是我国在国际劳动和社会保障学术交流与科研合作领域的重要组织与牵头单位，与国际劳工组织研究司连续举办了 9 届"中国劳动世界的未来"，与日本、韩国连续共同举办了 19 届"东北亚劳动论坛"等国际研讨会；牵头成立金砖国家劳动研究机构网；先后接待国际劳工组织总干事、南非共产党前总书记、多国劳工部长等高级别代表团来访；是国际社会保障协会（ISSA）联系会员，院领导兼任就业与失业保险专业技术委员会副主席；其归口管理的中国劳动学会是国际劳动与雇佣关系协会国家会员。

劳科院将始终坚持以马克思列宁主义、毛泽东思想、邓小平理论、"三个代表"重要思想、科学发展观、习近平新时代中国特色社会主义思想为指导，把党的政治建设摆在首位，坚持科研工作正确政治方向，心怀"国之大者"，坚持把握大局、服务中心、求真务实、力出精品的办院方针，以国家高端智库建设为目标，围绕劳动就业、收入分配、民生保障等重大理论政策问题，努力为人力资源和社会保障事业高质量发展做出新的更大的贡献。

苏州富纳艾尔科技有限公司　苏州富纳艾尔科技有限公司（简称"富纳科技"）是以智能制造技术服务为核心的教育科技公司，致力于打造全球领先的智能制造技术服务共享平台，为全国100多家智能制造龙头企业提供咨询、设计、安装、调试及运维等技术培训与技术服务，与300多所职业院校合作培养出1万余名高技能领军人才。富纳科技所属中德智能制造学院拥有200多位资深工程师和培训师，开发了工业机器人、智能控制、工业视觉和工业互联网四大领域30多门课程，拥有自主研发的先进实训设备500余台（套）。富纳科技积极参与人工智能领域职业技能标准的研发和职业技能等级的评价工作，参与人社部"工业机器人系统操作员国家职业技能标准""工业视觉系统运维员国家职业技能标准"两项国家职业标准的开发。参与教育部"工业视觉系统运维"职业技能等级证书的开发，是教育部认定的工业视觉系统运维职业技能等级社会评价组织，并拥有低压电气及元器件装配工、电气设备安装工、计算机程序员等企业技能等级评价资质。

主要编撰者简介

主 编

莫 荣 人力资源和社会保障部中国劳动和社会保障科学研究院院长、研究员，全国政协委员，兼任中国就业促进会副会长、《中国劳动》主编、人力资源和社会保障部专家咨询委员会委员。国家文化名家暨"四个一批"人才、"新世纪百千万人才工程"国家级人选，国家社科基金重大项目首席专家，享受国务院政府特殊津贴。先后毕业于清华大学精密仪器系、北京经济学院劳动经济系，曾在英国牛津大学、新加坡南洋理工大学等做访问学者。自1988年开始研究就业、职业培训、人力资源管理、国际劳动保障等理论政策问题，完成课题200余项，发表论文350余篇，出版著作20余部。

副主编

战梦霞 人力资源和社会保障部中国劳动和社会保障科学研究院宏观战略研究室主任、研究员，经济学博士，《中国劳动》副主编。长期从事劳动就业、人力资源、职业标准、公共服务等领域的研究。主持和参与人社部、国家发改委、国家市场监管总局及国际劳工组织、世界银行等课题100余项，参与编写国家职业标准3项，出版著作5部，发表论文30余篇。

吴加富 苏州富纳艾尔科技有限公司董事长、总经理，苏州高新区人大代表，西华大学、三江学院客座教授，中国智能制造私董会联盟

（CIMPCA）执行会长。曾先后任职于摩托罗拉、SEW、三星。2007 年创办的苏州富强科技有限公司，成为国内智能装备制造领军企业。2017 年创办苏州富纳艾尔科技有限公司，为国内外智能装备制造企业提供设备安装、调试及运维技术培训与技术服务，拥有 40 余项发明专利。先后被评为苏商智能制造领军人物、苏州高新区"魅力科技人物"、江苏省科技企业家、江苏省第六批产业教授（研究生导师类）。

摘　要

《中国人工智能人才发展报告（2022）》是关于我国人工智能人才发展的第一部权威研究报告，由中国劳动和社会保障科学研究院组织专家，在对大量数据进行分析的基础上撰写完成。全书包括总报告、专题篇、行业篇和区域篇四个部分。

本书系统梳理了我国人工智能人才发展的政策、产业、区域、教育背景，我国已有 440 所高校设置了人工智能专业，5 所学术机构进入 2020~2021 全球人工智能领域学术机构综合排名 TOP10。本书分析了我国人工智能人才的就业和供需现状。在供给方面，男性、23~35 岁、本科学历是我国人工智能人才的主要特征，计算机科学与技术专业毕业的人工智能人才最多，超过六成的人工智能人才工龄在 10 年以下，3/4 的人工智能人才来自长三角地区、京津冀地区、粤港澳大湾区，1/3 的人工智能人才期望年薪为 15 万~25 万元。在需求方面，互联网、游戏、软件行业，平台架构岗位，1000 人以上规模的企业，长三角地区及北京市对人工智能人才的需求量大，并且学历要求以本科为主。我国人工智能人才的结构性矛盾依然突出、培养体系支撑力不足、政策有待进一步完善、生态环境需持续优化。本书认为未来应建立政产学研一体化培育机制，加大产教融合培养模式的推进力度，优化人工智能人才培养体系，释放人工智能职业技能等级的市场评价活力。结合各地出台的关于"十四五"期间支持人工智能发展的相关政策，本书预判关键核心技术攻关是技术研发人才的重要任务，智能产品的多场景应用则成为创新应用型人才的新挑战；科技领军型人才的重要性将进一步突显，人

工智能人才队伍的规模将进一步壮大。

本书对中国高校人工智能人才的教育培养、岗位需求以及国际人工智能人才和就业趋势进行了研究分析，指出我国高校的人工智能人才培养同质化，基层学术组织建设滞后，尚未形成人工智能学科专业群，课程建设缺少连贯性和可持续性，师资匮乏，"科教融合、产教融合"力度薄弱。本书认为未来应在坚持分类分层培养以全面适应人工智能发展对人才的多样化需求、优化人工智能学科布局以完善人工智能人才培养体系、推动高校的人工智能技术创新体系建设以增强持续创新发展优势、建立健全多主体协同育人机制以促进产教科教深度融合等方面扎实推进。市场上不同岗位对人工智能人才的需求程度不同，需求由高到低依次为反欺诈/风控岗位、机器视觉岗位、人工智能训练和数据挖掘岗位、机器学习岗位、图像算法岗位。全球人工智能人才总量有限但增长速度快，应用研究人才扩展更快。未来我国的人工智能人才培养需要在国家和组织层面保证有足够竞争力的投入，积极开展跨国、跨地区的人才招募和使用，扩大多元化人才培育渠道，提高政府对人工智能人才的直接利用能力，鼓励其他领域人才向人工智能领域转型，提升人工智能人才的沟通和管理技能。

本书对互联网、金融、汽车行业的人工智能人才发展情况进行了研究分析，指出互联网行业人工智能人才平均年龄偏低，"35岁焦虑"已成为热议话题，应重点关注如何理性调整人员架构、提高人才质量、提升人才管理服务等新情况新问题。本书认为未来需在构筑互联网人才创新发展高地，提升人才队伍整体质量，打造适应产业发展的人才队伍，引导和规范行业人才发展等方面提质增效。金融业人工智能人才的学历结构呈纺锤形分布，对平台架构人才的需求"一枝独大"，人才供需存在结构性矛盾，人才评价标准亟待完善。本书认为未来应加强科学谋划人才队伍建设，产学研深度融合共促人才发展，健全在职人才培养体系，完善人才激励机制。对于汽车行业的人工智能人才而言，机械设计制造及自动化专业背景的占比最高，呈现由传统汽车企业向新能源汽车企业流动的趋势，研发型、复合型、技术型人才供给不足，高校培养滞后于企业需求。本书认为吸引核心技术人才，提高人力资源供给，促进校企合作，健全人才评价机制是促进汽车行业人工智能人才发展的关键。

本书选取深圳、苏州、杭州、广州、北京五个人工智能人才市场供需较为活跃的城市作为典型城市，对其人工智能人才供需、培养情况进行了研究分析，得出五大城市中互联网、游戏、软件行业对人工智能人才的需求量最大，电子、通信、硬件行业次之，汽车、机械、制造业排名第三。深圳市金融行业，苏州市汽车、机械、制造行业，广州市广告、传媒、教育、文化行业对人工智能人才的需求明显高于其他城市的相同行业。五大城市均对平台架构人才表现出强烈需求。本书认为未来各地需加大财政资金的支持力度，优化高等院校的师资结构，提升政产学研的协同效能，加强本地人工智能人才培养力度；同时，完善相关配套政策，积极引进高端人才。

《中国人工智能人才发展报告（2022）》向人工智能相关企业和社会大众展示了中国人工智能人才的发展现状、发展困境及发展趋势。全书从科学严谨的角度，对中国人工智能人才的全貌进行了系统梳理和分析，希望能为科研院所、大专院校、相关企业、社会大众等提供了解中国人工智能人才发展的权威、翔实资料。

关键词： 人工智能人才 就业 人才供求 人才培养

目 录 ⌐⟍

Ⅰ 总报告

B.1 2022年中国人工智能人才发展报告

            莫　荣　刘永魁　战梦霞 / 001

  一　中国人工智能产业人才发展环境 ……………………… / 002

  二　中国人工智能人才供需现状 …………………………… / 009

  三　中国人工智能人才发展存在的问题、对策建议及展望

    ……………………………………………………………… / 023

Ⅱ 专题篇

B.2 中国高校人工智能人才教育培养报告………… 战梦霞　高　明 / 031

B.3 人工智能相关岗位人才需求分析报告………… 张一名　宋四宾 / 070

B.4 国际人工智能人才和就业趋势研究………… 李宗泽　单　强 / 089

Ⅲ 行业篇

B.5 互联网行业人工智能人才发展报告……………………… 崔　艳 / 113

B.6　金融业人工智能人才发展报告……………………崔　艳　刘永魁／134

B.7　汽车行业人工智能人才发展报告……………………崔　艳　陈　勇／153

Ⅳ　区域篇

B.8　2022年深圳市人工智能人才发展报告 ………………高亚春／173

B.9　2022年苏州市人工智能人才调研报告 ………高亚春　吴加富／197

B.10　2022年杭州市人工智能人才发展报告 ………高亚春　李　熙／226

B.11　2022年广州市人工智能人才发展报告 ………高亚春　王　浩／246

B.12　2022年北京市人工智能人才发展报告 ………高亚春　杨嘉丽／269

后　记……………………………………………………………／292

Abstract ……………………………………………………………／294

Contents ……………………………………………………………／298

皮书数据库阅读 **使用指南**

总 报 告

General Report

B.1

2022年中国人工智能人才发展报告

莫荣 刘永魁 战梦霞*

摘 要： 随着人工智能技术的不断创新与完善，人工智能产业蓬勃发展，对人工智能人才的需求日益旺盛，我国人工智能人才供给存在较大缺口，亟待补齐。本报告系统梳理了我国人工智能人才发展的政策、产业、区域和教育环境，依托猎聘大数据全面分析了我国人工智能人才培养现状、供给特征和需求情况，阐明了人工智能人才培养存在的难点，并结合各地出台的"十四五"期间支持人工智能发展的相关政策，提出建立政产学研一体化培育机制、加大产教融合培养模式推进力度、优化人工智能人才培养体系、释放人工智能职业技能等级的市场评价活力等对策建议。

---

* 莫荣，中国劳动和社会保障科学研究院院长、研究员，主要研究领域为就业、职业培训、人力资源管理、国际劳动保障等理论和政策；刘永魁，中国劳动和社会保障科学研究院管理学博士，主要研究领域为就业服务和职业标准；战梦霞，中国劳动和社会保障科学研究院宏观战略研究室主任、研究员，主要研究领域为劳动就业、人力资源、职业标准、公共服务等。

关键词：　人工智能　人工智能人才　就业　产教融合

一　中国人工智能产业人才发展环境

（一）政策环境：中长期宏观统筹与保障技术创新应用协同发力为人工智能人才发展指明方向

党中央、国务院高度重视人工智能产业及人才发展。在"2018 世界人工智能大会"上，习近平主席在贺信中提出："新一代人工智能正在全球范围内蓬勃兴起，为经济社会发展注入了新动能，正在深刻改变人们的生产生活方式。"[①] 习近平主席强调，中国正致力于实现高质量发展，人工智能的发展应用将有力提高经济社会发展的智能化水平，有效增强公共服务和城市管理能力。2019 年 5 月 16 日，习近平主席向"国际人工智能与教育大会"致贺信，深刻指出："把握全球人工智能发展态势，找准突破口和主攻方向，培养大批具有创新能力和合作精神的人工智能高端人才，是教育的重要使命。"[②] 习近平总书记的重要论述，为加大人工智能人才培养力度、扩大人工智能人才规模、促进人工智能产业实现高质量发展提供了根本指引。

从 2015 年 5 月国务院在关于中国制造业发展的相关通知中提出，以推进智能制造为主攻方向，完善多层次多类型人才培养体系，到 2022 年 1 月 12 日《国务院关于印发"十四五"数字经济发展规划的通知》提出，高效布局人工智能基础设施，提升支撑"智能+"发展的行业赋能能力，国务院及相关部门出台了一系列政策（详见表 1），支持人工智能产业及人才发展。与此同时，各省区市也相继出台了 200 余件相应的具体配套政策文件，进一

---

① 《习近平致信祝贺 2018 世界人工智能大会开幕强调　共享数字经济发展机遇共同推动人工智能造福人类》，央广网，http://m.cnr.cn/news/20180917/t20180917_524362811.shtml，2018 年 9 月 17 日。

② 《习近平向国际人工智能与教育大会致贺信》，央广网，http://china.cnr.cn/news/201905 17/t20190517_524615616.shtml，2019 年 5 月 17 日。

步促进人工智能人才培养、人工智能技术应用和人工智能产业发展。鉴于近年来对此类政策梳理汇总的报告较多，本报告不再详细列明。总结各地人工智能发展政策可知，各地充分结合区域特色，强调人工智能技术的实践应用，将人工智能与传统产业融合，以加快产业的转型升级，提高经济发展质量。

表1　2016~2021年中国人工智能产业及人才发展的相关政策

时间	部门	名称	内容
2016年11月	国务院	《国务院关于印发"十三五"国家战略性新兴产业发展规划的通知》（国发〔2016〕67号）	培育人工智能产业生态，促进人工智能在经济社会重点领域的推广应用，打造国际领先的技术体系。
2017年7月	国务院	《国务院关于印发新一代人工智能发展规划的通知》（国发〔2017〕35号）	壮大人工智能高端人才队伍，把高端人才队伍建设作为人工智能发展的重中之重。
2017年12月	工业和信息化部	《工业和信息化部关于印发〈促进新一代人工智能产业发展三年行动计划（2018-2020年）〉的通知》（工信部科〔2017〕315号）	以多种方式吸引和培养人工智能高端人才和创新创业人才，支持一批领军人才和青年拔尖人才的成长。
2018年4月	教育部	《教育部关于印发〈高等学校人工智能创新行动计划〉的通知》（教技〔2018〕3号）	明确提出完善人工智能领域的人才培养体系
2018年9月	国家发展改革委等19部门	《关于发展数字经济稳定并扩大就业的指导意见》（发改就业〔2018〕1363号）	加快形成适应数字经济发展的就业政策体系，大力提升数字化、网络化、智能化就业创业服务能力，大力培育互联网、物联网、大数据、云计算、人工智能等领域的就业机会。
2018年11月	工业和信息化部	《工业和信息化部办公厅关于印发〈新一代人工智能产业创新重点任务揭榜工作方案〉的通知》（工信厅科〔2018〕80号）	征集并遴选一批掌握人工智能核心关键技术、创新能力强、发展潜力大的企业、科研机构等，调动产学研用各方积极性。

续表

时间	部门	名称	内容
2019 年 3 月	中央深改委	《关于促进人工智能和实体经济深度融合的指导意见》	提出促进人工智能和实体经济深度融合，坚持以市场需求为导向、以产业应用为目标，深化改革创新，优化制度环境，激发企业创新活力和内生动力，结合不同行业、不同区域特点，探索创新成果应用转化的路径和方法，构建数据驱动、人机协同、跨界融合、共创分享的智能经济形态。
2020 年 1 月	教育部、国家发展改革委、财政部	《教育部 国家发展改革委 财政部印发〈关于"双一流"建设高校促进学科融合 加快人工智能领域研究生培养的若干意见〉的通知》(教研〔2020〕4 号)	提升人工智能领域研究生培养水平，为我国抢占世界科技前沿、实现引领性原创成果的重大突破提供更加充分的人才支撑。
2020 年 7 月	国家标准化管理委员会等 5 部门	《国家标准化管理委员会 中央网信办 国家发展改革委 科技部 工业和信息化部关于印发〈国家新一代人工智能标准体系建设指南〉的通知》(国标委联〔2020〕35 号)	到 2023 年，初步建立人工智能标准体系，重点研制数据、算法、系统、服务等重点急需标准，并率先在制造、交通、金融、安防、家居、养老、环保、教育、医疗健康、司法等重点行业和领域进行推进。
2020 年 9 月	科技部	《科技部关于印发〈国家新一代人工智能创新发展试验区建设工作指引(修订版)〉的通知》(国科发规〔2020〕254 号)	提出开展人工智能技术应用示范、人工智能政策试验、人工智能社会实验，积极推进人工智能基础设施建设；到 2023 年，布局建设 20 个左右的试验区。
2021 年 12 月	国务院	《国务院关于印发"十四五"数字经济发展规划的通知》(国发〔2021〕29 号)	高效布局人工智能基础设施，提升支撑"智能+"发展的行业赋能能力。深化人工智能、虚拟现实、8K 高清视频等技术的融合，拓展在社交、购物、娱乐、展览等领域的应用，促进生活消费品质的升级。

资料来源：笔者根据公开资料整理。

（二）产业环境：转型升级与系统集成为人工智能人才发展提供动能

根据《中国互联网发展报告（2021）》，2020 年，我国人工智能产业规模达 3031 亿元（详见图 1），增速略高于全球增速。我国人工智能企业共计 1454 家，位居全球第二。[①] 为推动人工智能与经济社会的融合发展，我国依托领军企业建设了 15 家新一代人工智能开放创新平台，覆盖基础软硬件、自动驾驶等多个领域。

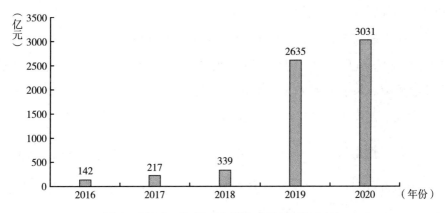

图 1　中国人工智能产业规模（2016～2020 年）

资料来源：中国互联网协会：《中国互联网发展报告（2021）》。

中国新一代人工智能发展战略研究院选取了 2205 家人工智能企业、15 家国家级人工智能开放创新平台、52 家人工智能新型研发机构和 48 家新型平台主导的农村网络空间产业生态作为样本，形成了《中国新一代人工智能科技产业发展报告（2021）》。该报告显示，从 2205 家人工智能企业对三次产业的技术赋能看，第三产业（78.05%）高于第二产业（21.45%），第二产业高于第一产业（0.49%）；截至目前，人工智能和实体经济的融合发展主要发生在第三产业。

[①]《位居全球第二，截至 2020 年，我国人工智能企业共计 1454 家》，新浪网，https：//k.sina.com.cn/article_7517400647_1c0126e4705902233e.html，2021 年 12 月 18 日。

在对第二产业的技术赋能中，从高到低的排序为制造业（87.24%），建筑业（5.91%），电力、热力、燃气及水生产和供应业（5.63%），采矿业（1.22%）。在对制造业的技术赋能中，从高到低的排序为计算机、通信和其他电子设备制造业（31.35%），汽车制造业（21.68%），电气机械和器材制造业（8.18%），专用设备制造业（7.30%），通用设备制造业（4.03%）。

在对第三产业的技术赋能中，排序从高到低为信息传输、软件和信息技术服务业（27.28%），科学研究和技术服务业（20.64%），金融业（11.63%），租赁和商务服务业（10.87%），批发和零售业（8.87%）。

人工智能和实体经济的深度融合发展表现为消费互联网的升级和产业互联网的发展。其中，农村网络空间产业生态的形成和发展是消费互联网升级的重要维度。基于48家移动互联网平台的数据分析表明，农村网络空间产业通过促进创业和就业为乡村振兴和巩固脱贫攻坚成果创造了条件。[①]

（三）区域环境：一体化协调发展为人工智能人才发展拓展空间

2020年5月，《2020年政府工作报告》提出加快落实区域发展战略：继续推进西部大开发、东北全面振兴、中部地区崛起、东部率先发展；深入推进京津冀协同发展、粤港澳大湾区建设、长三角一体化发展；推进长江经济带共抓大保护；推动成渝地区双城经济圈建设。区域协调发展战略在促进产业结构优化升级的同时，也增强了人工智能人才发展的空间流动性。

以长三角地区为例，2020年长三角地区的数字经济总量达到10.83万亿元，占长三角地区GDP的44.26%，高于当年我国数字经济总规模（39.2万亿元）占GDP的比重（38.6%）。[②] 长三角地区的数字经济发展水平在全国名列前茅，在数字经济总量、数字产业化和产业数字化规模方面均高于国内其他主要城市群。数字经济是驱动人才高效汇聚，促进人才双向流动，实

---

① 《〈中国新一代人工智能科技产业发展报告 2021〉发布》，中国服务贸易指南网，http://tradeinservices.mofcom.gov.cn/article/szmy/hydt/202105/116704.html，2021年5月26日。

② 《长三角数字经济发展报告（2021）》，中国信通院，http://www.caict.ac.cn/kxyj/qwfb/ztbg/202110/t20211008_390771.htm，2021年10月8日。

现长三角地区人力资本积累的重要力量，良好的数字经济发展环境将带动更多人工智能人才的聚集。

长三角地区出台多项政策促进人工智能人才发展。江苏出台《关于促进平台经济规范健康发展的实施意见》，全方位完善创新创业服务体系；安徽出台《支持5G发展若干政策》，加快5G人才的引进和培养；上海出台《上海市建设100+智能工厂专项行动方案（2020-2022年）》，积极推进智能制造应用型人才的培养；宁波制定《宁波市数字经济人才发展三年行动计划（2020-2022年）》，以满足本地数字经济快速发展对数字经济人才的巨大需求。其中，上海市将人工智能纳入市人才引进重点支持领域，创新开展人工智能专业高级职称认定工作，截至2020年底，累计有123人获得高级职称。

长三角地区人工智能发展势头强劲。在专利申请方面，长三角地区人工智能相关专利申请总量已超过12.8万件，特别是在医疗领域，与医疗相关的人工智能专利申请总量达4640件，其中，上海2070件，江苏1570件，浙江1000件。[①] 在企业发展方面，以上海市为例，截至2020年底，上海人工智能产业重点企业超过1150家，工业互联网核心产业规模达到1000亿元，已培育15个具有国内影响力的工业互联网平台，建成94个示范性智能工厂，带动了12万家中小企业上平台。在人才培养方面，以上海市为例，上海市形成以高校为主的学科人才培养基地、以研究院所为主的专业继续教育基地和以龙头企业为主的高技能人才培养基地；上海有11所高校成立了人工智能研究院，9所高校设置了本科人工智能专业，38所高校开设了共计104个人工智能相关学科专业。

（四）教育环境：多层次人才培养体系成为人工智能人才发展的强大引擎

1958年，麦卡锡在麻省理工学院组建全球第一个人工智能实验室，开始开展人工智能研究和人才培养。经过半个多世纪的发展，人工智能产业逐渐成为各国竞相布局的重点产业，全球人工智能企业数量快速增长，人工智

---

① 《长三角数字经济发展报告（2021）》，中国信通院，http://www.caict.ac.cn/kxyj/qwfb/ztbg/202110/t20211008_390771.htm，2021年10月8日。

能"独角兽"企业不断涌现,对人工智能人才的需求不断增加。① 人工智能
人才数量和质量的水平将直接影响人工智能产业的发展,进而影响国家和地
区在未来竞争中的国际影响力,人工智能人才的培养因而成为重中之重。于
我国而言,在人工智能人才政策的引领下,高校、企业、科研院所不断加大
人工智能人才的培养力度,共同完成政、产、学、研四位一体的培养路径。
其中,政府通过政策手段实现其在人工智能人才培养中的作用,政策的主要
执行对象为高校和科研院所。高校与科研院所是人工智能研究型人才的重要
培养场景,亦是科研成果的重要产出来源。从全球人工智能人才培养模式
看,我国人工智能人才培养相关的课程体系建设起步较晚,仍处于借鉴摸索
阶段。近几年,主要强调建设集人工智能专业教育、职业教育和大学基础教
育于一体的高校教育体系,在研究生阶段强调"人工智能+"相关交叉学科的
设置,分层次培养人工智能应用型人才。企业则更加注重应用型人才的培养,
通过输送师资力量、产业技术、产业实践经验实现自身的技术突破和人才储
备。梳理我国人工智能人才的培养进程,相关重要事件节点详见图2。

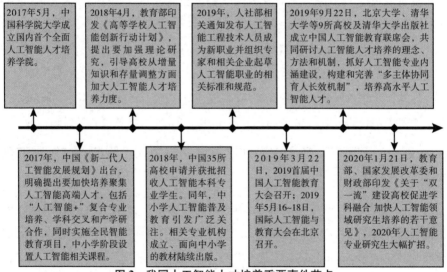

图 2　我国人工智能人才培养重要事件节点

资料来源:笔者根据公开资料整理。

① 亿欧智库:《2020 全球人工智能人才培养研究报告解析》,《机器人产业》2020 年第 5 期。

从图2中的重要事件节点可以看出以下几点。第一，我国人工智能教育开始时间虽不长，但已受到政府、高校、科研院所和企业等多方的高度重视。第二，我国已逐步开启学位教育与职业培训协同发展的多元化人工智能人才培养模式。第三，我国已经初步形成覆盖中小学、专科、本科、研究生等各个层次的人工智能人才培养链条。

二 中国人工智能人才供需现状

（一）人才类型

亿欧智库将人工智能人才培养分为专业人才培养和科学素养培养两方面。其中，人工智能专业人才培养主要涉及当下或未来长期在人工智能领域工作或从事研究的人才培养；人工智能科学素养培养主要是针对高中及以下学生，使其了解人工智能科学知识、研究过程和方法、对社会和个人产生的影响等（详见图3、图4）。① 根据人工智能产业人才的稀缺度，亿欧智库又将其分为科学家人才、算法人才、应用型人才和数字蓝领人才。②

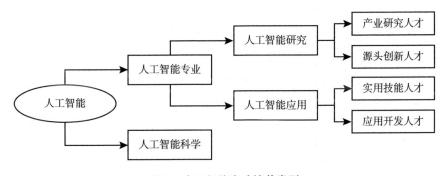

图3 人工智能人才培养类型

① 亿欧智库：《2020全球人工智能人才培养研究报告解析》，《机器人产业》2020年第5期。
② 亿欧智库：《2021全球人工智能教育落地应用研究报告》，《机器人产业》2022年第1期。

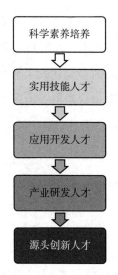

图4　人工智能人才概念梳理

（二）人才培养现状

1. 设置人工智能本科专业的高校数量日益增多

我国先后已有 4 批共计 440 所高校获批设置人工智能专业，占 1270 所本科高校的 34.6%。2019 年，全国共有 35 所高校获得首批人工智能专业建设资格；2020 年，教育部再次审批通过 180 所高校开设人工智能专业；[①] 2021 年，130 所高校获批；[②] 2022 年，95 所[③]高校获批。目前，在这已有的440 所本科院校中，有 985 和 211 院校共计 81 所，一本院校 113 所，二本院校 24 所。从区域布局看，440 个人工智能专业点分布于全国 29 个省区市

---

① 《教育部关于公布 2019 年度普通高等学校本科专业备案和审批结果的通知》，中华人民共和国教育部，http://www.moe.gov.cn/srcsite/A08/moe_1034/s4930/202003/t20200303_426853.html，2020 年 3 月 3 日。

② 《教育部关于公布 2020 年度普通高等学校本科专业备案和审批结果的通知》，中华人民共和国教育部，http://www.moe.gov.cn/srcsite/A08/moe_1034/s4930/202103/t20210301_516076.html，2021 年 3 月 1 日。

③ 《教育部关于公布 2021 年度普通高等学校本科专业备案和审批结果的通知》，中华人民共和国教育部，http://www.moe.gov.cn/srcsite/A08/moe_1034/s4930/202202/t20220224_602135.html，2022 年 2 月 24 日。

（详见图5）。数量较多的省市是山东（33个）、江苏（32个）、北京（30个）、湖北（27个），数量较少的省区是内蒙古（1个）、新疆（1个）、海南（2个）、青海（2个）、甘肃（3个）。

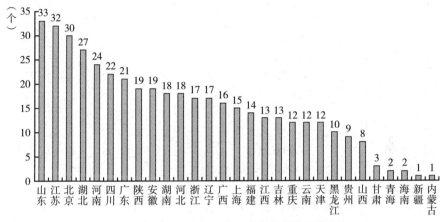

图5　设立人工智能专业的440所高校的区域分布

资料来源：根据教育部《关于公布2018年度普通高等学校本科专业备案和审批结果的通知》《关于公布2019年度普通高等学校本科专业备案和审批结果的通知》《关于公布2020年度普通高等学校本科专业备案和审批结果的通知》《关于公布2021年度普通高等学校本科专业备案和审批结果的通知》公布的数据汇总所得。

2. 我国高校在人工智能领域的国际学术影响力不断提升

全球计算机科学专业排名榜CS Rankings发布的2020~2021年全球人工智能领域学术机构综合排名（前20名）显示，我国有5所学术机构进入榜单的前十，北京大学和清华大学占据了榜单的前两名，中国科学院、浙江大学和上海交通大学排名第四、第五和第六；南京大学、哈尔滨工业大学、香港中文大学分列第11名、第17名和第19名（详见表2）。

表2　2020~2021年CSRankings人工智能领域*全球20强排名

单位：人

全球排名	学术机构名称	分值	教师数量
1	北京大学	20.9	94
2	清华大学	20.7	69
3	卡内基梅隆大学	16.8	63

续表

全球排名	学术机构名称	分值	教师数量
4	中国科学院	15.1	47
5	浙江大学	13.2	60
6	上海交通大学	12.9	47
7	伊利诺伊大学厄巴纳-香槟分校	12.6	40
8	南洋理工大学	11.8	40
9	韩国科学技术院	11.5	35
10	康奈尔大学	11.1	33
11	南京大学	10.7	42
12	新加坡国立大学	10.1	31
13	斯坦福大学	9.7	36
14	加利福尼亚州立大学洛杉矶分校	9.5	21
15	马里兰大学帕克分校	9.4	34
16	加利福尼亚州立大学圣地亚哥分校	9.1	41
17	哈尔滨工业大学	8.6	51
18	密歇根大学	8.5	33
19	香港中文大学	8.4	30
20	罗格斯大学	8.3	20

＊注：人工智能领域包含人工智能、计算机视觉、机器学习与数据采集、自然语言处理、网页信息检索。

资料来源：CSRankings：Computer Science Ranking 门户网站，https：//csrankings. org/#/fromyear/2020/toyear/2021/index？ai&vision&mlmining&nlp&ir&world，最后检索日期2022年7月24日。

3. 人工智能领域产业人才存量近百万且以本科学历为主

教育部高教司发布的《2021年人工智能专业人才培养情况调研报告》相关数据显示，我国人工智能领域产业人才存量数约为94.88万人。从学历分布看，当前人工智能领域产业人才以本科学历为主，占比为68.2%；其次是大专学历，占比为22.4%；排名第三的是硕士学历，占比为9.3%；博士研究生稀缺，仅为0.1%。

4. 顶级研究型人才数量有待进一步增长

科技情报大数据挖掘与服务平台（AMiner）的统计数据显示，过去10年中，在人工智能领域论文发表量排名前三位的分别是美国、中国和德国。

全球人工智能领域论文中有近四成出自美国，人工智能领域研究学者中美国学者占比为31.6%，两项统计指标中，美国均排在首位。中国在人工智能领域的论文发表数量为2.54万篇，研究型人才数量为1.74万人，低于美国但远高于其他国家。《2022年人工智能全球最具影响力学者榜单AI 2000》数据显示，2022年我国人工智能领域顶级研究人才数量达232人，占世界范围内总上榜人数的11.6%，是仅次于美国（1146人，全球占比为57.3%）的世界第二大顶级研究人才聚集地，但是顶级研究人才总量依然仅为美国的1/5左右。

（三）中国人工智能人才供给特征

1. 男性、25~35岁、本科学历是我国人工智能人才的主要特征

基于猎聘中高端人才数据库数据的分析结果显示，从我国人工智能人才简历投递情况看，男性数量是女性的4倍（详见图6）。2020年，26~30岁的人工智能人才占比最高，为30.4%；其次是31~35岁的人工智能人才，占比为27.1%。二者合计为57.5%，表明我国人工智能人才的年轻化特征（如表3所示）。在学历分布方面，本科学历占比最高，为57.3%；硕士学

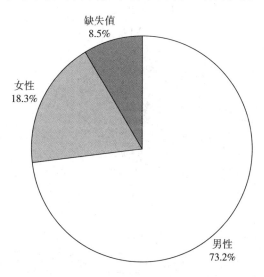

图6　2020年我国人工智能人才简历投递者的性别结构

历占比为 19.8%, 位居第二; 之后为大专学历, 占比为 12.9%; 博士学历占比仅为 0.9% (详见图 7)。根据猎聘大数据统计结果, 人工智能人才与猎聘平台全部人才相比, 本科学历以下的人工智能人才相对较少, 但硕士以上学历的人工智能人才占比相对较高。

表 3　2018~2020 年我国人工智能人才的年龄结构

单位: %

年龄	2018 年	2019 年	2020 年
20 岁以下	0.1	0.1	0.1
20~25 岁	8.8	9.6	10.4
26~30 岁	30.1	29.1	30.4
31~35 岁	25.5	25.1	27.1
36~40 岁	16.4	15.7	14.2
41~45 岁	7.0	6.7	5.5
46~50 岁	3.4	3.2	2.4
50 岁以上	1.5	1.5	1.4
缺失值	7.2	9.0	8.5
合计	100.0	100.0	100.0

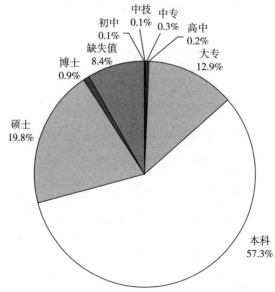

图 7　2020 年人工智能人才的学历分布

2. 计算机科学与技术专业毕业的人工智能人才最多

从我国人工智能人才所学专业看，计算机科学与技术专业占比最高，达13.6%；其次分别为软件工程（占比为5.3%）、机械设计制造及其自动化（占比为4.9%）、电子信息工程（占比为4.2%）、工商管理（占比为3.4%）、土木工程（占比为3.2%）、电气工程及其自动化（占比为2.7%）、通信工程（占比为2.6%）、自动化（占比为2.5%）、车辆工程（占比为2.3%）（详见图8）。从毕业院校情况看，人才数量排名前10的为武汉理工大学、吉林大学、上海交通大学、华中科技大学、电子科技大学、上海大学、重庆大学、郑州大学、北京理工大学、合肥工业大学。

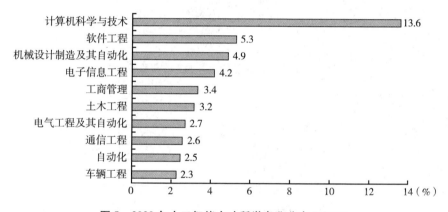

图8　2020年人工智能人才所学专业分布TOP10

3. 超过六成的人工智能人才工作年限在10年以下

从我国人工智能人才的工作年限分布看，工作年限为5年及以下的占比最高，为35.7%；其次是工作年限为5~10年的，占比为26.0%；工作年限为10~15年和15年以上的分别占15.2%和10.9%（详见图9）。

4. 3/4的人工智能人才来自长三角地区、京津冀地区、粤港澳大湾区

我国人工智能人才中来自长三角地区的最多，占比为34.5%；其次是京津冀地区（占比为20.7%）和粤港澳大弯区（占比为20.5%）（详见图10），这三个区域供给的人工智能人才占到了全国的75.7%。

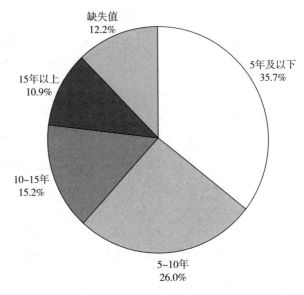

图9 2020年人工智能人才的工作年限分布

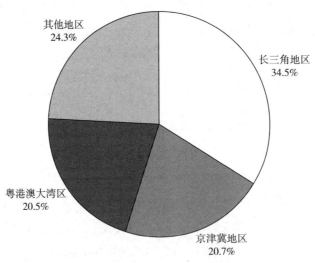

图10 2020年人工智能人才区域供给情况

5. 1/3人工智能人才的期望薪资为15万~25万元/年

从我国人工智能人才的期望薪资看,期望薪资为15万~25万元/年的占比最高,达33.1%;其次为10万~15万元/年,占比为20.4%;期望薪资为每年40万元及以上的占比最低，仅为4.0%（详见图11）。与此同时，学历越高的人工智能人才，其期望薪资也越高（详见表4）。

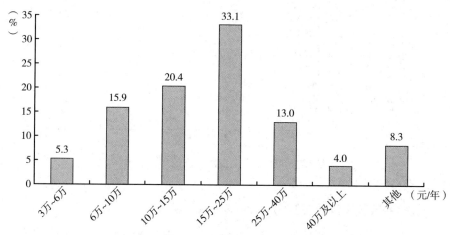

图11　2020年人工智能人才的期望年薪

表4　2020年不同学历人工智能人才的期望年薪

单位：%

学历	3万~6万元	6万~10万元	10万~15万元	15万~25万元	25万~40万元	40万元及以上
初中	0.22	0.06	0.03	0.01	0.01	0.04
高中	2.53	1.37	0.68	0.24	0.12	0.12
大专/本科	92.89	87.80	81.35	73.76	63.93	51.51
硕士	4.26	10.64	17.80	25.16	33.72	41.60
博士	0.1	0.13	0.14	0.83	2.22	6.73

注：3万包含在3万~6万元区间内，余同。

（四）人工智能人才需求量分析

1. 互联网、游戏、软件行业人工智能人才需求量最大

从人工智能新发职位量的一级行业占比情况看，互联网、游戏、软件行业对人工智能人才的需求量最大，占比接近六成，远超其他行业；之后依次为电子、通信、硬件，汽车、机械、制造，服务、外包、中介等行业（详见图12）。

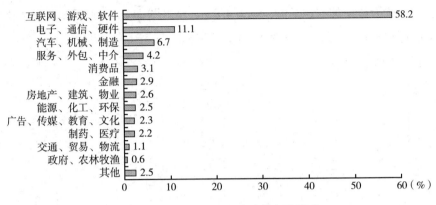

图 12　2020 年人工智能人才的行业需求

2. 平台架构岗位对人工智能人才的需求量最大

从人工智能新发职位的岗位情况看，平台架构岗位对人工智能人才的需求量占比最高，超过九成；其余为数据岗位、算法岗位、AI 硬件岗位和研发岗位（详见图 13）。

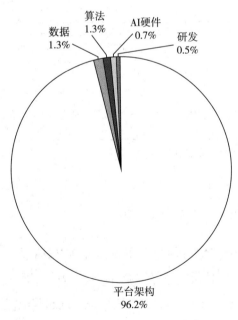

图 13　2020 年人工智能人才的岗位需求

3. 对本科学历人工智能人才需求量最多

从人工智能新发职位的学历需求情况看，对本科学历人才的需求量占比最高，超过 3/4；对大专学历人才的需求量次之；对博士以及中专/中技学历人才的需求量最低（详见图 14）。

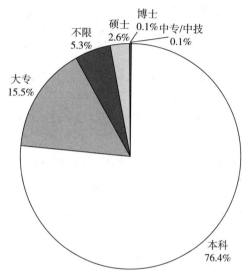

图 14　2020 年对不同学历人工智能人才的需求分布

4. 规模为1000人及以上的企业对人工智能人才的需求最大

从不同规模企业对人工智能人才的需求情况看，1000 人及以上的企业对人工智能人才的需求最大，占比超过四成；100~499 人的企业对人工智能人才的需求占比超过 1/4；0~99 人的企业对人工智能人才的需求占比接近 1/6，500~999 人的企业对人工智能人才的需求占比为一成（详见图 15）。

5. 长三角地区对人工智能人才的需求量高于其他区域

从不同区域对人工智能人才的需求情况看，长三角地区的需求量最大，粤港澳大湾区次之，京津冀地区排名第三。从细分行业来看，数据涉及的所有地区（包括粤港澳大湾区、长三角地区、京津冀地区、中原地区、关中平原、长江中游地区和成渝地区）均表现为互联网、游戏、软件行业对人工智能人才的需求量最大，其中京津冀地区的占比超过六成，粤港澳大湾

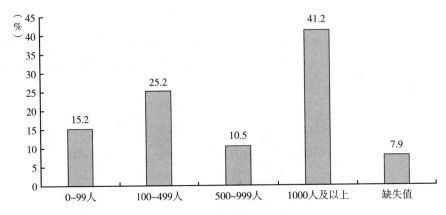

图 15 2020 年不同规模企业对人工智能人才的需求

区、长三角地区、关中平原、长江中游地区和成渝地区的占比均超过五成，
中原地区的占比为四成（详见表 5）。从细分学历要求来看，粤港澳大湾区、
长三角地区、京津冀地区对本科学历人工智能人才的需求最大，粤港澳大湾
区、长三角地区的占比均超过七成，京津冀地区的占比超过八成（详见
表 6）。

表 5 2020 年不同区域人工智能新发职位的一级行业占比

单位：%

一级行业	新发职位占比						
	粤港澳大湾区	长三角地区	京津冀地区	中原地区	关中平原	长江中游地区	成渝地区
互联网、游戏、软件	58.3	56.8	67.2	40.9	52.4	54.5	51.2
电子、通信、硬件	13.2	10.6	7.8	7.1	22.7	10.4	16
汽车、机械、制造	5.5	8.7	3.8	9.9	4	10.3	5.9
消费品	4.1	3.1	1.4	3.2	2.9	2.5	2.9
金融	3.4	2.7	4.0	1.8	1.6	1.7	1.8
服务、外包、中介	3.3	4.2	4.5	3.8	5.4	4	5.9
房地产、建筑、物业	2.7	2.1	1.5	6.5	2.4	3.1	3.9
广告、传媒、教育、文化	2.3	2.2	2.5	3.6	1.7	2.5	2.9
制药、医疗	2.2	2.6	1.9	7.1	1.3	2.5	1.7
能源、化工、环保	1.9	2.7	1.7	4.7	1.9	2.7	2.2

一级行业	新发职位占比						
	粤港澳大湾区	长三角地区	京津冀地区	中原地区	关中平原	长江中游地区	成渝地区
交通、贸易、物流	1.1	1.2	0.9	1.5	1.5	1.1	1.5
政府、农林牧渔	0.3	0.5	0.3	7	0	2.4	1
其他	1.7	2.6	2.5	2.9	2.2	2.3	3.1

表6　2020年各区域对不同学历人工智能人才的需求

单位：%

学历	粤港澳大湾区	长三角地区	京津冀地区
中专/中技	0.1	0.1	0.1
大专	17.8	14.6	7.9
本科	74.7	76.6	84.1
硕士	1.9	2.8	3.3
博士	0.1	0.2	0.1
不限	5.4	5.7	4.5

6.北京市对人工智能人才的需求量最大

根据猎聘大数据统计，北京、广东、上海、浙江四个省市对人工智能人才的需求领先全国，分别占全国总需求量的 34.77%、20.16%、17.69% 和 8.18%。北广上浙的人工智能人才供给数量占比分别为 21.12%、19.91%、19.71% 和 6.35%。从人工智能供需对比来看，北京、广东、浙江的人工智能人才供不应求，且北京的人才缺口最大。

7.北京、广州、杭州、深圳、苏州对互联网、游戏、软件行业的人工智能人才需求最大

基于猎聘大数据，课题组选择了北京、广州、深圳、杭州、苏州五个人工智能人才供需市场较为活跃的城市作为典型城市样本，分析其不同行业和岗位的人工智能人才需求情况。从这五大典型城市相关行业的人工智能人才需求看，以互联网、游戏、软件行业最为突出，平均占比达 60.9%，尤其是北京，以 69.8% 的占比居首位，广州、杭州分别居第二、第三位，苏州

的需求量最小;电子、通信、硬件行业次之,平均占比为 11.1%;汽车、机械、制造行业居第三位,平均占比为 6.6%。

苏州以四个行业对人工智能人才需求量均最多居于五大城市行业数量之首,分别是汽车、机械、制造行业,占比为 17.5%,是其他四个城市平均值的 4.6 倍;服务、外包、中介行业,占比为 4.4%,略高于北京的 4.3%;能源、化工、环保行业,占比为 4.3%,是其他四个城市平均值的 2.7 倍;制药、医疗行业,占比为 3.8%,是其他四个城市平均值的 2 倍。

从五大典型城市金融行业对人工智能人才的需求情况看,深圳金融行业对人工智能人才的需求占比最大,占比为 4.6%,是苏州的 4.6 倍、杭州的 3.8 倍、广州的 2.3 倍、北京的 1.2 倍。此外,在房地产、建筑、物业行业,深圳对人工智能人才的需求量也最大,占比为 2.2%,略高于苏州的 2.1% 和广州的 1.9%。

广州的消费品和广告、传媒、教育、文化两个行业对人工智能人才的需求大于其他四个城市,其中,消费品行业对人工智能人才的需求占比为 4.6%,是其他四个城市平均值的 1.8 倍;广告、传媒、教育、文化行业对人工智能人才的需求占比为 3.6%,是其他四个城市平均值的 1.6 倍(详见表 7)。

表 7　2020 年五大典型城市 TOP10 行业人工智能人才需求情况

单位:%

行业	深圳	苏州	杭州	广州	北京	均值
制药、医疗	2.6	3.8	1.9	1.5	1.6	2.3
消费品	2.4	3.9	2.5	4.6	1.3	2.9
汽车、机械、制造	4.5	17.5	4.2	3.8	2.8	6.6
能源、化工、环保	1.3	4.3	2.4	1.4	1.3	2.1
金融	4.6	1.0	1.2	2.0	4.0	2.6
互联网、游戏、软件	58.5	41.1	66.4	68.7	69.8	60.9
广告、传媒、教育、文化	1.8	2.9	1.8	3.6	2.6	2.5
服务、外包、中介	3.3	4.4	2.5	3.5	4.3	3.6
房地产、建筑、物业	2.2	2.1	1.0	1.9	1.2	1.7
电子、通信、硬件	15.7	14.9	11.2	6.0	7.8	11.1

8. 广州、杭州、深圳、苏州、北京对平台架构人才的需求量最大

从五大典型城市不同岗位对人工智能人才的需求情况看，平台架构岗位的需求十分明显，占比均超过九成；其次分别为算法岗位（占比为 1.6%）、数据岗位（占比为 1.1%）、AI 硬件岗位（占比为 0.8%）和研发岗位（占比为 0.5%）（详见表 8）。

表 8　2020 年五大典型城市对人工智能人才的岗位需求

单位：%

岗位	深圳	苏州	杭州	广州	北京	均值
AI 硬件	0.7	1.3	0.6	0.8	0.5	0.8
平台架构	96.4	95.4	96.7	96.8	94.8	96.0
数据	0.9	0.7	1.1	1.0	1.8	1.1
算法	1.5	2.1	1.2	1.1	2.1	1.6
研发	0.5	0.5	0.4	0.3	0.8	0.5

三　中国人工智能人才发展存在的问题、对策建议及展望

（一）现存问题

1. 人工智能人才结构性矛盾依然突出

一是人工智能人才供需不匹配。在总量上呈供不应求之势。UIPath 2018 年推出的 AI Jobs 报告显示，在全球范围内，中国空缺的人工智能职位最多，共有 12113 个；其次是美国，有 7465 个；再次是日本，有 3369 个。[1] 2020 年 6 月，工业和信息化部人才交流中心数据显示，当前在我国人工智能产业内，有效人才缺口达 30 万人。在岗位上，人工智能芯片、机器学习、

---

① 亿欧智库：《2020 全球人工智能人才培养研究报告解析》，《机器人产业》2020 年第 5 期。

自然语言处理等技术岗位的供需比（意向进入岗位的人才数量与岗位数量间的比值）均低于0.4，算法研究、应用开发、实用技能和高端技术等职能岗位的供需比均小于1。二是人工智能人才分布不均衡。三大区域优势明显，其他地区的人才供给不足。当前及今后的一段时期，各地都将在人工智能产业发展和人才培养方面积极布局，受限于各自的资源禀赋和经济发展条件，长三角地区、粤港澳大湾区、京津冀地区表现出较强的人才吸附效应，其他地区人工智能人才的总量偏低，制约着人工智能产业和人才政策的落地见效。三是人才层次两头小中间大，结构不稳定。我国目前的人工智能人才以适应产业发展需要的应用型为主，高校人工智能专业布局处于起步阶段，基础研究和顶尖人才较为缺乏，不同层次人才分布尚未能形成稳定且内驱动力足的金字塔形。

2. 人工智能人才培养体系的支撑力不足

一是培养观念陈旧。当前，七成左右的地方高校是由以前的高等专科学校发展到一定规模后升级而成的。升级为本科院校后，大部分高校仍以原有的观念完成新发展阶段下的人才培养规划，不适应人工智能人才培养的新要求。二是培养体系滞后。人工智能是一门多学科交叉融合的新知识体系，实践性强，技术发展日新月异，学校制定的人才培养方案不能满足市场的动态变化需求。多数学校仍然按照传统的"专业教学"模式教学，缺乏对学生实践技能的培养，未能较好地将"新工科"理念贯穿到人才培养过程中，在人工智能产业高速发展的环境下，难以保证人才培养的速度和质量。三是培养理论不够全面。人工智能人才的培养涉及教育、社会学、管理、计算机技术、经济学等多学科内容，需要专业人员从多元化的角度进行研究，突破思维定式，从跨学科的角度进行全面分析。而当前的培养大多停留在单一学科的角度，缺乏全面性。四是培养条件有限。部分高校人工智能专业相关的师资、软硬件资源不足，教师不能将教学与研发有机融合，高校的师资培训机制不能完成人工智能专业的产教融合。部分高校所处地区缺乏大型自动化企业，而本地的小型企业产能落后，无法为人工智能人才的培养提供理论和实践支撑。因此，我国人工智能人才培养体系仍需完善、培养力度仍需增强、培养数量亟待提高，以有效缓解我国人工智能人才缺口大、人工智能高端人才偏少、人工智能人才结构不均衡等问题。

3. 人工智能人才政策有待进一步完善

一是人才政策的附属性突出。国家出台了人工智能产业发展相关政策，人工智能产业的快速发展带动了人工智能人才需求的快速增加，人工智能人才紧缺成为我国人工智能发展面临的一大难题。然而，人工智能人才政策经常以人工智能产业政策的"附属品"存在，国务院并未出台专项政策支持人工智能人才的发展，制约了企业、行业协会等人工智能人才培养主体的主观能动性，阻碍了人工智能人才的规模化供给。二是人才政策的协调性不足。为了扩大人工智能人才队伍，教育部相继出台了相关文件支持高校培养人工智能人才。然而，高校培养人才耗费时间较长，人才类型较为单一，短期内不足以支持人工智能产业发展对多种类型人工智能人才的需要。此外，人工智能人才政策虽鼓励高校、科研院所与企业等机构加强产学研合作，但政府职能部门的协调力度不足，对校企合作政策的支持力度有限，使不同培养主体间的衔接度不够，实际效果不甚理想。

4. 人工智能人才的生态环境需持续优化

一是未形成统一的人工智能人才评价标准。我国大多数地区将人才分为ABCD四种类型，不同类型人才可享受相应标准的政策红利。当前对人工智能人才缺少统一的评价标准，经常以学历、毕业院校、工作年限等指标为参考。参照上述分类方式，可享受各地人才政策倾斜的人工智能人才占比较低。这主要体现在两个方面：一方面，同一层级缺少评价等级标准，使人才显示为同质化，掩盖了人才的竞争力；另一方面，不同层级间缺少跨层级流动标准，显示为人才扎堆，掩盖了人才的创新力。二是未形成开放的人工智能人才评价市场。截至2020年底，国家人力资源和社会保障部分3批次发布了38个技能人员新职业，其中与人工智能技术直接相关的新职业有2个，分别为人工智能工程技术人员和人工智能训练师，且均未颁布国家职业技能标准（详见表9）。人力资源和社会保障部鼓励第三方开展职业技能等级评价，但从已公布的结果看，通过备案的11家机构拟开展的职业（工种）评

价中，并不包含上述 2 个与人工智能技术直接相关的新职业。这不仅影响了技师、高级技师等高端技能人才的评定及后续的政策受益，也影响了人工智能人才的整体收入水平。三是未形成完善的人工智能人才服务体系。育才方向不明使高校难以精准培养人工智能人才"预备役"。高校和企业之间的培养方向不一致，一些高校在落实人工智能专业产教融合时不能与市场对接，双方互相存在多种疑虑和偏见，导致企业与高校的人工智能专业合作流于形式。引才目的不清使政府难以服务人工智能人才"生力军"。地方政府崇尚高学历人才，而不是真正契合地方经济社会发展需要的专业人才，将具有真才实干能力的相对较低学历人工智能人才排除在外。用才渠道不畅使人才链难以服务产业链。人才服务于产业发展，产业发展服务于国家战略需要。在产业智能化转型升级推进过程中，政府调控和市场引领作用存在延迟，人工智能人才不能及时配置到位，影响着整个产业系统的运行效率。

表 9   人力资源和社会保障部发布的人工智能技术新职业

序号	职业名称	职业代码	职业描述	主要工作任务
1	人工智能工程技术人员	2-02-10-09	从事与人工智能相关算法、深度学习等多种技术的分析、研究、开发，并对人工智能系统进行设计、优化、运维、管理和应用的工程技术人员。	（1）分析、研究人工智能算法、深度学习等技术并加以应用； （2）研究、开发、应用人工智能指令、算法； （3）规划、设计、开发基于人工智能算法的芯片； （4）研发、应用、优化语言识别、语义识别、图像识别、生物特征识别等人工智能技术； （5）设计、集成、管理、部署人工智能软硬件系统； （6）设计、开发人工智能系统解决方案。
2	人工智能训练师	4-04-05-05	使用智能训练软件，在人工智能产品实际使用过程中进行数据库管理、算法参数设置、人机交互设计、性能测试跟踪及其他辅助作业的人员。	（1）标注和加工图片、文字、语音等业务的原始数据； （2）分析提炼专业领域特征，训练和评测人工智能产品相关算法、功能和性能； （3）设计人工智能产品的交互流程和应用解决方案； （4）监控、分析、管理人工智能产品应用数据； （5）调整、优化人工智能产品参数和配置。

资料来源：笔者根据公开资料整理。

（二）对策建议

随着人工智能产业不断发展壮大、技术日益创新精进，市场对人工智能人才的需求必然会快速增加。高校、企业、科研院所在人工智能人才培养方面要适应产业发展需求、契合国家发展需要。为了进一步促进人工智能人才培养的高质量发展，让人工智能人才更好地服务于国家战略布局，结合人工智能人才培养现存的难点问题，提出以下对策建议。

1. 建立政产学研一体化培育机制

由政府相关职能部门牵头，建立行业企业和科研院所参与的校企合作的共建共商共享机制，从政策上保证校企合作的规范化和制度化。按照"不拘形式、因地制宜、深挖资源、互惠互利"的原则，建立政产学研长期合作的利益共同体机制。[①] 鼓励高校与人工智能企业密切合作，建立企业学院和产业学院，建设教学工厂和生产性实训基地。搭建区域服务平台，成立公共实训基地和创业孵化基地。校企双方定期沟通会商，及时化解各种矛盾，实现差异化的利益诉求，击中利益各方的共同"兴奋点"，达到互惠多赢。[②]

2. 加大产教融合培养模式推进力度

重点培养高校人工智能专业"产教融合"的师资力量，提高专业教师的技术水平和创新实践能力。创建产教融合人工智能实践教学基地，引入有成功经验的高校管理模式。建立高校"产教融合"信息化平台，将社会对人工智能的需求和高校人工智能专业培养方向进行无缝对接。紧密结合区域产业经济发展和技术更新情况，建立"招生—教学—管理—顶岗实习—就业"的"一条龙"合作，共同组建专业教学团队，推进现代学徒制和构建"工作课堂"，根据已深度合作企业的具体要求设计部分教学课程，融合企

[①] 李美满等：《以需求为导向的开放教育计算机专业人才培养探究》，《高教学刊》2017 年第 24 期。

[②] 李美满、刘小飞、李可：《创新能力培养的人工智能人才模式改革探讨》，《计算机时代》2021 年第 7 期。

业文化与校园文化，做到产教融合、工学结合、知行合一，满足企业用工需求，缩短企业对员工的考察和培养过程，降低企业人力资源成本，增强企业参与人才培养的主动性。

3. 优化人工智能人才培养体系

在专业设置上，依据人工智能行业和产业发展的前沿趋势，紧密对接产业链、创新链的相关要求，将"新工科"理念融入人工智能有关学科的专业建设中，以大力提升人工智能领域的学科专业质量。在教学课程上，借鉴世界一流高校的人工智能人才培养经验，采用"兼容并包"的视角对多元的学科、课程、知识体系加以考量，且在课程结构中注重通识课程的开设并贯穿通专融合的理念。在学习资料上，在学习和科研等方面做好国际化协同合作，引进全球知名企业的资源，将国际前沿的人工智能技术引入学校的教学中。建立开放式创新性教学模式体系，创新具有示范引领意义的人工智能专业人才培养新模式，为人工智能人才培养提质增效。

4. 释放人工智能职业技能等级市场评价活力

政府相关部门应助力人工智能新职业的国家职业标准尽快出台，加快推进人工智能新职业的第三方评价工作，鼓励和引导有资质、有条件的机构积极开展人工智能新职业的职业技能等级评价，充分发挥职业技能等级评价串联高校在培人工智能人才和企业应用人工智能人才、数字蓝领人才和科学家人才的纽带作用，提高不同领域、不同等级人工智能人才的适配度和社会认可度，突出市场在人工智能人才发展过程中的重要作用。

（三）发展趋势

结合国家新一代人工智能发展战略，我们汇总了各省（自治区、直辖市）出台的"十四五规划""人工智能产业发展规划""数字经济发展规划"等共计近百份政策文件，以期通过探析我国人工智能产业发展趋势和未来人工智能技术的创新进步，预判人工智能人才的发展趋势。

1. 关键核心技术攻关对技术研发型人才提出新要求

关键技术创新是人工智能产业发展的基石，随着人工智能技术应用边界的不断拓宽，对人工智能人才研发能力的要求也越来越高。黑龙江、浙江、江苏等多个省份均提出，重点突破机器视觉、生物识别、自然语言处理、图形图像处理、类脑智能、脑机接口、虚拟现实与增强现实、智能视频监测等基础关键技术和算法，拓展"人工智能+工业智能"。

2. 智能产品多场景应用对创新应用型人才提出新挑战

优化人工智能技术是为了研发更多人工智能产品以更好地服务于经济社会发展，多个省区市都提出促进人工智能融合发展的规划任务，对人工智能技术应用于不同场景的综合能力提出了挑战。北京、天津、河北、内蒙古等多个省区市均提出发展人工智能与实体经济深度融合新业态，推动人工智能规模化应用，全面提升制造业、农牧业、物流、金融、商务等产业的智能化水平。

3. 科技领军型人才的重要性将进一步突显

领军人才对行业发展具有较好的引领作用，突出人工智能领军人才的重要性，有助于人工智能人才的系统培养和人工智能产业的高效发展。北京、河南、上海等多个省市提出，在人工智能重点行业充分发挥领军型人才的引领和带动作用，促进重点学科交叉、关键技术融合和系统集成创新。

4. 人工智能人才队伍规模将进一步壮大

在未来较长时间内，人工智能人才需求量将持续处于高位。随着各地出台的人工智能人才培养政策的日益完善、职业技能等级评价工作的逐步开展，高校知识型人工智能人才和企业应用型人工智能人才供给量也会持续升高。河北、山西、上海、云南等多个省市提出，加强企业、科研院所与高校间的合作，加快形成"人工智能+"复合专业培养新模式，培养多层次人工智能人才队伍。

参考文献

《国务院关于印发"十四五"数字经济发展规划的通知》，https：//zycpzs. mofcom. gov. cn/ueditor/jsp/upload/file/20220118/1642492873238071096. pdf，2022 年 1 月 18 日。

《〈中国互联网发展报告 2021〉发布：互联网引领数字经济新发展》，澎湃百家号，https：//m. thepaper. cn/baijiahao_ 13579414，2021 年 7 月 14 日。

专 题 篇
Special Topics

B.2
中国高校人工智能人才教育培养报告

战梦霞 高 明*

摘　要： 人工智能产业的高速发展催生了对高水平专业人才的需求，并对高校的人工智能学科布局优化和人才培养模式创新形成倒逼之势。本报告在厘清我国高校人工智能人才培养的发展脉络和政策背景基础上，对我国高校人工智能人才培养的现状和模式进行了深入分析，针对高校人工智能人才培养的目标定位、学科交叉融合、课程体系多元化、多主体育人机制等方面存在诸多不足的现实困境，提出坚持分类分层培养，全面适应人工智能发展对人才的多样化需求；优化人工智能学科布局，构建人工智能人才培养体系；促进教研融合，推动高校人工智能技术创新体系建设；建立健全多主体协同育人机制，促进产教科教深度融合等政策建议。

关键词： 人工智能　人工智能人才　高等教育　人工智能学科

* 战梦霞，中国劳动和社会保障科学研究院宏观战略研究室主任、研究员，主要研究领域为劳动就业、人力资源、职业标准、公共服务等；高明，同道猎聘集团副总裁，猎聘研究院执行院长，主要研究领域为科技互联网与就业协同、平台数据模式创新。

以 1956 年达特茅斯会议为起点,人工智能发展至今已有 60 多年的历史。随着人工智能从实验室走向产业化生产,人工智能迎来了第三次发展浪潮,并已成为引领新一轮科技革命和产业革命的重要力量。人工智能及相关技术的发展和应用对全球经济、社会和政治产生了重大而深远的革命性影响。当前,全球多数国家都在积极布局人工智能产业,人工智能正在成为决定一个国家未来竞争力的关键因素,成为各个国家的国家战略布局。为了在新一轮科技竞争中占据先发优势,自 2016 年起,全球先后有 40 余个国家和地区(包括我国在内)将推动人工智能发展上升到国家战略高度,制定了人工智能战略或政策文件,① 普遍将人才培养作为战略重点。

近年来,我国人工智能产业发展迅猛,海量数据、技术进步和政策效应三者相互叠加催生了一大批新型人工智能企业。《中国互联网发展报告(2021)》显示,2020 年,我国人工智能产业规模为 3031 亿元,同比增长 15%。我国人工智能企业共计 1454 家,居全球第二位,仅次于美国的 2257 家;其中,我国 22.3% 的人工智能企业分布在人工智能产业链的基础层,18.6% 的企业分布在技术层,59.1% 的企业分布在应用层。但是,人工智能的产业化和商业化扩张面临专业人才供给的瓶颈。从前瞻产业研究院对我国企业的调查结果来看,企业认为在推进人工智能的探索应用中遇到的最主要障碍是人工智能专业人才的缺乏,占比高达 51.2%。人工智能专业人才培养的相对滞后与人工智能产业的蓬勃发展呈倒挂现象。习近平主席在 2019 年 5 月 16 日向国际人工智能与教育大会所致贺信中指出:"把握全球人工智能发展态势,找准突破口和主攻方向,培养大批具有创新能力和合作精神的人工智能高端人才,是教育的重要使命。"

高校处于科技第一生产力、人才第一资源、创新第一动力的结合点,培育支撑国家人工智能战略部署和产业发展的各类高质量专业人才是高校的职责所在。如何加快推动高校的人工智能学科优化布局,促进人才培养

---

① 中国信息通信研究院:《人工智能白皮书(2022 年)》,http://m.caict.ac.cn/yjcg/202204/P020220412613255124271.pdf,2022 年 4 月。

模式的创新、教学模式的改革、多主体育人机制的健全，构建高校新一代人工智能领域人才培养体系，为我国构筑人工智能发展先发优势和建设科技强国、智能社会提供战略支撑，是当前和今后一段时间需要深入研究的一个新课题。

一 高校人工智能人才培养的发展脉络及政策背景

（一）发展脉络

我国高校人工智能人才培养的发展轨迹与我国人工智能技术演进历程以及产业的发展轨迹高度契合，其发展脉络大致可以分为四个阶段：孕育发展期（1980 年以前）、探索发展期（20 世纪 80 年代末至 21 世纪初）、起步发展期（21 世纪初至 2017 年）、规模扩张期（2017 年至今），目前已初步形成系统化培养体系。

1. 孕育发展期（1980 年以前）

20 世纪 80 年代末，我国的人工智能技术研究进入萌芽阶段，自动推理技术取得突破。自 1978 年将"智能模拟"纳入国家研究计划以来，我国不断增大对人工智能相关领域研发项目的投入，并先后成立了中国自动化学会模式识别与机器智能专业委员会（1981 年）、中国人工智能学会（1981 年）、中国计算机学会人工智能和模式识别专业委员会（1986 年）等学术团体。[①] 这些人工智能学术团体的成立对开展人工智能学术活动和人工智能技术研究起到了积极作用，有力推动了中国人工智能科技的发展、高校人工智能相关学科的建设和人才培养。人工智能领域学术团体的诞生带动了高校人工智能研究人才的培育。

2. 探索发展期（20 世纪 80 年代末至 21 世纪初）

20 世纪 80 年代，我国高校纷纷成立人工智能研究机构，先后筹建了华

---

① 张洪国、陆平、邵立国等：《中国人工智能发展简史》，《互联网经济》2017 年第 6 期。

中科技大学图像识别与人工智能研究所（1978 年）、北京大学信息科学中心（1986 年）和西安交通大学人工智能与机器人研究所（1986 年）等研究机构（系别）。这些研究机构（系别）开启了我国人工智能领域研究生的培养工作，揭开了我国自主培养人工智能高层次人才的序幕。1978 年，清华大学开始人工智能方面的研究，并招收了第一批 6 名人工智能方向的硕士研究生。同年，清华大学在计算机系内部成立了"人工智能与智能控制"教研组，在"计算机应用技术"学科下开展人工智能方向的本科教学。这在当时的中国，走在了时代的最前列。① 我国高校人工智能人才培养正是由研究生教育逐步延伸至本科教育的。

3. 起步发展期（21世纪初至2017年）

智能科学与技术在学科含义上与人工智能最接近，并早于人工智能学科的设立。智能科学与技术专业本科教育的开端，可以追溯到 2004 年北京大学智能科学与技术专业的建立。② 2003 年 12 月北京大学向教育部备案设立智能科学与技术本科专业，次年年初获得教育部批复，北京大学智能科学与技术本科专业的首次招生规模为 34 人。2008 年，北京大学增列了"智能科学与技术"硕士和博士点，本、硕、博一以贯通，形成了一个完整的智能科学与技术专业培养体系，从培养体制上保证了智能科学与技术专业的可持续发展。③ "智能科学与技术"④ 是我国第一个面向人工智能研究方向的本科学科，属计算机类专业，基本修业年限为四年，授予理学或工学学士学位。"智能科学与技术"学科的设立推动了高校人工智能相关人才的培养，

---

① 《张钹院士：清华办 AI，除了洞见，更有沉淀》，腾讯网，https://new.qq.com/omn/20200501/20200501A04EFK00.html，2020 年 5 月 1 日。

② 王雪、何海燕、栗苹等：《人工智能人才培养研究：回顾、比较与展望》，《高等工程教育研究》2020 年第 1 期。

③ 谢昆青：《第一个智能科学技术专业——回顾在北京大学六年来的创建历程》，《计算机教育》2009 年第 11 期。

④ 2003 年，"智能科学与技术"学科初设时专业代号为 080627S，S 的意思是"试办"。2012 年 9 月，在教育部公布的新修订《普通高等学校本科专业目录》中，智能科学与技术专业成为"特设"专业，归入计算机类。2020 年，教育部颁布了《普通高等学校本科专业目录（2020 年版）》，智能科学与技术专业归入计算机类，专业代码为 080907T，授予理学或工学学士学位。

也为人工智能学科的建设和人才的培养积累了经验。

4. 规模扩张期（2017年至今）

2018年之前，部分高校开设了人工智能实验班，开展人工智能本科人才的培养，但仍然必须借助计算机、自动化、电子信息等一级学科（专业）授予学位。2018年4月，教育部提出探索"人工智能+"的跨学科人才培养模式，推动人工智能学科建设。市场需求加上政策支持，催生了人工智能专业的落地。同年，全国35所高校获得首批设立人工智能专业和招收人工智能本科专业学生的资格，这标志着我国人工智能人才培养工作进入了新的发展时期，人工智能逐渐由零散的研究生培养走向规范的本科专业教育。2019年8月，教育部高等学校电子信息类专业教学指导委员会人工智能专业建设咨询委员会成立，进一步推动了我国高校人工智能人才的高质量培养。

（二）政策背景

近年来，我国政府相继出台支持人工智能人才培养的相关政策（详见表1），以及与之紧密相关的"新工科"建设、"双一流"建设等教育政策，对高校开设人工智能本科专业、开展人工智能本硕博跨学科教育、主动参与产学研协同育人等提供了强有力的政策支撑。

1. 推动人工智能领域学科建设，加强人才储备和梯队建设

人工智能产业发展最大的瓶颈是人才。现在已经进入全球争抢人工智能人才的时代，高水平人才培养的"造血功能"将直接影响人工智能产业的核心竞争力。[①] 2017年7月，国务院颁布的《新一代人工智能发展规划》明确提出，完善人工智能教育体系，加强人才储备和梯队建设。完善人工智能领域学科布局，设立人工智能专业，推动人工智能领域一级学科建设，尽快在试点院校建立人工智能学院，增加人工智能相关学科方向的博士、硕士招生名额。鼓励高校在原有基础上拓宽人工智能专业教育内容，形成"人工智能+"复合专业培养新模式，重视人工智能与数学、计算机科学、物理

---

① 周志华：《创办一流大学人工智能教育的思考》，《中国高等教育》2018年第9期。

学、生物学、心理学、社会学、法学等学科专业教育的交叉融合。加强产学研合作，鼓励高校、科研院所与企业等机构合作开展人工智能学科建设。

表1　2017～2021年中国人工智能人才培养相关政策/通知

时间	发文机构	政策/通知	重点内容
2017年7月	国务院	《新一代人工智能发展规划》	将"加快培养聚集人工智能高端人才"列为重点任务，并强调把高端人才队伍建设作为人工智能发展的重中之重，完善人工智能教育体系，加强人才储备和梯队建设，形成我国人工智能高地。
2018年4月	教育部	《高等学校人工智能创新行动计划》	提出优化高校人工智能领域科技创新体系。加强新一代人工智能基础理论研究，推动新一代人工智能核心关键技术创新，加快建设一流人才队伍和高水平创新团队。强调完善人工智能领域人才培养体系。完善学科布局，加强专业建设，加强教材建设，加强人才培养力度。
2019年3月	教育部	《教育部关于公布2018年度普通高等学校本科专业备案和审批结果的通知》	新增备案人工智能本科专业的高校35所
2020年1月	教育部、国家发展改革委、财政部	《关于"双一流"建设高校促进学科融合加快人工智能领域研究生培养的若干意见》	依托"双一流"建设，深化人工智能内涵，构建基础理论人才与"人工智能+"复合型人才并重的培养体系，探索深度融合的学科建设和人才培养新模式，着力提升人工智能领域研究生培养水平，为我国抢占世界科技前沿，实现引领性原创成果的重大突破提供更加充分的人才支撑。
2020年2月	教育部	《教育部关于公布2019年度普通高等学校本科专业备案和审批结果的通知》	新增备案人工智能本科专业的高校180所
2020年3月	科技部、发展改革委、教育部、中科院、自然科学基金委	《加强"从0到1"基础研究工作方案》	提出要加强基础研究人才的培养。建立健全基础研究人才培养机制，实施青年科学家长期项目，在国家科技计划中支持青年科学家。

时间	发文机构	政策/通知	重点内容
2021 年 2 月	教育部	《教育部关于公布2020 年度普通高等学校本科专业备案和审批结果的通知》	新增备案人工智能本科专业的高校 130 所
2021 年 12 月	教育部	《教育部关于公布2021 年度普通高等学校本科专业备案和审批结果的通知》	新增备案人工智能本科专业的高校 95 所

资料来源：根据公开资料整理。

2. 推动高校建立与科技创新、产业发展需求相适应的人才培养体系

2018 年 4 月，教育部发布《高等学校人工智能创新行动计划》，从完善学科布局、加快学科建设、加强专业建设及优化教材建设等多个方面推进高校人工智能人才培养体系的构建。鼓励有条件的高校在充分论证的基础上建立人工智能学院、人工智能研究院或人工智能交叉研究中心，支持高校在计算机科学与技术学科设置人工智能学科方向，深入论证并确定人工智能学科内涵，推动人工智能领域一级学科建设。重视人工智能与计算机、控制、数学等学科专业教育的交叉融合，探索"人工智能+"的人才培养模式，加快人工智能领域科技成果和资源向教育教学转化。

2020 年 1 月，教育部、国家发展改革委、财政部印发《关于"双一流"建设高校促进学科融合　加快人工智能领域研究生培养的若干意见》，从人才培养角度为人工智能的发展提供支持，鼓励高校开展人工智能基础理论、原创算法、高端芯片和生态系统等相关方向高层次人才的培养，推动"双一流"建设高校着力构建赶超世界先进水平的人工智能人才培养体系。

3. 创新高层次人才培养机制和模式，着力提升人工智能领域研究生培养水平

为推动"双一流"建设高校着力构建赶超世界先进水平的人工智能人

才培养体系，加快培养勇闯"无人区"的高层次人才，2020 年 1 月，教育部、国家发展改革委和财政部印发《关于"双一流"建设高校促进学科融合 加快人工智能领域研究生培养的若干意见》，推动构建基础理论人才与"人工智能+"复合型人才并重的培养体系，探索深度融合的学科建设和人才培养新模式，着力提升人工智能领域研究生培养水平，确立专项任务培养研究生机制，强化博士生的交叉复合培养。鼓励高校统筹各类资金，支持人工智能相关学科的建设，逐渐形成学科优势特色，推动人工智能向更多学科渗透融合。

二 高校人工智能专业人才（本科生）培养现状简述

（一）我国人工智能人才储备情况

1. 我国人工智能领域顶级研究人才数量全球排名第二

人工智能领域高端人才不仅需要扎实的专业知识技能，更需要具备强大的科学素养和交叉学科背景。《2022 全球最具影响力人工智能学者（AI2000）分析报告》显示，2022 年我国人工智能领域顶级研究人才数量达 232 人，占世界范围内总上榜人数的 11.6%，是仅次于美国（1146 人，全球占比为57.3%）的世界第二大顶尖研究人才聚集地，但是顶级研究人才数量仅约为美国的 1/5。

2. 我国顶级学者在人工智能子领域分布不均衡

中国科协人工智能人才储备研究项目（2018）研究发现，我国在多媒体技术、数据库、数据挖掘、信息检索等领域的科研实力突出，顶级学者也多分布在上述领域，分别占全球顶级学者总数的 31.9%、17.2%、16.0% 和15.9%。特别是在信息检索与推荐、多媒体技术子领域具有绝对优势，我国学者分别位居 2022 年 AI 2000 信息检索与推荐和多媒体技术子领域的榜首。而在人工智能其他 15 个子领域的顶级学者数量则相对较少，尤其在机器人学、计算机图形学等领域的科研实力较为薄弱，顶级学者占比不到 1%；更甚的是，在计算理论、人机交互两个子领域的全球顶级学者名单中见不到中国学者的身影，我国在这两个子领域的研究实力落后于其他国家，全球性顶级学者极度匮乏。①

3. 人工智能领域产业人才以本科学历为主

当前，我国人工智能领域产业人才存量数约为 94.88 万人。从学历分布看，我国人工智能领域产业人才中近八成是本科及以上学历。本科学历占比为 68.2%；其次是大专学历，占比为 22.4%；硕士研究生不足一成，占比为 9.3%；博士研究生极其稀缺，仅为 0.1%。②

（二）人工智能及相关学科（专业）的布局情况

1. 人工智能学科（专业）的布局

2018 年 4 月，教育部研究制定《高等学校引领人工智能创新行动计划》，研究设立人工智能专业，以进一步完善我国高校的人工智能学科体系。各高校相继设立人工智能学院或人工智能系，培养人工智能产业的研究型、应用型人才，推动人工智能一级学科建设。2018 年，我国将人工智能专业列入新增审批本科专业名单，属电子信息类，人工智能专业代码为 080717T（T 代表特设专业），学位授予门类为工学。③ 在此之前，国内没有高校在本科阶段设置人工智能专业。

从人工智能专业布局数量看，我国先后已有 4 批共 440 所高校设置了人工智能专业，占 1270 所本科高校的 34.6%。2019 年，全国共有 35 所高校获得首批人工智能专业建设资格；2020 年，教育部再次审批通过 180 所高

---

① 《亟需补足我国人工智能领域人才短板》，中国科学技术协会门户网站，https://www.cast.org.cn/art/2019/5/21/art_41_95570.html，2019 年 5 月 21 日。

② 《教育部高教司发布 2021 年人工智能专业人才培养情况调研报告》，齐鲁师范学院人工智能产业学院，http://neuai.qlnu.edu.cn/info/1125/1154.htm，2021 年 9 月 30 日。

③ 《教育部关于公布 2018 年度普通高等学校本科专业备案和审批结果的通知》，中华人民共和国教育部，http://www.moe.gov.cn/srcsite/A08/moe_1034/s4930/201903/t20190329_376012.html，2019 年 3 月 29 日。

校开设人工智能专业;① 2021 年,第 3 批 130 所高校获批;② 2022 年,全国新增 95③ 所高校获批建设人工智能专业。截至目前,我国已有 440 所本科院校开设了人工智能专业。其中,有 985 和 211 院校共计 81 所,一本院校 113 所。

从区域布局看,440 个人工智能专业点分布于全国 29 个省区市。山东、江苏和北京开设人工智能本科专业的高校数量都达到或超过了 30 所,新疆和内蒙古各自仅有一所高校开设了人工智能本科专业(详见图 1)。人工智

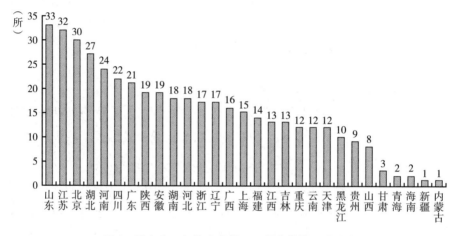

图 1　设立人工智能专业的 440 所高校的区域分布

资料来源:根据教育部发布的《关于公布 2018 年度普通高等学校本科专业备案和审批结果的通知》《关于公布 2019 年度普通高等学校本科专业备案和审批结果的通知》《关于公布 2020 年度普通高等学校本科专业备案和审批结果的通知》《关于公布 2021 年度普通高等学校本科专业备案和审批结果的通知》中公布的数据汇总所得。

---

① 《教育部关于公布 2019 年度普通高等学校本科专业备案和审批结果的通知》,中华人民共和国教育部门户网站,http://www.moe.gov.cn/srcsite/A08/moe_1034/s4930/202003/t20200303_426853.html,2020 年 3 月 3 日。

② 《教育部关于公布 2020 年度普通高等学校本科专业备案和审批结果的通知》,中华人民共和国教育部门户网站,http://www.moe.gov.cn/srcsite/A08/moe_1034/s4930/202103/t20210301_516076.html,2021 年 3 月 1 日。

③ 《教育部关于公布 2021 年度普通高等学校本科专业备案和审批结果的通知》,中华人民共和国教育部门户网站,http://www.moe.gov.cn/srcsite/A08/moe_1034/s4930/202202/t20220224_602135.html,2022 年 2 月 24 日。

能专业点的区域布局与我国人工智能企业的地域分布基本一致。但是例外的是山东和河南，两省开设人工智能专业的高校数量①与当地的人工智能企业规模和产业发展不匹配，有可能产生本地人工智能专业人才的供给超过本地产业需求的情况。

从学校层次看，440个人工智能专业点分布于各层次、多类型高校。现有的147所世界双一流大学建设高校中，有96所设置了人工智能专业；八成以上的985工程院校设置了人工智能专业；211工程院校中有近七成设置了人工智能专业（详见表2）。

表2　人工智能专业在各类型高校的分布情况

类型/数量	世界双一流大学	985院校	211院校	其他本科学院	总计
布点数（所）	96	32	77	331	440
高校数（所）	147	39	112	1119	1270
同类型占比（%）	65	82	69	30	35

资料来源：教育部门户网站（http：//www.moe.gov.cn/），截至2021年6月30日。

2. 智能科学与技术专业布局

1998年，智能科学与技术专业获批列入《经教育部批准同意设置的目录外专业名单》，成为以计算机科学与技术为基础，将智能技术与电子信息技术有机结合的新兴专业。2003~2015年，全国30所高校开设了智能科学与技术专业，每年新增设的高校为2~3所。2016年以来，增设智能科学与技术专业的高校数量急剧增加，2018年增速达到顶峰，当年全国有96所高校增设了智能科学与技术专业，这是我国人工智能产业的繁荣发展引致的对人工智能人才的旺盛需求信号传导到高校智能科学与技术的专业建设和人才培养环节上，从而引发的高校数量的剧增。2019年，全国新增35所高校成功申报智能科学与技术专业；2020年，8所高校增设智能科学与技术专业；

---

① 根据艾媒《2021年中国人工智能产业地区综合竞争力排行榜》，排名前五的人工智能产业地区分别是北京、广东、江苏、上海与浙江，而山东、河南两省开设人工智能专业的高校数量排名前五，尤其是山东排名第一。

2021 年再增 6 所。教育部公开信息显示，截至 2021 年末，全国共有 201 所高校设立了智能科学与技术专业。[1]

3. 人工智能交叉学科（专业）建设现状

（1）新增人工智能交叉学科（专业）数量

21 世纪以来，我国高校人工智能交叉学科（专业）如雨后春笋般出现。近 20 年间（2003~2021 年），有 41 个人工智能交叉新专业被列入普通高等学校本科专业目录。2003 年，我国首个人工智能交叉学科——数字媒体技术被列入高校本科专业目录。但是在随后的 10 年间仅增加了 3 个新专业，人工智能交叉学科增设速度极为缓慢，直到 2015 年之后才逐步加快，2019 年新增的交叉学科（专业）数量高达 9 种。[2] 人工智能交叉学科（专业）的产生及发展与我国人工智能技术和其他产业的融合发展实践紧密相关。2015 年以来，随着国家政策的支持和引导以及 5G 等相关技术的广泛应用，我国人工智能产业进入爆发式增长阶段，尤其是在人工智能应用领域，吸引了海量资本的跟进，我国人工智能应用市场规模不断扩大，人工智能技术层中语音识别、自然语言处理等已广泛应用于金融、教育、交通等领域。人工智能应用企业的迅猛发展倒逼高校培育"人工智能+"跨学科复合型人才以支撑企业的持续创新发展。在我国人工智能应用场景范围持续扩大，并不断与各个领域深度融合的发展态势下，人工智能交叉学科（专业）的不断涌现已成为必然。

（2）新增人工智能交叉学科的专业（领域）分布

人工智能交叉学科涉及工学、农学、医学、教育学和经济学几大门类，主要以工学为主；分布的专业（领域）共计 23 种，主要包括计算机类、自动化类、电气类、机械类、航天航空类、材料类、土木类等专业（领域）。人工智能交叉学科在不同专业（领域）的布局不均衡，分布在人文社科专业（领域）的仅有教育学类和金融学类。

---

[1] 根据教育部发布的 2017~2021 年各年份《关于普通高等学校本科专业备案和审批结果通知》公开文件整理。

[2] 根据教育部公布的《普通高等学校本科专业目录》2012 年版、2020 年版和 2022 年版整理得到。

（3）增设人工智能交叉学科（专业）的高校规模

从教育部 2021 年 8 月公布的学位授予单位（不含军队单位）自主设置交叉学科的名单来看，自主设置人工智能交叉学科的高校数量最多，包括哈尔滨工业大学、北京航空航天大学、大连理工大学、北京邮电大学等 21 所高校。此外，在上述高校中，部分高校设置了具有产业行业特征的人工智能交叉学科，例如，中国石油大学设置的油气人工智能学科，东北农业大学设置的农业人工智能学科，充分体现了人工智能技术与能源、农业等产业行业融合交叉发展的实践需求已经传导至高校的学科建设和人才培养环节。

（三）我国高校人才供给数量

我国鼓励具备条件的高校设置人工智能二级学科和交叉学科，有 100 余所大学成立了人工智能学院或研究院。我国首批开设人工智能本科专业的高校于 2018 年开始招生，第一批人工智能专业本科生将于 2022 年毕业，走向就业市场。教育部调研报告（2021）显示，截至 2021 年 8 月，教育部调研的 240 所高校中，除 36 所高校尚未开展招生工作外，其余 204 所高校人工智能专业填报招生人数共计 14350 人，在读本科生数共计 13948 人，其中一年级在校人数最高为 10279 人，二年级为 3159 人，三年级为 409 人，四年级为 101 人，本科毕业生选择国内深造人数为 130 人。当前，我国高校培养的人工智能专业人才主要来自智能技术与科学专业、人工智能交叉专业及从计算机科学与技术、自动化等专业跨转的本硕博毕业生。

从学历分布看，高校培养的毕业生主要以硕士研究生为主。2018~2020年累计培养人工智能相关专业硕士研究生 1.2 万余名，博士研究生 2300 余名，公派留学累计 2000 余人。[①]

从人工智能人才专业背景分布看，非人工智能类专业毕业生主要来自计算机类专业，转自其他专业的毕业生数量相对较少。据教育部调研报告

---

① 《教育部高教司发布 2021 年人工智能专业人才培养情况调研报告》，齐鲁师范学院人工智能产业学院，http：//neuai.qlnu.edu.cn/info/1125/1154.htm，2021 年 9 月 30 日。

（2021）估测，2020 年人工智能相关专业毕业生规模约为 93.6 万人，计算机类专业毕业生流入人工智能企业从事技术技能工作的占这类岗位的比例为 11.95%，由其他相关专业流入的占比为 2.76%。

从毕业学校分布看，2019 年 2 月 28 日允能智库监测到的国内 745 家人工智能企业相关数据显示，这 745 家人工智能企业的核心人才主要来自 985 和 211 高校，按照输出的人才数量排序（详见表 3），清华大学、北京大学和上海交通大学分列前三位。211 高校包揽了前十名，这十所高校从综合实力、专业特色、师资力量、学术科研能力及平台资源上看均处于国内人工智能领域领先地位，它们重视人工智能领域的基础与原创新理论创新，致力于培养"高层次、复合型、国际化"的人工智能领军人才，引领中国人工智能行业的前沿发展。

表 3　高校输出的人工智能企业核心人才数量排名

排名	学校名称	输出人数
1	清华大学	117
2	北京大学	73
3	上海交通大学	38
4	浙江大学	34
5	复旦大学	25
6	哈尔滨工业大学	24
7	中国科学技术大学	20
8	电子科技大学	18
9	北京邮电大学	16
10	北京航空航天大学	15

资料来源：《四大维度揭示 72 所高校人工智能专业综合实力》，搜狐公众号，https：//www.sohu.com/a/323204686_781358，2019 年 6 月 26 日。

（四）高校人工智能师资力量

师资是大学的战略性资源。高水平师资作为学术发展的"标杆"[1]，对

---

[1] 谈哲敏：《师资队伍是"双一流"建设的核心》，《中国高等教育》2017 年第 Z1 期。

大学的学科建设、人才培养质量、优秀学术团队的塑造和学校的长远发展等具有举足轻重的影响。

1. 师资概况

随着第三次人工智能浪潮的兴起，我国高校抓住时代的机遇，纷纷布局人工智能学科，注重人工智能师资团队建设，致力打造以知名专家为学科带头人、中青年教授为骨干、青年教师为生力军的教学研究团队，部分高校还邀请人工智能行业知名学者和骨干企业技术专家加盟，打造产学研多主体育人团队。

在国家政策的引导和支持下，尤其是在教育部《高等学校人工智能创新行动计划》发布实施以来，高校人工智能学科的构建和高质量师资队伍建设受到空前的重视。2017年国家自然科学基金委响应国家人工智能发展战略，增设了人工智能一级学科代码（F06），支持高校和科研机构承担人工智能领域国家重大科技项目，鼓励和引导科研人员围绕人工智能的基础理论、方法和关键核心技术开展原创性和突破性研究，赋能高校人工智能优秀青年学者和学科领军人才的培养。

在人工智能发展势头迅猛的大背景下，加之良好的政策环境，我国高校特别是一流高校依托其在计算机、自动化及电子信息等与人工智能紧密相关学科的优势，凭借与人工智能相关的国家重点实验室的硬件资源支持，逐步孕育出具有国际声誉的高水平人工智能教学研究队伍，形成坚实的人工智能人才储备，学术带头人多为"两院"院士、外国工程院院士、"长江学者"特聘教授等。国内人工智能研究领域拥有国际一流水平师资团队的高校有清华大学、哈尔滨工业大学、南京大学、浙江大学等。

2. 师资建设特点

一是高校人工智能领域的顶级专家（高影响力学者）分布不均衡。人工智能领域的顶级专家（高影响力学者）集中在清华大学、北京大学、南京大学、哈尔滨工业大学等名校，普通高校尤其是地方高校难以吸引顶级专家（高影响力学者）加盟。从CSRankings国内高校人工智能学者贡献指数排名（2016~2021年）看（详见表4），位列贡献指数排名前十的学者来自

南京大学、北京大学、清华大学、复旦大学、中山大学和哈尔滨工业大学6所一流大学，其中清华大学独占3名。

表4　CSRankings 中国高校人工智能学者贡献指数排名（2016~2021 年）

排名	姓名	工作单位	贡献指数
1	周志华	南京大学	23.3
2	万小军	北京大学	20.2
3	朱军	清华大学	19.7
4	孙茂松	清华大学	18.5
4	黄萱菁	复旦大学	18.5
6	朱松纯	北京大学	17.6
7	刘知远	清华大学	17.2
8	梁小丹	中山大学	16.9
9	刘挺	哈尔滨工业大学	16.8
10	林倞	中山大学	16.7

资料来源：CSRankings：Computer Science Ranking（http：//csrankings.org/#/index？all&us）。

二是高校的科研创新实力相差悬殊。普通高校尤其是地方二本学院，人工智能学科建设时间短、师资力量薄弱，人工智能领域的教师大多是选调于计算机等相关学院，短期内在人工智能领域很难取得创新科研成果。普通高校师资力量的薄弱意味着科研资源的稀缺，这些普通高校教师很难争取到人工智能领域国家重大科研项目和计划的支持，导致普通高校科研实力提升之路更为艰难。

三是高校师资队伍的构成多元化。实力雄厚的一流名校与人工智能行业领军企业在产教融合方面走在前列，实现了产学研用的深度融合，聘请了行业内的技术专家和知名学者作为特聘教授。因此，名校的师资队伍一般由业界知名学者、顶尖企业的一线技术专家和国内外高校的教授团队组成。

（五）我国高校在人工智能领域的国际学术影响力

1.我国高校在全球人工智能领域学术机构中的地位

科研院校与机构是人工智能技术研发的重要场所。近年来，我国先后出

南京大学、北京大学、清华大学、复旦大学、中山大学和哈尔滨工业大学6所一流大学，其中清华大学独占3名。

表4　CSRankings 中国高校人工智能学者贡献指数排名（2016~2021 年）

排名	姓名	工作单位	贡献指数
1	周志华	南京大学	23.3
2	万小军	北京大学	20.2
3	朱军	清华大学	19.7
4	孙茂松	清华大学	18.5
4	黄萱菁	复旦大学	18.5
6	朱松纯	北京大学	17.6
7	刘知远	清华大学	17.2
8	梁小丹	中山大学	16.9
9	刘挺	哈尔滨工业大学	16.8
10	林倞	中山大学	16.7

资料来源：CSRankings：Computer Science Ranking（http：//csrankings.org/#/index？all&us）。

二是高校的科研创新实力相差悬殊。普通高校尤其是地方二本学院，人工智能学科建设时间短、师资力量薄弱，人工智能领域的教师大多是选调于计算机等相关学院，短期内在人工智能领域很难取得创新科研成果。普通高校师资力量的薄弱意味着科研资源的稀缺，这些普通高校教师很难争取到人工智能领域国家重大科研项目和计划的支持，导致普通高校科研实力提升之路更为艰难。

三是高校师资队伍的构成多元化。实力雄厚的一流名校与人工智能行业领军企业在产教融合方面走在前列，实现了产学研用的深度融合，聘请了行业内的技术专家和知名学者作为特聘教授。因此，名校的师资队伍一般由业界知名学者、顶尖企业的一线技术专家和国内外高校的教授团队组成。

（五）我国高校在人工智能领域的国际学术影响力

1.我国高校在全球人工智能领域学术机构中的地位

科研院校与机构是人工智能技术研发的重要场所。近年来，我国先后出

台多项相关政策支持和引导高校聚焦人工智能科技前沿，强化人工智能基础研究，提升高校在人工智能领域的科技创新和人才培养能力。在良好的政策环境和人工智能产业环境助力下，我国一流高校率先实现了科技创新体系和人工智能学科体系的优化布局，综合实力得到显著提升。部分高校在人工智能基础理论和关键技术研究等方面取得新进展，在一些领域取得了具有国际重要影响的原创成果。

（1）清华大学人工智能综合实力全球领先。全球计算机科学专业排名榜CSRankings发布的2020～2021年全球人工智能领域学术机构综合排名（前20名）显示，我国有5所学术机构进入榜单的前10名，北京大学和清华大学占据了榜单的前两名，中国科学院、浙江大学和上海交通大学排名第四、第五和第六；南京大学、哈尔滨工业大学、香港中文大学分列第11名、第17名和第19名（详见表5）。

表5　2021年CSRankings人工智能领域*全球20强排名

全球排名	学术机构名称	分值	教师数量
1	北京大学	20.9	94
2	清华大学	20.7	69
3	卡内基梅隆大学	16.8	63
4	中国科学院	15.1	47
5	浙江大学	13.2	60
6	上海交通大学	12.9	47
7	伊利诺伊大学厄巴纳-香槟分校	12.6	40
8	南洋理工大学	11.8	40
9	韩国科学技术院	11.5	35
10	康奈尔大学	11.1	33
11	南京大学	10.7	42
12	新加坡国立大学	10.1	31
13	斯坦福大学	9.7	36
14	加利福尼亚州立大学洛杉矶分校	9.5	21
15	马里兰大学帕克分校	9.4	34
16	加利福尼亚州立大学圣地亚哥分校	9.1	41
17	哈尔滨工业大学	8.6	51

续表

全球排名	学术机构名称	分值	教师数量
18	密歇根大学	8.5	33
19	香港中文大学	8.4	30
20	罗格斯大学	8.3	20

＊注：人工智能领域包含人工智能、计算机视觉、机器学习与数据采集、自然语言处理、网页信息检索。

资料来源：CSRankings：Computer Science Ranking 门户网站，https：//csrankings. org/#/fromyear/ 2020/toyear/2021/index？ai&vision&mlmining&nlp&ir&world，最后检索日期 2022 年 7 月 24 日。

（2）我国高校在人工智能部分子领域的科研实力已达到全球领先水平。我国高校在视觉、机器学习与数据挖掘、语言处理和网页信息检索等领域的科研实力已超过世界级名校。浙江大学、中国科学院、北京大学包揽了 2020～2021CSRankings 全球计算机视觉子领域排名的前三位；[①] 哈尔滨工业大学、清华大学、北京大学、复旦大学和中国科学院进入全球语言处理子领域的 10 强榜单；[②] 七所高校进入网页信息检索的全球 10 强，清华大学、中国人民大学和中国科学技术大学位列前三名[③]。

2. 我国高校在人工智能领域发表的国际论文情况

当前我国的人工智能论文总量和被引用量高居世界第一，[④] 我国人工智能相关论文数量占比已经接近 30%。我国人工智能论文发表单位主要以高校和研究所为主，高校发表人工智能相关论文的数量在 2013 年超过美国成为世界第一。另外，在高水平论文里，中国通过国际合作发表的论文占比高

---

① CSRankings：Computer Science Ranking 门户网站，https：//csrankings. org/#/fromyear/2020/ toyear/2021/index？ vision&world，最后检索日期 2022 年 7 月 24 日。

② CSRankings：Computer Science Ranking 门户网站，https：//csrankings. org/#/fromyear/2020/ toyear/2021/index？ nlp&world，最后检索日期 2022 年 7 月 24 日。

③ CSRankings：Computer Science Ranking 门户网站，https：//csrankings. org/#/fromyear/2020/ toyear/2021/index？ ir&world，最后检索日期 2022 年 7 月 24 日。

④ 美国斯坦福大学《2021 年人工智能指数报告》显示，2020 年我国人工智能期刊论文的全球引用量首次超过了美国。

达 42.64%。① 据美国斯坦福大学发布的《2022 年人工智能指数报告》,2021 年我国在人工智能期刊、顶会和知识库出版物的数量上继续领先世界。这三种出版物的数量总和比美国高出 63.2%。

以论文产出数量为衡量标准的排名,虽然不能完全代表科研实力,但可以在一定程度上说明高校在人工智能方面的实力、科研活跃度。允能创新智库对我国 72 所大学在人工智能领域发表的国际论文数(以 Scopus 数据库为基础)的统计分析结果表明,排名靠前的分别是清华大学、上海交通大学、浙江大学、哈尔滨工业大学以及北京航空航天大学等(详见表 6)。

表 6　中国大学发表的人工智能国际论文数量排名(前十名)

排名	学校名称	国际论文数量	标准化处理	得分
1	清华大学	1916	100	29.30
2	上海交通大学	1227	61.44	18.00
3	浙江大学	1151	57.19	16.67
4	哈尔滨工业大学	1070	52.66	15.43
5	北京航空航天大学	1058	51.99	15.23
6	北京大学	913	43.87	12.85
7	北京理工大学	856	36.37	10.66
8	南京大学	845	34.75	10.18
9	北京邮电大学	779	34.58	10.13
10	西安电子科技大学	750	32.72	9.59

资料来源:《四大维度揭示 72 所高校人工智能专业综合实力》,搜狐公众号,https://www.sohu.com/a/323204686_781358,2019 年 6 月 26 日。

三　高校人工智能人才培养模式

高校人才培养模式是培养主体为了实现特定的人才培养目标,在一定的教育理念指导和一定的培养制度保障下设计的有关人才培养过程的运作模式

---

① 《中国人工智能发展报告 2018》,清华大学中国科技政策研究中心,http://www.clii.com.cn/lhrh/hyxx/201807/P020180724021759.pdf,2018 年 7 月 24 日。

与组织样式。人才培养模式可以简化为三个方面的问题：一是培养什么人，二是用什么培养人，三是怎样培养人。针对以上三个问题，本报告主要从高校人工智能人才培养目标、高校基层学术组织的特征、课程体系的设置几个方面分析我国高校的人才培养模式。

（一）培养目标的异同之处

高校教育目标的设定是人才培养的第一粒扣子，是事关人才培养质量的源头性问题。① 培养目标就是要回答"培养什么样的人"问题，虽然我国高校本科人工智能人才的培养历程较短，但是各学校对人才培养的定位进行了积极的探索。本报告选取南京大学、西安交通大学、西南财经大学、安徽工业大学、南京信息工程大学、安徽工程大学和宁波工程学院七所高校作为代表，② 比较分析高校人才培养目标的异同（详见表7）。

表7　七所高校的人工智能人才培养目标

序号	学校	培养目标	具体要求
1	南京大学	人工智能领域具备源头创新能力、具备解决关键技术难题能力的人才。	扎实的基础+科学研究创新能力、应用创新能力和交叉领域融合创新能力。
2	西安交通大学	未来能在我国人工智能科学与技术产业发展中发挥领军作用，并有潜力成为国际一流工程师、科学家和企业家的优秀拔尖人才。	扎实的专业基础+应用工程与技术科学素养+产业视角+国际视野+实践能力、创新能力、系统思维能力。
3	西南财经大学	培养既掌握先进人工智能技术，又具备坚实金融理论基础，以创新引领未来金融科技发展的高端复合型人才。	高尚健全的人格+良好的科学素养+自主学习、团队协作和实践能力、科研创新能力。

---

① 宣勇：《我国本科教育的质量治理：系统集成与协同高效》，《中国高教研究》2021年第10期。

② 报告选取的七所高校代表了不同层级、不同类别、不同人才培养定位和不同办学特点的高校，能反映我国高校人工智能专业人才培养的特点。其中，一流顶级普通高校选取综合大学南京大学和工程类大学西安交通大学；双一流财经特色大学选取西南财经大学；以学术型人才培养为主要方向的理工大学选取南京信息工程大学；以应用型人才培养为主要方向的省属重点高校选取安徽工程大学；以应用型人才培养为主要方向的省理工大学选取安徽工业大学；以地方应用型人才培养为主要方向的省属普通大学选取宁波工程学院。

序号	学校	培养目标	具体要求
4	安徽工业大学	面向信息技术、冶金、教育、工业互联网等相关领域的发展和需求,培养系统掌握人工智能基础理论、核心技术,具有创新意识、实践能力、团队协作精神和一定国际视野的工程技术人才。	较高的道德文化修养+科学研究素质+国际视野+国际竞争与合作能力+鉴定、分析和解决与人工智能专业相关的关键技术问题和基础学科问题的能力。
5	南京信息工程大学	面向新工科产业和学科发展需求,培养基础坚实、知识宽广、能力卓越的研究型创新型人才。	优良的个人素质+良好的科学素养+实践能力和创新能力+系统的专业基础理论知识+专业技术。
6	安徽工程大学	具有良好的数学基础、计算机科学和人工智能等的相关知识和技能的高素质应用型人才。	基本理论知识、专业知识+人工智能应用系统设计与开发的能力和科研工作能力+国际化视野。
7	宁波工程学院	能适应经济社会发展和科技进步需要,视野开阔,具备解决人工智能领域复杂工程问题能力的应用型创新人才。	高度社会责任感和担当精神+科学文化素养+创新能力+扎实的基础知识和专业知识+技术开发和工程应用的服务工作能力。

资料来源:根据七所大学网站公开信息整理。

1. 培养目标的共同点

这七所高校结合本校的培养定位和办学层次,根据自身的办学特色和优势资源设定培养目标,从道德品质修养、人文与科学素养、学科基础知识与专业知识、创新精神、实践能力、跨文化沟通能力和团队协作能力等方面提出了具体的多层次要求。它们重视学生道德素养、科学素养和人文素养等基本素养的养成,强调数学、计算机等学科基础知识的掌握,积极探索培养各类"人工智能+"复合式人才。

2. 培养目标的不同点

这七所高校在人工智能人才培养的层次上有区别,服务层次亦不相同,因而对学生的知识、素养和能力要求也随之变动。一流高校更重视学生的通识教育和创新教育,注重培养未来的发展潜力。因此,一流高校培养的人工智能人才是服务于国家人工智能发展战略,聚焦产业先进技术和学科发展前沿的人才,这些高校着重培养一流工程师、实现产业关键技术和前瞻性基础

研究重大突破的拔尖创新后备人才和学科领军后备人才（顶级学者）；以研究型为主的普通高校面向人工智能企业技术升级的发展需求和学科建设要求，着重培养具有一定创新能力的技术研发人才和普通高校的后备学者；以应用型为主的普通高校面向区域人工智能产业发展需要，着重提供高素质的产业应用人才，为人工智能产业输送解决技术问题的工程师；地方应用型普通高校主要是面向地方人工智能产业，坚持人工智能产业需求导向与人工智能人才培养目标的统一，着重为地方人工智能产业提供高级技术人才。

（二）高校人工智能基层学术组织的特征

基层学术组织是高校实现人才培养、科学研究、社会服务等职能的基本单位，也是组织教师队伍和开展学科建设的重要平台。[①] 基层学术组织架构设置得是否科学合理直接关系到高校人才培养的质量、学科建设水平及学术影响力。高校的人工智能学科最初分散设置在计算机类、自动化类和电子信息类等一级学科下。从组织的角度看，高校将分散的人工智能学科整合到同一基层学术组织中，可以有效降低学科教学与科研的组织成本，推动人工智能学科的系统化建设、促进学科的交叉融合。[②] 目前，我国高校开展人工智能人才培养和学术研究的基层学术组织形式呈现多样化特点，形成了以人工智能系、人工智能学院（研究院）为主体，以人工智能（国家、国家重点、省重点、校企共建）实验室、人工智能研究所、人工智能研究中心、人工智能协同创新中心等新型基层学术组织为辅助的组织模式。2017 年 5 月，我国高校人工智能领域的第一个基层学术组织（中国科学院大学人工智能学院）正式启动了教学和科研工作。经过 5 年的快速发展，我国高校的人工智能基层学术组织呈现以下特点。

1. 数量爆炸式增长

我国相继出台多项政策支持和鼓励具备条件的高校建立人工智能学院

---

① 汤智、李小年：《大学基层学术组织运行机制：国外模式及其借鉴》，《教育研究》2015 年第 6 期。

② 苏明、陈·巴特尔：《人工智能学院建设：内部驱动与就业调查》，《湖北社会科学》2020 年第 7 期。

（人工智能研究院），在国家相关政策的引导和支持下，我国高校的人工智能学术组织（人工智能学院、人工智能研究院、人工智能研究中心、人工智能研究所）① 规模自 2017 年以来呈现高速发展态势，在短时间内实现了数量上的跨越式发展。据不完全统计，截至 2020 年 12 月，已有 145 所高校设立了人工智能学院（研究院），包括人工智能学院 96 所，人工智能研究院 66 所，其中 19 所高校同时设立了人工智能学院和人工智能研究院，也有院校设立了两个人工智能研究院。②

2. 组建模式多样化

高校立足于自身的办学特色与理念，优化整合现有人工智能领域资源，构建人工智能学院，其组建模式可以分为六类。③

一是高校整合优化已有资源成立"实体式"人工智能学院，下设人工智能系。如南京信息工程大学人工智能学院由电子与信息工程学院、信息工程系和自动化学院数据科学与大数据技术专业整合优化并新增人工智能本科专业组合而成；西安交通大学人工智能学院在人工智能与机器人研究所的基础上成立，具体承担人才培养和科学研究工作；安徽理工大学人工智能学院是以机械工程学院、电气与信息工程学院和计算机科学与工程学院原有的机器人、控制和计算机学科为基础组建成立的。

二是高校依托现有学院的人工智能领域资源，整合相关学科领域的人才和科研资源，成立与现有学院"合署办公型"的人工智能学院或人工智能研究院。如南京航空航天大学人工智能学院与计算机科学与技术学院合署办公；华南农业大学人工智能学院与电子工程学院合署办公；安徽工程大学人工智能学院与机械工程学院合署办公。

三是高校以现有学院的专业、平台和科研团队等优质资源为支撑，成立

① 从人工智能教研组织载体承担的教研任务来看，人工智能学院主要承担教学任务，以本科教育为主；人工智能研究院、研究中心或研究所以科研为主、教学为辅，只培养研究生。
② 焦磊、刘玉敏：《高校人工智能学术组织发展的问题与策略》，《中国高校科技》2021 年第 6 期。
③ 方兵、胡仁东：《我国高校人工智能学院：现状、问题及发展方向》，《中国科技产业》2019 年第 9 期。

与现有学院"一体化运行"的人工智能学院或人工智能研究院。华中科技大学原自动化学院的专业基本涵盖人工智能与自动化学院和人工智能研究院建设所需要的专业，以及支撑学院和研究院发展的优质平台和科研团队，新成立的人工智能与自动化学院和人工智能研究院即是以自动化学院为基础，一体化运行。

四是由高校现有学院（部门）承担，多个学院（部门）参与共建的"主办式"人工智能学院或人工智能研究院。如中国科学院大学人工智能学院就是由中科院自动化研究所承办，中科院计算技术研究所、软件研究所、声学研究所、数学与系统科学研究院、沈阳自动化研究所、深圳先进技术研究院、重庆绿色智能技术研究院参与共建的。①

五是高校与行业内技术领先的企业联合成立"校企合作型"人工智能学院，借助校企双方优势资源，共同培养人工智能应用型产业人才和研发人才。目前，以北京旷世科技有限公司、腾讯科技（深圳）有限公司、京东集团等为代表的科技型企业已与我国部分高校共同建立"校企合作型"人工智能学院或人工智能研究院。例如，北京旷世科技有限公司分别与西安交通大学、南京大学共建了人工智能学院。

六是地方政府与高校合作成立"政校共建型"人工智能学院，推动人工智能和区域实体经济深度融合，为地方人工智能产业发展提供人才支撑。如日照市政府与曲阜师范大学共建人工智能研究院，南京市与清华大学合作共建"南京图灵人工智能研究院"，等等。

3. 培养模式多元化

经过近几年的探索，我国高校人工智能学院在人才培养的实践过程中逐步形成了各具特色的培养模式，可以归纳总结为以下四种。

一是"人工智能+"培养模式，即高校依托本校优势学科和特色资源培养跨学科复合型人才。例如，西南财经大学计算机与人工智能学院结合西南

---

① 《人工智能学院简介》，中国科学院大学，人工智能学院，https：//ai.ucas.ac.cn/index.php/zh-cn/composition/rczwh。

财经大学的金融学科优势,探索人工智能与财经类专业的交叉融合,逐步形成了具有特色的"人工智能+金融"培养模式。清华大学的清华学堂人工智能班(智班)采取了广基础重交叉的培养模式。在本科低年级阶段,智班通过数学、计算机与人工智能的核心课程,为学生打下扎实宽广的基础;在本科高年级阶段则通过交叉联合即"人工智能+"课程项目的方式,使学生有机会将人工智能与其他学科前沿结合。智班广基础重交叉的培养模式,使学生有机会参与不同学科间的深层融合,在交叉学科方向上产生创新成果。[1]

二是"校企合作协同育人"培养模式,即高校与行业高新技术企业深度融合,实现校企的优势资源跨界整合,以人工智能产业需求为导向培养适应和引领人工智能产业发展的高素质应用型、复合型、创新型人才。深圳大学依托深圳大学—腾讯云人工智能特色班(腾班),针对科研和产业对人工智能领域人才的需求,充分利用学院优秀师资和人工智能科研优势及核心特色课程,结合腾讯云的教育云资源、企业案例、实习实训机会,采用产教融合、创新、创业型人才与技术应用型人才互补的培养方式,培养学生对人工智能工程问题的发现、分析、设计、实现和优化能力。[2]

三是"通识教育+宽口径专业教育+本硕博贯通"混合培养模式。例如,东南大学实行计算机大类招生、计算机大类培养,第一学年在计算机大类接受通识基础教育,第二、三、四学年主修大学科基础课程、专业课程等。与此同时东南大学试点"本硕博贯通"培养,聚焦人工智能技术学科前沿问题,重视分析、解决人工智能领域问题能力的培养,形成以"通识教育+宽口径专业教育+本硕博贯通"为显著特征的混合培养模式。[3]

四是"专业分类式"培养模式,即根据学生的偏好、能力特征、发展潜能和职业规划分为不同类别进行专业分类培养,因材施教。例如,南京大

---

[1] 根据清华大学门户网站公开信息整理,https://iiis.tsinghua.edu.cn/about/#jy1。

[2] 根据深圳大学门户网站公开信息整理,https://csse.szu.edu.cn/pages/organization/jxxdetails?id=3157。

[3] 根据东南大学门户网站公开信息整理,https://ai.seu.edu.cn/26624/list.htm。

学的"三三制"本科生培养模式，就是将进入三年级的学生划分为学术创新型、创业就业型和交叉复合型三类，按三三制培养方案进行分类培养。选择学术创新型的学生进入科研实验室，选取人工智能专业相关科研问题进行实践；创业就业型的学生进入创业孵化器，构造人工智能相关软件原型系统，或者进入人工智能相关企业，面向实际应用问题进行软件研发、实习等；交叉复合型的学生通过人工智能专业与其他专业的结合，解决相关问题。

（三）课程体系构建及课程设置的共性与个性

培养模式需要相应的课程结构支撑，课程是高校人才培养的核心，课程性质及其组合方式决定高校人才培养目标的实现。从七所高校的人工智能本科生培养方案和课程体系建设情况看，高校人工智能专业课程体系的构成大致相同，基本按通识（公共必修）课程、专业基础（学科专业）课程、专业核心（专业方向、专业主干）课程、专业课程（选修）和实践课程等模块进行划分，但是不同类别和层次的高校在培养目标、培养方向及所依托的优势学科上存在差异，各高校的专业课程侧重点也有所不同。

1. 七所高校在专业课程体系设置上的共性

为了培养人工智能人才的广泛适应能力和可持续竞争力，以应对人工智能科技的变革和产业的升级创新发展，七所高校在专业课程体系上基本包含了学科基础课程、专业主干课程、专业选修课程（拓展类课程、交叉课程）三大模块。七校在人工智能专业课程体系的构建上存在以下共性：七所高校均重视数学、计算机、人工智能等基础学科课程的学习，设置了一定的学分比例，为人工智能专业的学习奠定了牢靠的基础；设置了跨学科的专业课程以适应学科交叉融合特点；设置了必修的专业实践课程以提高学生的动手能力，培养学生的创新实践能力；设置了可供学生自由选择的专业进阶课/选修课，以拓宽专业知识面，及时了解、掌握和跟踪人工智能技术前沿。

2. 七所高校在专业课程体系设置上的特色

高校在探索人工智能学科建设的过程中，根据本校的层次、定位和发展方向，充分依托优势学科和专业资源逐步形成了各自的特色。

南京大学人工智能学院定位培养具有扎实的数学理论、计算机科学基础和人工智能专业基础，在人工智能领域具备源头创新能力、解决关键技术难题能力的人才。课程体系的设置围绕"夯实基础、深化专业、复合知识、加强实践"的方针，强化数学和计算机科学专业基础课程的学习，专业方向着重基础理论和交叉学科课程的学习，突出人工智能科学研究创新能力、应用创新能力和交叉领域融合创新能力的培养。

西安交通大学人工智能专业定位"厚基础、重交叉、宽口径"，其课程体系的设置坚持强调"少而精"的理念，围绕人工智能核心课程，形成了数学与统计、科学与工程、人工智能核心、计算机科学核心、认知与神经科学、人工智能与社会、先进机器人学以及人工智能平台与工具8个专业课程群，强调科学、技术与工程学科的交叉和相辅相成，内容设置立足当前、面向未来，为本科生奠定坚实的专业基础。

西南财经大学以培养金融科技创新人才为目标，依托金融科技国际联合实验室、金融智能与金融工程四川省重点实验室等平台，致力于人工智能和金融交叉学科建设，培养智能金融本科人才，因此专业课程体系具有"人工智能+金融"深度融合的鲜明特色。

南京信息工程大学人工智能学院依托大气科学学科（一流学科）、工程学、计算机科学等优势学科，探索人工智能与信息、电子、大气等多学科领域的融合，专业课程聚焦自然语言处理、计算机视觉、智慧气象等课程。

四　我国高校人工智能人才培养现实困境

加快推动人工智能高质量专业人才培养，促进人工智能产业可持续发展，是占领未来人工智能前沿技术和人才竞争制高点、加快建成我国人工智能领域自主创新"高地"的必由之路。我国人工智能应用型和研发型人才的市场需求较大，但高校人工智能专业人才培养滞后于人工智能产业发展的需求，人工智能专业人才供需结构的不平衡已经成为我国人工智能产业发展

和创新的掣肘。我国高校人工智能学科专业建设的起步相对较晚，本科人才的培养仍在探索发展之中，虽然国家出台了多项政策鼓励和支持高校加强学科建设，推进专业人才的培养。我国高校尤其是普通高校在人工智能专业人才培养定位、专业体系及学科生态建设、基层学术组织的建设与发展、专业师资队伍的建设等方面依然面临着很多现实的困难与瓶颈。

（一）高校人工智能人才培养同质化，基层学术组织建设滞后

21世纪以来，在国家政策的支持和引导下，我国人工智能产业步入快速发展轨道，产业的高速发展催生了对专业人才的旺盛需求，推动了我国高校的人工智能人才培养。我国高校的人工智能学科建设起步晚、基础薄弱，在人工智能蓬勃发展的时代背景下，国内高校积极尝试依托计算机、电子信息和自动化等多个一级学科专业开展人工智能专业人才的培养。各高校人工智能学科（专业）的建设还处于外延性发展阶段，不同高校对人工智能专业内涵的理解并不一致，尤其是现阶段对于培养什么类型或规格的人才即对不同层次人工智能人才的能力和素质要求缺少统一的标准，对采取何种培养模式等事关人才培养的核心问题尚无统一规范，部分高校的培养目标与培养模式相互背离。实践中，高校人工智能人才培养目标定位的不清晰突出表现为部分地方应用型普通高校与研究型为主的普通高校在人工智能人才的培养定位上并无二致，存在千篇一律的同质化问题。

我国高校的人工智能学院（研究院）成立时间短，尚处于探索发展阶段。据不完全统计，截至2020年末，在我国设置人工智能专业的高校中，仅有42%的高校成立了人工智能学院（研究院），不足一半。[①]众多高校只是在计算机科学与技术、软件、电子信息等学院下建立人工智能系（所），部分高校将人工智能专业挂靠在相关学院，成立人工智能交叉平台或机构等非实体组织，主要依托计算机类、电子信息类、自动化类等一级学科（专

---

① 焦磊、刘玉敏：《高校人工智能学术组织发展的问题与策略》，《中国高校科技》2021年第6期。

业）进行人工智能人才的培养。总的来看，我国的人工智能学院（研究院）建设滞后于学科专业建设，尚不能为人工智能学科发展提供有效的组织制度支撑。

（二）人工智能学科建设相对滞后，尚未形成人工智能学科专业群

作为高校人才培养的基本构成单元，学科建设在高校人才培养过程中发挥着至关重要的作用。在我国现行的高等学校学科专业目录设置制度下，学科与资源是紧密相连的，学科地位的获得是进行招生、人才培养的关键。从我国高校人工智能学科建设的历程看，进入 21 世纪后，随着我国人工智能产业的迅猛发展，高校人工智能学科的建设和人才培育得到了国家前所未有的重视，国家出台一系列政策支持和鼓励高校优化人工智能学科布局，设立人工智能专业，推动人工智能一级学科建设。我国高校人工智能学科建设经过一段时间的探索发展，尚未形成有机的系统性的专业群，仍未获得独立的一级学科地位。

人工智能又是一门具有高度综合性和交叉性特色的学科，高校的人工智能人才培养通常依附在高校的计算机、电子信息及自动化等学院，依托于计算机类（计算机科学与技术）、电子信息类（电子信息科学与技术）、自动化类（自动控制科学与工程）等一级学科。人工智能学科的建设和布局还处于以规模扩张为主要特征的外延式发展阶段，[①] 具体表现为：一是我国高校的人工智能学科布局尚不能完全支撑我国人工智能战略和人工智能产业的发展；二是大部分高校的人工智能学科组织形式尚未完成以知识传递为主导的基层组织到以知识发展创造及应用为主导的基层组织的转变；三是普通高校尤其是地方普通高校的人工智能学科团队教研掣肘，科研实力较弱，缺乏学术带头人，无法形成科研合力，难以形成结构合理、知识体系完备的学科梯队，人工智能学科发展潜力不足。

---

① 张海生：《我国高校人工智能人才培养：问题与策略》，《高校教育管理》2020 年第 2 期。

（三）课程建设缺少连贯性和可持续性，教学方式以知识的课堂传授为主

课程作为高校人才培养目标和培养内容的主要载体，是高校开展教学活动的基本依据，是影响人才培养质量的关键因素。我国高校人工智能学科设立的时间较短，课程体系建设还处于探索之中，尚未形成可参照的课程体系标准，并无先例可循。目前，我国高校在人工智能课程体系的构建和课程的建设中主要存在三方面问题：一是人工智能专业模块设计的逻辑性和系统性不强；二是课程建设缺乏连续性和可持续性，不能全面适应新时期对人工智能专业人才培养的新要求；三是部分专业课的课程内容相对陈旧，最新的科研成果没有反映到课程上，教研脱钩。为了提升人才培养与产业发展的契合度，迫切需要在顶层设计上打破传统专业方向的壁垒，形成知识体系的系统化设计，建设人工智能平台化课程谱系。

当前我国多数高校的人工智能专业授课采取的方式主要为小班授课，但部分高校仍采取"以教师为中心"传授知识为主的形式，而非"以学生为中心"的启发式教学形式。传统的"我讲你听""满堂灌"的教学方式难以培养出人工智能产业所需的专业人才。人工智能专业课堂的教学不仅要重视专业理论知识的学习，更为关键的是教师要启发学生自主思考、学习，启迪学生大胆质疑和自由探索，重视学生思维能力、创新能力和解决问题能力的培养，这样才能最终实现高质量人工智能人才的培养目标。

（四）高校人工智能师资匮乏，缺少学科领军学者

我国高校尤其是普通高校缺乏人工智能学科的领军学者，尤其是缺少从事基础层研究的科学家。除了不足 10 所人工智能科研实力雄厚的一流高校以外，其他高校对顶级人工智能科学家的延揽能力不足。从全球范围看，企业界对人工智能人才的吸引能力远高于高校科研机构，随着人工智能第三次浪潮的奔涌而来，人工智能人才从高校科研机构流向企业界是全球人工智能人才跨行业流动的共同特征，爱思唯尔的数据显示，1998~2017 年，在美国、欧洲和中国三个国家/地区内，从高校科研机构流向企业界的人工智能人才数量大于从企业界流向高校科研机构的数量。近 10 年来，随着全球人工智能产业的迅猛发展，人工智能专业毕业的博士的去向也发生了根本性变化，越来越多的博士不再把高校科研机构作为首选，选择企业界的博士逐年增多。美国斯坦福大学的数据显示，2018 年全球有超过 60% 的人工智能专业博士选择了企业，是 2004 年的 3 倍。

在人工智能学术型人才稀缺难求、供需极度不平衡的形势下，我国高校及科研机构的教师还不断被国内的科技巨头和国际巨头企业以绝对的高薪延揽，使普通高校的师资团队建设雪上加霜，不仅引才难，现有的人才也有被企业延揽的极大可能。

（五）高校跨学科组织机制不健全，跨学科教育实践相对滞后

一是高校层面缺乏跨学科组织。我国高校的传统组织架构是以学科专业作为单一标准归属教职人员的所属院系，目前大多数高校没有建立相应的跨学科组织指导和支持不同学科师资的跨院系流转。二是缺乏跨院系的教师兼职制度等组织机制保障，影响不同学科师资的跨院系流转。三是缺少针对性的学科交叉研究人才评价机制，现有的人才评价机制不利于高校科研人才开展学科交叉研究。四是我国高校人工智能基层学术组织建设尚不能完全适应跨学科的实践需求。

（六）人工智能人才培养的"科教融合，产教融合"力度薄弱

一是产学合作协同育人机制还需深化。目前，我国人工智能的产学合作协同育人机制运行不畅，由于产学研多主体育人的体制机制尚不完善，相关保障机制和利益分配机制不健全，存在人工智能企业追求短期效益，高校的合作积极性不高等问题，高校和人工智能企业合作育人的动力不足。二是产教融合存在障碍。高校科研成果的市场转换仍然面临着来自体制机制上的障碍，高校的科研成果与企业的需求无法实现无缝对接，企业参与科研项目的程度低。高校需要进一步改革创新成果转化的体制机制，破除影响产教合作的藩篱。

五 人工智能人才培养建议与措施

人工智能科技发展的关键因素是研究型和应用型人才的数量和质量，这取决于一国人工智能人才的培养体系，尤其是高校的人工智能人才培养体系和培养质量。科学健全的人工智能专业人才培养体系能够持续提供和补充规模可观的高质量的新生力量，为人工智能技术的创新发展续航动力。高校作为人工智能科技创新发展的策源地和人工智能人才培养的高地，要面向国家人工智能战略和人工智能产业发展需求，明确人工智能人才培养目标，坚持分类分层培养，全面适应人工智能发展对人才的多样化需求；优化人工智能学科布局，构建高校人工智能人才培养体系；促进教研融合，推动高校技术创新体系建设；建立健全多主体协同育人机制，促进产教科教深度融合，构筑人工智能领域人才培养新模式。

（一）坚持分类分层培养，全面适应人工智能发展对人才的多样化需求

教育目标既是人才培养质量的具体化，也是人才培养质量检验的重要标志。[①] 教育教学过程都是围绕着教育目标而展开的，课程的设置与课程体系的建立也是以此为依据的。

我国开设人工智能专业及相关专业的高校数量众多。一方面，各高校在目标定位、服务国家战略和地方需求的层次与方向、发展阶段等方面都存在差异；另一方面，处在不同产业链条、不同发展阶段和发展类型的人工智能企业对专业人才的需求是多元化而非同质化的。行业企业的多元需求反映到高校的人才培养上，主要体现在对人才的知识结构、能力结构、素质结构要求的差异性上，因此高校人工智能人才培养目标的确定不能一概而论，需要

---

① 宣勇：《我国本科教育的质量治理：系统集成与协同高效》，《中国高教研究》2021年第10期。

借鉴或按照一定的标准对各高校人工智能人才的培养目标进行分类分层定位。借鉴教育部《普通高等学校本科教育教学审核评估实施方案（2021—2025年）》（教督〔2021〕1号）中对高校的分类标准，依据不同层次不同类型高校的办学定位、培养目标、教育教学水平，根据高校办学定位、服务面向和发展实际将高校分为四类。一是一流普通高校，即具有世界一流办学目标、一流师资队伍和育人平台，培养一流拔尖创新人才，服务国家重大战略需求的普通本科高校。这类高校具有先进办学理念、办学实力强、社会认可度较高。二是重点以学术型人才培养为主要方向的普通本科高校。三是重点以应用型人才培养为主要方向的普通本科高校。四是地方应用型普通本科高校。

我国高校人工智能人才的培养应立足我国人工智能发展战略和产业发展需求及态势，根据不同类别不同层次高校的定位和办学优势，精准分类合理定位高校人工智能人才的培养目标，以全面适应人工智能发展对人才的多样化需求。

1. 一流普通高校智能人才培养目标

一流普通高校应面向国际前沿，聚焦国家人工智能科技战略布局，重点培养基于人工智能基础研究、底层技术、关键核心技术的源头创新型后备人才、学科领军型后备人才和高端研发型后备人才。其中，学科门类齐全的综合类一流高校应重视人工智能与其他学科专业之间的交叉融合，着重培养宽口径、厚基础、复合型的高端"人工智能+"创新型后备人才和顶级后备学者；具有工科优势的一流高校主要应面向人工智能产业链的技术层，强调图像、视觉、脑科学等技术前沿的开发及相关技术高端研发人才的培养。[1]

2. 普通本科高校人工智能人才培养目标

重点以学术型人才培养为主要方向的普通本科高校应结合自身优势学科，服务区域产业创新发展，注重人工智能专业基础能力培养，培养具有良

---

① 茹宁、王建鹏、苏明：《基于供需矛盾分析的高校人工智能专业人才培养策略》，《高等职业教育探索》2021年第6期。

好的工程实践能力，具备分析、解决人工智能领域科学问题的能力，能够跟踪本领域新理论、新技术，具有"人工智能+"学科背景的复合型技术研发人才和普通高校人工智能专业后备教师。

重点以应用型人才培养为主要方向的普通本科高校的培养目标是服务区域经济社会发展，结合办学特色，培养掌握人工智能领域的基本理论、基础知识及技能，具有宽口径知识和相应科技工程实施能力的"人工智能+行业应用领域"工程师和行业技术专家。

3.地方应用型普通本科高校人工智能人才培养目标

地方应用型普通本科高校应面向区域产业需求，布点人工智能相关专业，坚持人工智能产业需求导向与人工智能人才培养目标导向的统一，培养契合区域人工智能产业高质量发展和创新发展需求的高水平复合型技术人才。

（二）优化人工智能学科布局，构建人工智能人才培养体系

我国高校人工智能人才培养体系微观上主要涉及学科建设、课程配置、教学模式、师资培育及管理体制等环节。其中，教学环节关系到人才培养目标的实现，其他环节为之提供支撑与保障。学科建设是人才培养体系构建中最核心的环节，直接决定着本科人才的培养质量。课程体系的系统化建构和高水平的师资队伍建设是影响教学质量的重要因素。构建高质量人工智能人才培养体系，要坚持以学生为中心，建立健全跨学科体制机制，优化完善课程体系配置，创新教学模式，建设高质量师资队伍。

1.建立健全跨学科体制机制，促进学科间的交叉融合发展

高校应根据人工智能学科的综合性、交叉性、应用性等特点，探索有利于新兴交叉学科深度融合发展的体制机制建设。借鉴清华大学和北京大学跨学科体制机制建设的成功经验，高校要加强顶层设计，提供制度保障。一是加强组织建设，从高校层面成立跨学科交叉研究领导小组，指导团队跨院系、跨学科联合，以人工智能学科为枢纽，构建网状交叉合作结构；二是制定出台跨院系的教师兼职制度，构建有利于教师开展学科交叉研究的人才评

价机制和激励学科交叉研究人员动态流动的复合评价机制；三是理顺交叉学科学位授予机制体制，制定跨学科交叉学位评定制度等涉及跨学科交叉研究的制度；四是建立适合我国高校人工智能跨学科的基层学术组织体制，减少组织层级和简化管理程序，实现灵活的资源核算、弹性的师资聘任机制。

2. 探索组建人工智能学科群，营造良好的学科生态

关联学科的协同与融合发展不仅是学科发展的趋势，也是学术研究产生重大创新性成果的重要途径。经过 60 多年的发展，人工智能从计算机科学的分支发展成庞大的知识体系，人工智能也逐步形成了一个相对独立的学科体系，具有脑认知机理、机器感知与模式识别、自然语言处理与理解、知识工程、机器人与智能系统等二级学科，超出了原有学科框架的容纳范围。[1]由于人工智能具有多学科交叉性、高度复杂性、强渗透性和广泛的应用性的学科特点，因此，加强人工智能关联学科的协同与融合，组建由人工智能学科、基础支撑学科、相关配套学科和交叉学科构成的学科群，[2] 有助于增强学科的群体效应和共生效应，为人工智能学科的建设营造良好的学科生态，实现人工智能学科的优化和可持续发展。

3. 优化人工智能专业课程体系设置

课程是人才培养的核心要素，是影响学生发展最直接的中介和变量，课程质量直接决定着人才的培养质量。[3] 基于人工智能学科的渗透性、交叉性和复杂性特点，不同高校应依托本校的优势学科资源，构建具有本校特色的专业课程体系。人工智能专业课程体系设计应围绕人工智能的知识体系和人工智能科技前沿，构建模块化专业课程体系。一是专业课程在层次设置上包含必修、选修课（限制性选修课和非限制性选修课）等多个类型，既要设置保证所有学生学习的专业基础课程，筑牢学生的专业基础，也要充分考

① 刘永、胡钦晓：《论人工智能教育的未来发展：基于学科建设的视角》，《中国电化教育》2020 年第 2 期。
② 王春晖：《推动高校优势学科建设 促进办学水平提升》，《中国高等教育》2015 年第 12 期。
③ 吴飞、吴超、朱强：《科教融合和产教协同促进人工智能创新人才培养》，《中国大学教学》2022 年第 Z1 期。

虑学生的兴趣爱好和未来的发展方向，设置容许个人选择的专业课程，以培养学生良好的个性发展；二是建立自主灵活、开放性和交融性并存的课程结构，有效提高人工智能人才培育的质量；三是合理设置专业模块，根据本科人才培养目标和人工智能学科知识体系，设置专业基础课程、专业主干课程、专业选修课程、跨学科课程和专业实践实习等模块。

优化课程教学内容。精心设计课程教学实施方案，并根据教学要求，及时更新教学内容，把国际前沿学术发展、最新研究成果和实践经验融入课堂教学，因课制宜选择课堂教学方式方法，科学设计课程考核内容和方式，根据学生学习效果的信息反馈及时改进课堂教学，并结合专业特点，形成特色鲜明的课程教学内容。

4. 创新教学模式，深化教学改革

一是探索新型教学模式。采用先进的教学方法与手段，积极推进现代信息技术与课堂教学的深度融合，探索人工智能、仿真虚拟、大数据等新技术在教学领域的应用，打造线上沉浸式、体验式的智能化教学模式，激发学生的学习兴趣和学习的主动性。二是共建网络化教学共同体。探索建立多元化教学组织形态，搭建优质教学资源共享平台，推进校际协同、校企联动与校地合作，构建多元、开放的网络化教学共同体。三是树立并全面贯彻"以学生为中心、教师为主导"的教学理念。因课制宜选择课堂教学模式，完善优化以"学生为中心、教师为主导"的启发式、讨论式和参与式教学方法相结合的教学模式，引导学生自主思考和学习，强化学生讨论与课题互动，激发学生的好奇心、想象力和批判性思维，培养学生的表达能力、发现问题能力和学术判断力。

5. 深化体制机制改革，建设高质量师资队伍

学科建设发展的核心要素是人，"各种学科就是具有各自思维风格的思想群体"[1]，只有拥有高质量的人工智能师资队伍，才能培养出一流的人工智能人才。我国人工智能学科建设尚处于探索发展的特殊阶段，这与人工

---

① 〔美〕伯顿·克拉克主编《高等教育新论》，王承绪、徐辉等译，浙江教育出版社，2001。

智能学科的多样性、交叉性、综合性的客观属性以及人工智能专业知识的渗透性、复杂性的显著特征在我国现实情境下交织叠加，使得汇聚不同领域专家学者构建学术共同体对我国高校人工智能教育尤为重要和迫切。①一是加强高校与人工智能产业联合，打造学术和产业跨界融合的高水平师资队伍。二是探索建立人才流动共享机制，通过协同创新、建立联合实验室、联合开展重大科研攻关等方式，实现高校与企业的人才交流融合，提升教师的实践能力和创新能力。三是高校可根据实际需要设立一定比例的流动岗位，吸纳人工智能行业企业和其他组织的高级人才到学校兼职。

6.重视实践教学，促进产教协同育人

重视实践教学环节，深化实践教学方法改革，优化实践教学内容，增强学生实践创新能力培养。进一步构建和完善实践教学体系，搭建优质、开放的实践创新能力锻炼平台，增加综合性、设计性、研究性实验，精简压缩验证性实验；加大课程设计、毕业设计与生产、社会实际相结合的力度；鼓励依托科研优势开设开放性实验项目，研发虚拟仿真实验项目。引导学生开展自主实践，包括科技创新活动、志愿者活动、社会调查、各类竞赛等，培养学生实践创新综合能力。进一步加强与行业、企业、研究所的合作，充分利用校外实践教学资源，深化产教融合。

（三）推动高校人工智能技术创新体系建设，构筑持续创新发展优势

1.加强人工智能创新基地（平台）建设

推进国家实验室、国家重点实验室和省部级重点实验室等人工智能创新基地建设，为人工智能学科发展提供高水平实验条件。拓展高水平实质性合作，建设联合研究创新平台，支持人工智能学院（研究院）与国内外顶尖科研团队、相关机构开展实质性科研合作。

---

① 刘永、胡钦晓：《论人工智能教育的未来发展：基于学科建设的视角》，《中国电化教育》2020 年第 2 期。

2. 强化人工智能领域的基础研究和核心关键技术研究

人工智能基础研究是推动人工智能科技源头创新和可持续发展的基石，是人工智能科技与其他产业融合创新发展的核心动力。我国在人工智能的基础研究领域正面临新一代人工智能发展机遇，高校科研团队要聚焦人工智能技术前沿，积极探索前沿基础理论研究，开展跨学科交叉创新研究，重视人工智能方法研究，为人工智能重大理论创新奠定坚实的基础。持续推动人工智能核心关键技术与核心基础理论的创新与突破，扩大人工智能领域青年基金或科研项目的资助范围和资助比例，支持和鼓励高校科研机构的优秀青年学者开展研究。争取经过长期不懈的努力和积累，能够不断提升我国人工智能领域的自主创新水平，构筑持续创新发展优势，以期最终使我国在人工智能理论、技术与应用上的综合实力达到世界领先水平。

3. 培育高水平的人工智能科技创新团队

科技创新团队是高校学科创新发展的第一资源，是决定学科质量的关键因素之一，科研的不断创新必然推动学科质量的持续提升。[1] 我国高校应以构建高质量的人工智能科技创新梯队为着力点，搭建科技人才成长平台，储备战略人才。培养和造就一批富有创新精神和科研潜力的优秀青年教师和具有国际影响力的人工智能后备科学家，不断为我国人工智能高层次科技人才队伍充实储备力量。通过承担国家重大科技任务和主持重大科技攻关项目，自主培养在人工智能前沿领域具有国际影响力的战略人才。统筹利用好国家和地方的各类人才计划，加大人工智能顶级学者的引进力度，拓宽人才引进渠道，通过顶级学者的引进，带动团队整体科研实力的提升。以人工智能科技创新梯队建设为重点，培养和造就一批富有创新能力的青年骨干教师和具有国际影响的人工智能学科领军后备人才，不断壮大高层次的顶尖创新人才队伍。

（四）建立健全多主体协同育人机制，促进产教科教深度融合

完善产学研深度融合机制，促进科教融合、产教融合是培养高端人工智

---

① 王春晖：《推动高校优势学科建设　促进办学水平提升》，《中国高等教育》2015 年第 12 期。

能人才的必由之路。

1. 完善产教融合协同育人机制，探索可操作的合作模式

建立高校教师与行业人才双向交流机制，推动科教结合、产教融合协同育人的模式创新。进一步完善产教融合协同育人机制，充分挖掘产学研各方优势，提升产教融合协同育人的实施成效，以人工智能领域产教合作协同育人项目为载体，使高校科研优势和企业资源优势相融合，并转化为育人优势，实现教育界与产业界的深度融合。

探索产业链、教育链、创新链的有效衔接机制，多渠道培养人工智能领域创新创业人才。完善人工智能学院（研究院）与人工智能企业的合作机制，推进产学研用的跨界融合，促进高校与企业合作共建人工智能实践基地和校企合作平台，形成融合教学、科研、成果转化、服务为一体的综合平台。

2. 创新企业兼职教师评聘机制

建立灵活的企业兼职教师评聘机制，明确企业教师的聘任标准，选聘企业高端技术人才担任学生的企业导师，推行"双导师制"，从而培养具有产业视角、引领行业发展的创新人才和研发人才，满足产业发展对不同层次人才的需求，为人工智能产业的发展提供智力支撑，从而实现人工智能领域人才培养与产业发展的同频共振，为形成良好的人工智能人才培养生态系统提供助力。

3. 探索高校与产业联动发展机制，形成"教育链"与"产业链"的协同发展

健全科研成果的转换机制，加强对成果转化的激励。完善人工智能成果转化保障机制，增加成果转化、产业化等指标在现有评价体系中的占比，构建人工智能科研成果转化生态体系。努力把人工智能领域的科技创新优势转化为产业发展优势，推动人工智能技术更好地服务于经济社会发展，为经济发展培育新动能。

B.3
人工智能相关岗位人才需求分析报告

张一名　宋四宾*

摘　要： 与计算机发展相伴的人工智能由来已久、几经曲折，近年来在互联网、云计算的推动下飞速发展。伴随着国家数字产业化和产业数字化战略的实施，人工智能由启蒙阶段的1.0时代迈入2.0时代，其内在作用机理和相关技术、算法发生了深刻的变化，由此也带来了人工智能相关岗位人才结构的深刻变化。与大多数基于产业发展、技术创新或某细分岗位，采用估计替代率对未来就业或替代就业岗位进行预测不同，本报告是在对人工智能发展和作用机理进行分析的基础上，基于主流市场招聘网站的需求信息，对不同行业、不同城市、不同岗位的人工智能人才需求进行分析，结果显示，北京、上海、深圳等一线城市人对工智能人才的需求量很大，人才供给也主要分布在这些城市，三个城市的招聘企业中多数为人工智能初创企业，其次为非初创企业和"独角兽"企业。人工智能需求分布在18个行业，其中技术集成与方案提供、智能制造两个行业的需求最大。基于全网公共招聘网站的需求信息分析结果显示，市场需求最大的为反欺诈/风控岗位，其次是机器视觉岗位；对招聘企业承诺薪酬的数据分析显示，推荐算法岗位薪酬最高，自然语言处理岗位薪酬次之，而市场需求人数最多的反欺诈/风控岗位薪酬在人工智能相关岗位中属于工资较低的岗位。

---

* 张一名，中国劳动和社会保障科学研究院大数据和政策仿真研究室主任、研究员，主要研究领域为劳动大数据、政策仿真和农民工问题；宋四宾，中科软科技股份有限公司模型算法工程师，主要研究领域为人社大数据标准化。

关键词：　人工智能　人工智能人才　人工智能岗位　人才需求

伴随着国家数字产业化和产业数字化战略的实施，人工智能内在作用机理和相关技术、算法发生了深刻的变化，由此也带来了人工智能相关岗位人才结构的深刻变化。本报告在对人工智能发展和作用机理进行分析的基础上，基于主流市场招聘网站和全网公共招聘网站的需求信息，对人工智能人才需求及细分岗位、方向进行需求量和市场承诺薪酬分析。

一　人工智能的发展

1. 人工智能发展曲折

人工智能的历史早于互联网，与计算机历史相伴。[①] 图灵早在 1950 年就提出了如今人尽皆知的图灵测试理论，以及机器学习、遗传算法、强化学习等多种概念。图灵去世两年后，麦卡锡正式提出了人工智能的概念。超前的人工智能因遇到了数学方法和硬件算力不足的瓶颈而发展缓慢。人工智能研发在 20 世纪 70 年代中期到 90 年代经历了两次低潮，2012 年，深度学习在学术界和应用方面都有了突破，比如用深度学习方法识别图像的能力比以前任何算法都有明显提升。业界通常把人工智能的发展分为三个阶段：第一个阶段为弱人工智能，第二个阶段为强人工智能，第三个阶段为超人工智能。实际上，目前所有的人工智能技术，不管多先进，都属于弱人工智能，只能在某一领域做得跟人类似，而不能超越人类。近两年，通过多层次芯片连接，模仿人类大脑神经元的网状连接方式，可以训练计算机自己从数据中高效寻找模型和规律，开启了机器智能新时代。

2. 互联网、云计算推动人工智能飞速发展

如果说互联网改变了信息基础设施，那么移动互联网则改变了资源配置

---

① 李彦宏：《智能革命》，中信出版集团，2017，第 5~7 页。

方式。互联网不仅产生了海量数据，而且催生了云计算方法，把千万台服务器的计算能力汇总，使计算能力飞速提高，从根据用户兴趣自动推荐购物、阅读信息，到更准确的网络翻译、语音识别，机器学习等方法使人类的工作生活越来越智能化。人工智能从互联网中汲取力量，终于王者归来，正在酝酿一场堪比励磁技术革命的大变革。越来越多的数据成为新的能源，有了数据燃料，人工智能的发动机就可以运转起来。比如，百度通过搜索视频技术积累了万亿级网页数据、数十亿次搜索数据、百亿级视频图像和语音处理、百亿级定位数据等，如此海量数据必须通过敏捷、可扩展、弹性强、成本低的云计算方式进行处理，同时大大推动了人工智能在数据处理方面的发展。可见互联网是基础，人工智能是核心和灵魂。

3. "人工智能+"带来革命性变化

和"互联网+"一样，人工智能对世界的改变是根本性的，也就是说这是一个"人工智能+"世界的问题，如人工智能+商业、工业、医疗、教育等。人工智能的核心是"知道更多，做到更多，体验更多"。[①] 比如一家汽车制造厂要重新建设一条生产流水线，成本很高时间很长，而当制造业完成数据智能化、自动化、精准预测改造之后，制造业的生产流程将全部是数字控制，制造商要调整生产，制造另外一种样式的汽车，不再需要重建生产线，只需要把新产品模块的接口调过来就可以了，这将彻底改变制造业的基础。这个改变的核心是数据和知识及制造的流程、制造的工艺，制造的设计、制造的每一步都会用数字进行控制。

二 人工智能的发展带来人才结构的变化

1. 人工智能作用机理

互联网诞生的初衷是为了信息沟通的方便，结果带来了信息爆炸，信息爆炸又促进了人工智能技术的发展。如果人工智能的启蒙阶段为1.0时代的

---

① 李彦宏：《智能革命》，中信出版集团，2017，第53页。

话，那么现在很明显地已经迈入了 2.0 时代，人工智能内在作用机理和相关技术、算法发生了深刻的变化。下面以机器翻译过程为例说明人工智能算法的应用。

（1）从统计机器翻译到基于神经网络的翻译

最早的机器翻译是按照给予的词和语法规则进行翻译，后来出现了 SMT（统计机器翻译），基本思想是通过对大量的平行语料进行统计分析，找出常见的词汇组合规则，现在则是 MTI（基于神经网络的翻译），其核心是一个拥有无数节点的深度神经网络，一种语言的句子被向量化之后在网络中层层传递，转化为计算机可以理解的表达形式，再经过多层复杂的传导运算，生成另一种语言的译文。这个模型的前提是，在这种机器翻译的模式中，人类要做的不是亲自寻找浩繁的语言规则，而是设定数学方法，调试参数，帮助计算机网络去寻找规则。[①]

（2）基于海量数据端到端的翻译

人类只要在翻译界面上输入一种语言，就会得到另一种语言输出，而不用考虑中间经历了怎样的处理，这叫作端到端的翻译。这是用概率论里边的贝叶斯方法、隐马尔科夫模型等解决的问题，而且要求数据量要大，否则这样的系统就是无用的。例如资讯分发中的 BS 方法，可以用一个概率来描述人格特征模型，男性读者模型的特征之一是在阅读新闻时点击军事新闻的概率为 40%，而女性则是 4%，因此一旦一个读者点击了军事新闻，根据贝叶斯公式就可以逆推出这个读者的性别概率，加上这个读者的其他行为数据综合计算，就能比较准确地判断这个读者的性别以及其他特征。当然，计算机神经网络使用的数学算法远不止这些。

上述机器翻译每一个阶段的变化，人工智能作用机理和相应的模型、算法以及需要的数据基础都不同，这就需要数据处理、统计分析、机器学习、深度学习等不同细分岗位的人才去实现。

2. 人工智能的发展需要大量人才

现有的对人工智能人才需求的研究主要是基于产业发展、技术创新或某

---

① 李彦宏：《智能革命》，中信出版集团，2017，第 10~13 页。

个细分岗位，基于一定的替代率对未来的就业或替代就业情况进行预测，不同的预测方法会得到不同的结果。如艾瑞咨询的数据显示，预计到 2025 年，中国人工智能核心产业规模将超过 4500 亿元，2021~2025 年人工智能核心产品 CAGR 为 24%；中国人工智能基础层市场规模 CAGR 为 38%；2020 年人工智能带动相关产业规模超 5700 亿元，到 2025 年将突破 1.6 万亿元，2021~2025 年人工智能带动相关产业 CAGR 为 22%。① 与此同时，人工智能人才缺口也在不断加大，相关机构统计数据显示，中国人工智能人才缺口高达 500 万人。② 拉勾招聘数据研究院发布的《2021 人工智能人才报告》显示，2021 年人工智能行业人才需求指数较上年增长 103%，其中算法人才缺口达 170 万人。③

2020 年领英发布的新职业报告④显示：2016~2019 年全球人工智能岗位需求年增长 74%，位居首位；在巨大的行业发展和人才需求推动下，相关企业给予的薪资水平普遍较高，普遍为 15000~19999 元，并且还有上升的空间。中、高端人才薪资为 25000~50000 元，甚至更高。在这些新兴行业岗位中，人工智能领域专家、科学家的薪酬最高，其次是算法工程师、数据工程师、软件开发人员。

三　基于市场招聘信息的人工智能人才供需情况分析

1. 全国各大城市人工智能人才的供需情况
国家对人工智能产业的发展高度重视，党中央和国务院高瞻远瞩、审时

① 《2020 年中国人工智能产业研究报告（Ⅲ）》，搜狐公众号，https：//www.sohu.com/a/496739163_121015326，2021 年 10 月 23 日。
② 《中国人工智能人才缺口超 500 万供求比例仅为 1∶10》，人民网，http：//finance.people.com.cn/n1/2017/0714/c1004-29404223.html，2017 年 7 月 14 日。
③ 《拉勾：2021 人工智能人才报告》，中文互联网数据资讯网，http：//www.199it.com/archives/1330978.html，2021 年 10 月 25 日。
④ 《LinkedIn2020 新兴职业报告，需求最大的 top15！》，搜狐公众号，https：//www.sohu.com/a/365095408_108293，2020 年 1 月 6 日。

度势，制定人工智能发展国家战略，全国多地创建发展人工智能试验区，人工智能技术快速落地。

我们对 2020 年 9 月~2021 年 3 月市场主流招聘网站的招聘信息进行汇集和标准化，其中人工智能领域招聘信息有 4660 条，以下是基于人工智能领域招聘信息的数据分析。

数据分析结果显示，现有人工智能相关企业 4000 余家，其中 797 家为人工智能骨干企业，从地域分布来看，北京、上海、深圳热门一线城市企业对人工智能领域相关人才需求量大，招聘人数多（详见图 1）。人才的供给也都相对集中于这些区域。分析人才的城市分布与需求端匹配情况发现各区域在供需状态上各有不同，其中北京、上海、深圳的人才供给占比多于需求占比，广州、杭州的人才供给占比少于需求占比，人才紧缺程度更高。北京市的招聘人数占比为 22%，上海市的占比为 16%，深圳市的需求占比为 12%。

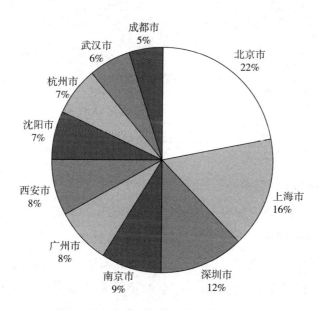

图 1　2020 年人工智能人才十大需求城市

2. 人工智能人才需求的行业分布

人工智能技术已经广泛应用于 18 个行业。其中信息传输、计算机服务

和软件业、金融业、制造业、租赁和商务服务业四个行业对人工智能人才的需求占比都在10%以上，明显高于其他行业，四个行业的需求占比合计接近3/4；其中信息传输、计算机服务和软件业的需求占比最高，达到25.00%（详见图2）。

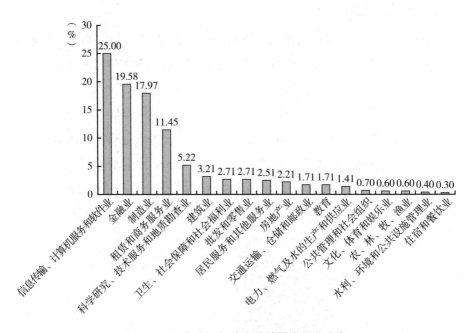

图2 2020年人工智能人才的需求行业分布

3. 人工智能人才需求企业情况

人工智能初创企业和中小企业是产业智能化的重要技术来源，也是人工智能人才的集聚地。市场主流招聘网站的信息显示：在北、上、广、深的招聘企业中，多数为人工智能初创企业，其次为非初创公司和"独角兽"企业。分省份的数据显示，广东的招聘企业最多，其次是北京、上海、江苏、山东，分别有342家、228家、188家、186家、113家企业招聘人工智能人才。按城市排名前五的分别是北京、上海、深圳、广州和南京，分别有231家、191家、186家、100家和86家企业在招聘人工智能人才（详见表1）。

表1　不同省区市、城市人工智能人才需求企业情况

单位：家

排名	省区市	招聘企业数	企业	省区市	招聘企业数	排名	城市	招聘企业数
1	广东	342	21	云南	12	1	北京	228
2	北京	228	22	江西	12	2	上海	188
3	上海	188	23	广西	11	3	深圳	186
4	江苏	186	24	贵州	10	4	广州	100
5	山东	113	25	甘肃	6	5	南京	86
6	浙江	105	26	海南	5	6	杭州	82
7	四川	87	27	新疆	3	7	成都	75
8	湖北	60	28	内蒙古	3	8	武汉	58
9	陕西	57	29	宁夏	2	9	西安	57
10	河南	57	30	青海	1	10	苏州	51
11	福建	54	31	西藏	1	11	济南	48
12	河北	44				12	郑州	45
13	安徽	42				13	重庆	39
14	重庆	39				14	青岛	36
15	湖南	38				15	合肥	35
16	辽宁	34				16	天津	34
17	天津	34				17	长沙	34
18	吉林	21				18	厦门	27
19	山西	16				19	石家庄	26
20	黑龙江	15				20	佛山	24

4. 人工智能人才的需求岗位

基于海量市场招聘信息的大数据分析结果显示，目前国内涉足人工智能领域的企业中，研发技术人员占企业总人数的70%以上。主要相关岗位有：高级算法工程师、数据工程师、软件架构师、机器人研发工程师、技术支持运维工程师、前端开发、产品经理、硬件工程师。其中高级算法工程师、数据工程师最为热门，其次是软件架构师、机器人研发工程师（详见图3）。

5. 任职资格要求

从招聘需要的任职资格来看，与普遍的人工智能需要高技能人才的认知不同，基础岗位对无从业经验的毕业生需求量大，接近2/3，占比为66.41%，可见人工智能技术和行业发展有一个欲进则退的过程，首先需要大批的基础数据处理等人才完成基础工作，之后深度学习等其他人工智能算法工程师或科学家才能发挥更大的作用。

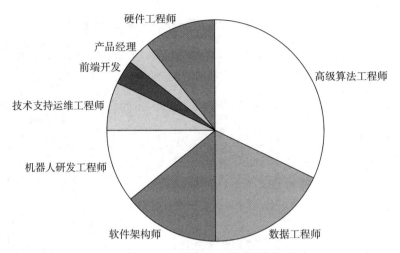

图3 2020年人工智能人才的需求岗位分布

对人工智能人才学历需求的数据显示，要求本科及以上学历的占比为66.72%，要求大专及以下学历的为33.29%。虽然企业对人工智能人才的基本素质要求比较高，但对大专及以下学历通用技能人才的需求占比也达到了1/3（详见图4）。人工智能属于新兴技术领域，人才需要量大，既需要人工

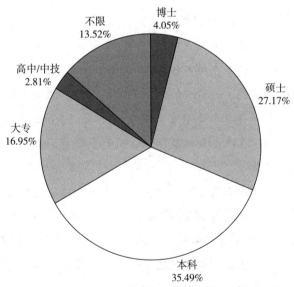

图4 2020年人工智能人才的任职学历要求

智能方向的科学家、数据专家，也需要大批基础性人才，现实中更多企业招聘跨专业毕业生，根据企业需要自主培养。

四　基于公共招聘网站信息的人工智能相关岗位分析

本部分对全国 31 个省、自治区、直辖市和新疆生产建设兵团所属公共招聘网站以及近 160 个市级公共招聘网站进行全网数据采集，涉及 20 个行业，并对采集的数据进行去重、无效数据去除及标准化等清洗处理工作，在此基础上对动态招聘数据中与人工智能相关的岗位以及细分岗位需求人数和市场承诺薪酬进行分析。

1. 人工智能相关岗位的招聘需求

人工智能相关岗位主要包括反诈骗/风控、机器视觉、机器学习、人工智能训练、深度学习、数据挖掘、图像处理、图像算法、推荐算法等岗位。由于招聘单位是基于实际岗位需要发布招聘信息，因此在相关岗位的表述和分类方面存在逻辑或内涵外延不严谨的情况，但能客观真实地反映现在的人工智能人才市场需求。我们没有进行相关的概念抽象，某种程度上也为基于统计或模型预测的需求研究提供了实践基础。

市场需求最多的为反欺诈/风控岗位，占比为 55%；其次是机器视觉岗位，占比为 14%；人工智能和图像算法的岗位需求各占 7%，深度学习岗位需求占比为 6%，数据挖掘的岗位需求占比为 5%（详见图5）。

从公共招聘网站发布的岗位承诺薪酬来看，推荐算法岗位的薪酬最高，月薪接近 3 万元；自然语言处理岗位的薪酬次之，接近 2.5 万元；语音识别岗位的薪酬超过 1.5 万元；机器学习和深度学习岗位的薪酬在 1.5 万元左右；而市场需求人数最多的反欺诈/风控岗位，需求人数最多，但薪酬在 8000 元左右，在人工智能相关岗位中属于工资较低的岗位（详见图6）。

2. 人工智能部分细分领域人才需求情况

发展数字经济、建设数字中国，是十九届五中全会报告中的一项重要内

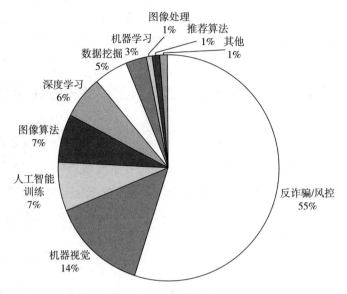

图5　2020年人工智能相关岗位需求人数占比

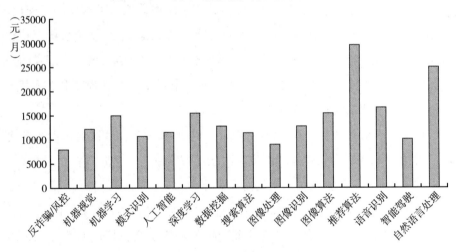

图6　2020年人工智能相关岗位的市场承诺薪酬

容，明确提出要"加快数字化发展""推进数字产业化和产业数字化""打造具有国际竞争力的数字产业集群"等。伴随着数字产业化和产业数字化的发展，一方面人工智能技术本身不断迭代、深入推进；另一方面，人工智能与产业的融合发展正在进行横向扩展和纵向深度融合。"十四五"期间我国要在新一代数字科技的支撑和引领下，以数据为关键要素，以价值释放为核心，以数据赋能（海量数据+人工智能+云计算）为主线，对产业链上下游的全要素进行数字化升级、转型和再造，因此未来在人工智能相关人才的需求方面也分为人工智能技术人才和人工智能与产业融合应用方面的人才两个方向。

下面是与人工智能相关的机器学习、视觉识别、深度学习、数据挖掘等具体岗位以及这些岗位包含的更细分岗位的人才需求情况，招聘信息中还有人工智能管理一类，具体包括人工智能管理、人工智能架构、人工智能算法、人工智能研发等岗位。

（1）机器学习

机器学习是最近 20 多年兴起的一门多领域交叉学科，涉及概率论、统计学、逼近论、凸分析、算法复杂度理论等多门学科。机器学习算法是一类从数据中自动分析获得规律，并利用规律对未知数据进行预测的算法。目前机器学习已经有十分广泛的应用，例如数据挖掘、计算机视觉、自然语言处理、生物特征识别、搜索引擎、医学诊断、检测信用卡欺诈、证券市场分析、DNA 序列测序、语音和手写识别、游戏和机器人运用。[①]

从上面的定义可以看出，机器学习是一门交叉学科，在实际应用中，数据挖掘、自然语言处理、搜索引擎等技术以及医学诊断、证券分析等行业普遍需要机器学习技术，因此在理论研究中可以定义内涵外延，但现实中特别是市场主体招聘需求中既有机器学习岗位，又有自然语言处理、反欺诈/风控等岗位。

下面是招聘信息中发布的"机器学习"岗位情况。现有机器学习岗位具体分成机器学习工程师、机器学习算法工程师和机器学习研发三个岗位。如图 7 所示，机器学习算法工程师的需求量最大，占 52%，机器学习工程师占 32%，机器学习研发占 16%。从承诺薪酬来看，需求量最小的机器学习研发的承诺薪酬最高，平均月薪接近 1.35 万元，需求量最大的机器学习算

---

① 见百度百科，https://baike.baidu.com/item/%E6%9C%BA%E5%99%A8%E5%AD%A6%E4%B9%A0/217599，该词条由"科普中国"科学百科词条编写与应用工作项目审核。

法工程师的承诺薪酬低于1.25万元，而机器学习工程师的承诺薪酬不到1.15万元，与一般的软件工程师差不多（详见图8）。

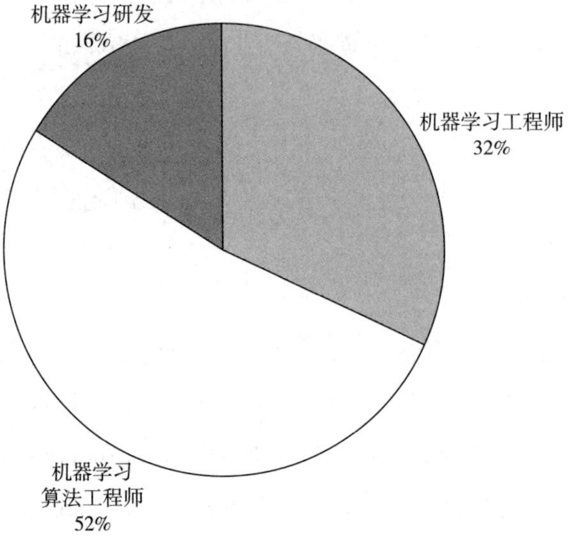

图7　2020年机器学习细分岗位招聘需求

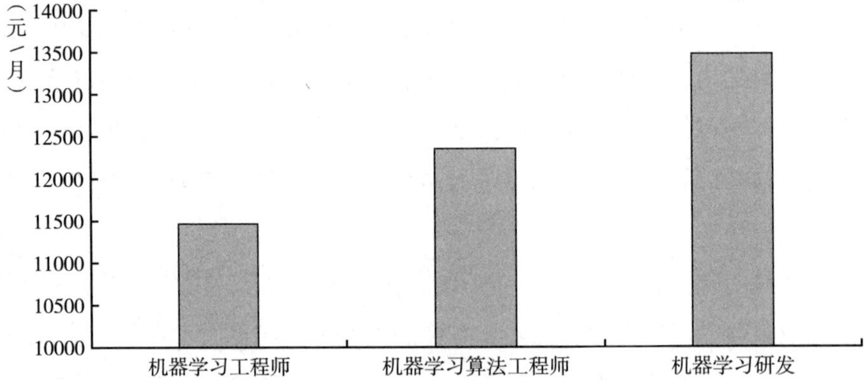

图8　2020年机器学习细分岗位承诺薪酬

（2）视觉识别

视觉识别即VI，又称为VIS，是英文Visual Identity System的缩写。其意是指将企业的一切可视事物进行统一的视觉识别表现和标准化、专有化。

视觉识别系统（VI）又可分为两大主要方面：一是基本要素系统，包括企业名称、企业标志、标准字、标准色等；二是应用系统，它至少包括十大要素，即办公事物用品、外部建筑环境、内部建筑环境、交通工具、服装服饰、广告媒体、产品包装、赠送礼品、陈列展示、印刷出版物。[①]

为了达到良好的视觉效果，采用相关算法技术制定适合企业文化的良好视觉识别方案是数字时代企业形象宣传的重要内容。在招聘市场，与视觉识别相关的细分岗位包括机器视觉销售、机器视觉算法工程师、机器视觉工程师。需求量最大的为机器视觉工程师，占比为86%，其次是机器视觉算法工程师，占比为11%，机器视觉销售占比为3%（详见图9）。招聘时承诺薪酬最高的为机器视觉算法工程师，月薪超过1.25万元，而机器视觉工程师的月薪不到1.1万元（详见图10）。

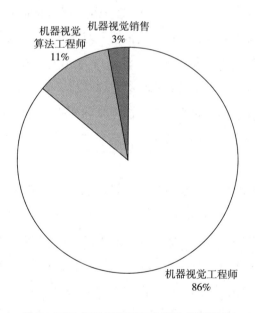

图9　2020年视觉识别细分岗位招聘需求

---

① 见百度百科，https：//baike. baidu. com/item/% E8% A7% 86% E8% A7% 89% E8% AF% 86% E5%88%AB%E7%B3%BB%E7%BB%9F，该词条由"科普中国"科学百科词条编写与应用工作项目审核。

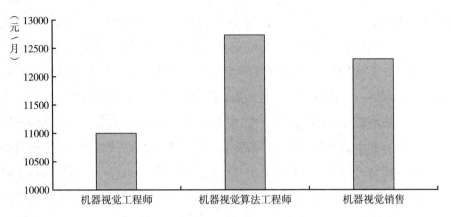

图 10　2020 年视觉识别细分岗位承诺薪酬

（3）深度学习

深度学习（Deep Learning，DL）是机器学习（Machine Learning，ML）领域中一个新的研究方向，它被引入机器学习使其更接近最初的目标——人工智能（Artificial Intelligence，AI）。深度学习在搜索技术、数据挖掘、机器学习、机器翻译、自然语言处理、多媒体学习、语音推荐和个性化技术以及其他相关领域都取得了很多成果。深度学习使机器模仿视听和思考等人类的活动，解决了很多复杂的模式识别难题，使人工智能相关技术取得了很大进步。

深度学习是机器学习的新方向，在许多领域，更多复杂的模式识别难题必须采用深度学习技术。现实的招聘需求中，深度学习也是作为一个单独的岗位发布。如图 11 所示，深度学习岗位招聘中需求量最大的是深度学习算法工程师，占比为 81%，其次是深度学习工程师，占比为 18%，深度学习研发工程师岗位只占 1%。从图 12 看出，深度学习相关岗位的平均承诺薪酬高于机器学习岗位，其中深度学习算法工程师的承诺薪酬接近 1.5万元，而机器学习算法工程师岗位则低于 1.25 万元；深度学习研发工程师的薪酬更高，但市场需求量也最小，属于"高精尖"岗位；深度学习工程师的薪酬同样高于机器学习工程师。从某种程度上讲，深度学习和机器学习两个岗位的人才是可以共享或替换的。

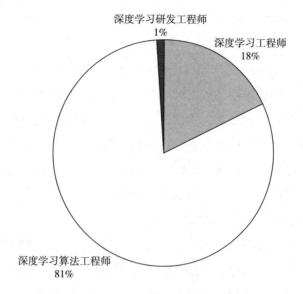

图 11　2020 年深度学习细分岗位招聘需求

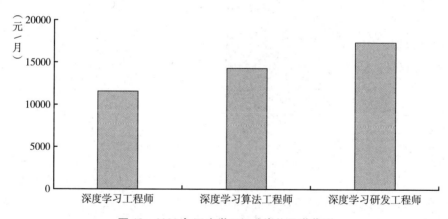

图 12　2020 年深度学习细分岗位承诺薪酬

（4）数据挖掘

数据挖掘是人工智能和数据库领域研究的热点问题。所谓数据挖掘是指从数据库的大量数据中揭示出隐含的、先前未知的并有潜在价值的信息的非平凡过程。数据挖掘是一种决策支持过程，它主要是基于人工智能、机器学习、模式识别、统计学、数据库、可视化技术等，高度自动化地分析企业的数据，做出归纳性的推理，从中挖掘潜在的模式，帮助决策者调整市场策略，减少风险，做出正确的决策。知识发现过程由以下三个阶段组成：①数据准备；②数据挖掘；③结果表达和解释。[①]

　　数据挖掘已经成为数字产业化和产业数字化过程中必不可少的环节。人工智能的核心是"发现更多、指导更多"，而数据挖掘是实现上述目标的关键技术。市场招聘需求中与数据挖掘相关的岗位包括数据挖掘算法工程师、数据挖掘工程师和数据挖掘分析师三个岗位。如图 13 所示，需求量最大的是数据挖掘分析师，占 81%，其次是数据挖掘工程师，占比为 18%，技术要求最高的数据挖掘算法工程师需求量最小，占比为 1%。从图 14 的平均薪酬分布可以看出，需求占比为 1% 的数据挖掘算法工程师薪酬最高，平均月薪接近 1.7 万元；数据挖掘工程师的平均月薪接近 1.4 万元，与机器学习相关岗位中难度最大、薪酬最高的机器学习研发的薪酬相当，实际上机器学习

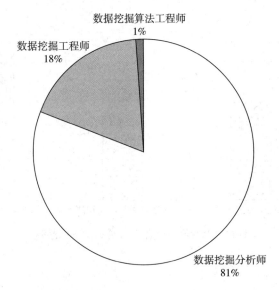

图 13　数据挖掘细分岗位招聘需求

---

① 　见百度百科，https：//baike. baidu. com/item/% E6% 95% B0% E6% 8D% AE% E6% 8C% 96%
E6%8E%98/216477，该词条由"科普中国"科学百科词条编写与应用工作项目审核。

算法或研发工程师经过培养提升也可以成长为数据挖掘算法工程师；数据挖掘分析师的需求量最大，但平均薪酬在 7000 元左右，属于人工智能相关岗位中薪酬较低的岗位。

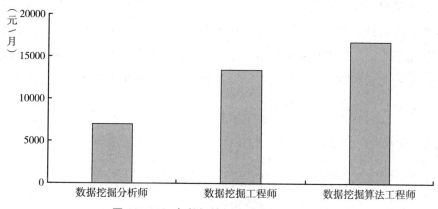

图 14　2020 年数据挖掘细分岗位承诺薪酬

（5）人工智能管理

现实企业发布的招聘信息中，还有一部分称之为人工智能管理岗位，包括人工智能管理、人工智能架构、人工智能算法、人工智能研发四个细分岗位。如图 15 所示，需求量最大的是人工智能研发岗位，占比为 65%，其次

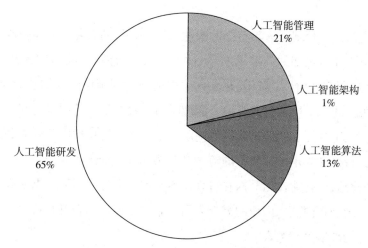

图 15　2020 年人工智能管理细分岗位招聘需求

是人工智能管理岗位，占比为 21%，人工智能算法岗位的占比为 13%，需求量最小的是人工智能架构岗位，占比为 1%。

人工智能管理相关细分岗位的承诺薪酬数据显示，平均月薪最高的是人工智能架构岗位，月薪接近 2 万元，这也是人工智能相关岗位中薪酬最高的岗位；其次是人工智能算法岗位，月薪为 1.5 万元，高于月薪 1.4 万元的数据挖掘工程师，低于月薪接近 1.7 万元的数据挖掘算法工程师；人工智能管理岗位的月薪为 8000 元左右，与一般管理岗位的薪酬差不多，大大低于相关技术岗位的薪酬（详见图 16）。

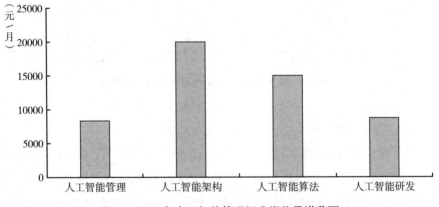

图 16　2020 年人工智能管理细分岗位承诺薪酬

综上所述，伴随着人工智能的快速化发展，不同行业、不同企业均需要大批相关人才，正如"互联网+"一样，"人工智能+"也在深刻改变着世界。要结合人工智能技术产业化、人工智能与不同领域融合的产业化进程，储备相关人才。又由于机器学习、深度学习、数据挖掘等技术之间存在交叉和融合，人工智能和产业结合的不同阶段也需要不同层次的技术人员，理论研究在进行概念界定、替代预测等方法估算人工智能相关人才需求的同时，要深入研究人工智能作用的内在机理，实践和产业界更需要根据实际企业招聘需求，结合不同层次岗位的需求人数、薪酬及岗位间晋升替代的情况，适时招用、精准培养相关人才。

B.4
国际人工智能人才和就业趋势研究

李宗泽 单 强*

摘 要: 本报告以分析全球人工智能人才和技能短缺问题为出发点,系统
描述国际人工智能人才的特点、供求趋势和结构,梳理典型经济
体的相关人才政策做法。本报告初步系统界定人工智能人才定
义、特点和分类,评估典型经济体中的人才需求趋势和技能缺口,
分析国际人才存量、格局和技能特征,总结国际人才政策经验,
分析国际人工智能技能短缺的规律和特征,并提出我国加强人工
智能生态系统建设、开展人才供求监测分析、多元化人才培育、
提高政府人工智能人才利用能力和鼓励吸引国际人才等建议。

关键词: 人工智能 人工智能人才 AI 就业

人工智能几乎应用于所有行业。随着数据分析工具的进步,人工智能正
在实现每个领域的独特需求,用以简化流程、提高效率、增强用户或客户关
系。人工智能和自动化提高了生产力并改善了我们的生活,人工智能领域的
工作岗位也在这一过程中被创造。

一 人工智能技能需求趋势

人工智能已经或将很快替代人类目前从事的许多工作,但同时新的岗位

---

* 李宗泽,中国劳动和社会保障科学研究院助理研究员,主要研究领域为国际就业与社会保
障、人力资源管理;单强,苏州工业职业技术学院学术委员会主任,富纳智能制造学院院
长、教授,主要研究领域为区域经济。

创造速度会更快。根据世界经济论坛（WEF）的数据，人工智能将创造更多的就业机会，到 2022 年，尽管预计有 7500 万个就业机会将被自动化取代，但将出现 1.33 亿个新的就业机会。[①]

（一）岗位需求快速增长

在过去几年中，对人工智能人才的需求持续增长。随着人工智能成为企业和消费者市场的主流创新技术，相关领域的生产和商业化人才需求不断增长。人工智能解决方案已成为提高业务效率和生产力的主流。根据美国软件服务公司 SnapLogic 发布的 2019 年人工智能技能差距报告，93% 的美国和英国企业将人工智能和机器学习视为首要业务重点，并计划或已经在实施相关项目。美国公司中有将近 80% 的首席信息官（CIO）计划在 2020 年增加对人工智能和机器学习的使用，但只有 14.6% 的行业领先公司实际上已将人工智能功能部署到了生产中，期望与实施之间的差距为 2020 年人工智能的生产和商业化带来了巨大潜力。根据领英的数据，在美国，人工智能和机器学习（以下简称 ML）的职位数量在 2016~2019 年每年增长 74%[②]，其中 ML 工程师，深度学习工程师，数据科学家和算法开发人员是最受欢迎的职位。

人工智能人才的市场招聘需求规模增长迅速。根据美国劳工统计局的报告，自 2016 年起，美国的所有人工智能职位招聘需求都大幅增加。美国劳动力市场数据服务公司 Burning Glass 分析，自 2010 年以来人工智能相关职位需求几乎增长了 3 倍，截至 2019 年，在该公司统计调查的 3400 万个职位中，人工智能相关职位约有 300 万个，约占 8.8%（详见图 1）。一些分析师预计，2020 年人工智能将创造近 230 万个就业机会。[③]

① World Economic Forum, "The Future of Jobs Report 2020", https://www.weforum.org/reports/the-future-of-jobs-report-2020, October 20, 2020.

② Terry Brown, "The AI Skills Shortage", *IT Chronicles*, https://itchronicles.com/artificial-intelligence/the-ai-skills-shortage/, October 11, 2019.

③ Terry Brown, "Jobs in AI", *IT Chronicles*.

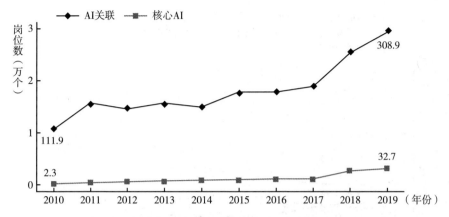

图 1　美国人工智能相关职位招聘信息的增长趋势（2010～2019 年）

注：核心人工智能涉及有限的人工智能关键技能簇，如机器学习和自然语言处理，而人工智能关联职位包含更广泛的技能簇，比如统计软件和测试自动化。

资料来源：Autumn Toney，Melissa Flagg，"U. S. Demand for AI-Related Talent"，*Center for Security and Emerging Technology（CSET）*，https：//cset. georgetown. edu/research/u－s－demand-for-ai-related-talent/，August 2020.

　　各行业对相关人才已呈现强劲需求。通过使用 Burning Glass 提供的北美行业分类系统（NAICS）的 7 个二级职业的人工智能相关职位发布进行统计，这些职业在 2019 年末的实时职位招聘人数至少为 10 万人。其中，专业、科学和技术服务部门是人工智能相关工作职位最多的部门；制造业、金融和保险业的人工智能相关工作职位排在第二和第三位，2019 年这两个行业的就业岗位均超过 25 万个；再次是行政部门，其就业岗位自 2017 年以来大幅增长；信息业排名第五，就业岗位不到 15 万个，这是大多数人想到人工智能时首先会想到的行业，因为像 Facebook 和微软这样的公司通常被归为信息业，但出乎意料的是，这并不是人工智能就业需求最多的领域（详见图 2）。

　　从学历需求看，对拥有学士学位的人工智能人才的需求规模最大。2010～2020 年，尽管人工智能（以下简称 AI）人才需求总量不断增长，但 AI 就业市场所需人才的教育水平结构出人意料的稳定。大约 80% 的招聘职位需要四年制学历，而且其中超过一半的职位没有列出其他优先学历要求。核心 AI 和 AI 相关职位的最低学历要求类似，学士学位是需求最高的类别，

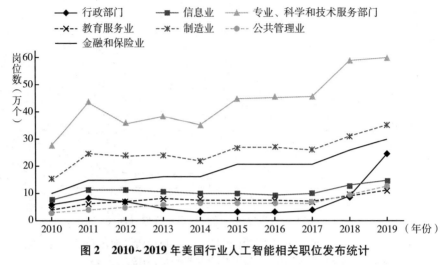

图2　2010~2019年美国行业人工智能相关职位发布统计

注：基于美国劳动力市场数据服务公司 Burning Glass 收集的3400万个职位的分析。

资料来源：Autumn Toney，Melissa Flagg，"U. S. Demand for AI-Related Talent"，*Center for Security and Emerging Technology*（*CSET*），https：//cset. georgetown. edu/research/u－s－demand-for-ai-related-talent/，August 2020.

分别占2019年两类职位发布总数的80%和83%。核心 AI 领域对学历要求更高，对硕士和博士的需求分别占2019年职位发布总数的12%和6%；相反，要求高中和两年制学历的职位分别只占2%和1%。对于 AI 相关职位，要求硕士学历和博士学历的职位下降到4%和2%；要求高中和两年制学历的职位略有增加，分别占7%和4%。

成功招聘 AI 人才的三大来源是：内部招聘、第三方招聘机构和职位发布平台。根据 TalentSeer 公司2019年启动的 AI 人才领袖调查，专业招聘人员的服务对就业最有帮助，AI 和 ML 是一个利基的人才市场，需要对领域知识和行业格局有深入的了解，与专业招聘人员合作是雇主和候选人达成供需的有效途径。

（二）人才缺口在持续扩大

人工智能人才需求的日益增长导致目前存在明显的人才缺口，因此目前 AI 人才供求仍然是一个求职方市场。这种 AI 人才的巨大缺口不仅会影响个人的发展前景，对公司、行业、政府和社区实现全面数字化转型的能力，更会产生系统性影响。IBM 商业价值研究所（IBM Institute for Business Value）的一项最新研究显示，未来三年，作为 AI 和智能自动化的结果，在全球 12 个最大的经济体中，将有多达 1.2 亿名工人（美国为 1150 万名工人）需要接受再培训或技能再提升。此外，现在学生中的近 2/3 最终将从事迄今尚未出现的工作。2018 年，全世界具备创建功能完善的 ML 系统所需技能的人才估计不到 1 万人。[①]

1. AI 人才数量不能满足企业发展需求

AI 岗位招聘数量的涨幅持续高于求职人数的涨幅。根据 TalentSeer 调查，尽管美国 AI 人才数量在 2019 年比 2018 年增长了 66%，但与 AI 相关的职位发布数量仍然是求职人数的 3 倍，其中包括 ML 工程师、预测建模师、cmt 分析主管、数据科学家、计算机视觉工程师、计算机语言学家以及信息战略主管等多种类型技术岗位，且供需差异不断扩大。来自全球最大的职介网站 Indeed 的数据显示，AI 专家职位招聘数量在 2019 年比 2018 年增长了 29.1%，但该职位的搜索量同比下降了 14.5%；数据科学家职位招聘数量从 2017 年到 2018 年增加了 31%，但求职人数只增加了约 14%。[②]

AI 人才的缺乏已经越来越成为发展这项新技术应用的一个主要障碍。人才短缺正在迟滞 AI 产业化速度，因为如果没有新的 AI 员工，企业根本无法推进其 AI 战略。调查显示，缺乏足够的合格 AI 工作人员是实现 AI 跨业务运营的最大障碍。51% 的 IT 领导者表示，他们没有合适的内部 AI 技能人才结构，无法将自己的战略付诸实施；40% 的受访者认为，缺乏技能型人才是阻碍 AI 项目进展的头号障碍。[③] 解决 AI 人才供需缺口可能还需要几年时间，而这阻碍了许多公司的发展。

---

① Terry Brown, "The AI Skills Shortage", *IT Chronicles*, https://itchronicles.com/artificial - intelligence/the-ai-skills-shortage/, October 11, 2019.

② "2020 AI Talent Report Highlights: Current Talent Landscape & 2020 Market Trends", *TalentSeer*, https://www.talentseer.com/talent-report, January 22, 2020.

③ Terry Brown, "The AI Skills Shortage", *IT Chronicles*, https://itchronicles.com/artificial - intelligence/the-ai-skills-shortage/, October 11, 2019.

2. 经验丰富的研发人才缺口最大

人才需求正在呈现结构性变化，市场正在从大量招募人才向更加注重招募更有经验的专业人才转变。据 Indeed 称，人工智能职位发布的年增长率已从 2017 年的 136.3% 放缓至 2018 年的 57.9% 和 2019 年的 29.1%；TalentSeer 的调查显示，有 80% 的雇主正在寻找顶级学校的 AI 专业毕业生，而 70% 的雇主正在寻找具有 3~5 年工作经验的人才。[①]

市场对既具有人工智能敏锐性又熟悉特定经济部门人工智能要求的合格专业人员的需求巨大。与具有类似 AI 和 ML 专业知识的同行相比，具有相关行业背景的人才在市场上具有优势。AI 人才正在进入非技术行业，例如金融、医疗保健、零售、农业、汽车等。随着 AI 技术的成熟，应用程序在众多行业中广泛使用，从用于银行和金融业的智能聊天机器人，到遍及卫生系统的翻译解决方案，以及简化的应对气候变化的数字农业系统。过去专注于自动驾驶和机器人技术等高新技术领域的 AI 人才现在日益注重与非技术行业（金融、医疗保健、零售、农业等）的融合，以使创新更贴近日常生活。

企业尤其需要既了解技术又有业务方面丰富经验的产品领导者。[②] 优秀的 AI 专家不仅要对技术足够精通，而且要拥有领导团队实现 AI 从研发到应用的能力。随着越来越多应用型创新功能的商业化，在价值链后端从事 AI 应用模型开发的人才将变为关键，并且预计对这类人才的需求量将扩大。TalentSeer 公司对硅谷初创公司 AI 人才领袖的调查发现，40% 的受访者将"研发方面的产品开发"列为 2020 年的主要业务方向，这些公司希望扩大其产品研发团队（前端工程师、用户体验专家、产品经理等）和商业化团队（业务开发、市场营销和法律专业人士），以在 2020 年将研发成果成功产品化。[③]

---

① TalentSeer，"2020 AI Talent Report：Current Landscape & Market Trends"，https：//www. talentseer. com/2020-ai-talent-report，January 22, 2020.

② Terry Brown："The AI Skills Shortage"，*IT Chronicles*，https：//itchronicles. com/artificial - intelligence/the-ai-skills-shortage/，October 11, 2019.

③ TalentSeer，"2020 AI Talent Report：Current Landscape & Market Trends"，https：// www. talentseer. com/2020-ai-talent-report，January 22, 2020.

3. 公司扩大远程团队以降低生产成本

人工智能人才的短缺和薪资要求的不断提高，使劳动力成本支出成为许多公司的沉重负担，尤其是在硅谷（大多数人工智能公司聚集于此）。诸如谷歌、微软、亚马逊和 Facebook 等科技巨头已经通过在美国以外的地方开设自己的 AI 实验室来解决该问题，例如在加拿大、印度、东南欧和中国设立实验室，因为这些地区的 AI 人才供需竞争稍弱，同时建立远程团队还可以为这些公司提供全球服务。在 TalentSeer 公司的 AI 人才领袖调查中，硅谷有 30% 的 AI 初创公司表明计划在 2020 年进行远程扩展。[①] 除了海外技术中心外，美国公司也积极关注国内 AI 相关专业大学毕业生数量较多的低成本地区，例如密歇根州和得克萨斯州即受到公司的青睐。加拿大也是一个对 AI 人才非常有吸引力的地方，尤其是它非常重视通过友善的移民政策吸引国际人才。[②]

二　人工智能技能需求结构的差异

AI 职业具有高技术高技能特征。当把不同的 AI 工具和技能组合沿 AI 价值链进行标准化时，就会出现新的 AI 专业化职位，形成新的岗位分类和职业链。明确了 AI 的职业结构才能清晰 AI 就业市场的边界和结构，并进一步对人工智能的人才供求情况进行更加准确的分析。

（一）AI 职业序列的界定

这里通过分析 AI 价值链的专业职位分类，初步对 AI 的职业链结构进行描述。按 AI 价值链，可以形成"基础研究—应用研究—数据资源维护—产品开发—运营和市场化"几个功能模块，并主要分为以下几个职业领域：研究、AI/ML 工程、数据工程/架构、AI/ML 产品化以及支持性岗位。其

---

① TalentSeer，"2020 AI Talent Report：Current Landscape & Market Trends"，https：//www.talentseer.com/2020-ai-talent-report，January 22，2020.

② *TalentSeer*，"2020 AI Talent Report：Current Landscape & Market Trends".

中，AI 工程职位构建核心 AI 能力，产品化岗位围绕 AI 功能构建软件。具体的岗位/职位可以进一步细化（详见表1）。

表1　人工智能职位结构

职位功能	职位/岗位
研究	计算机科学与人工智能研究员
AI/ML 工程	人工智能/ML 工程师（AL/ML 工程师）
	自然语言处理专家（NLP）
数据工程/架构	数据工程师/架构师
AI/ML 产品化	人工智能开发员
	数据分析师
	软件工程师
支持性岗位	首席人工智能官
	用户体验（UX）专家
	人工智能业务分析师
	AI 道德官

资料来源：JF GAGNE，"Global AI Talent Report 2020"，*Element AI*；Terry Brown，"Jobs in AI"，*IT Chronicles*.

在技术上，人工智能职位分为核心人工智能和人工智能关联两类。核心人工智能涉及对人工智能创建至关重要的数量有限的技能簇，如 ML 和自然语言处理，而人工智能关联职位包含集成和使用人工智能所需的更广泛的技能簇，比如统计软件和测试自动化，因此在职位序列上，研究、AI/ML 工程、数据工程/架构职位更多属于核心人工智能职位，而 AI/ML 产品化和支持性岗位则属于人工智能关联职位。AI 关联职位有时可以涵盖几乎不涉及 AI 技术的职位。

总体上讲，价值链分析更加强调职业的技术性，因此职业分类主要体现岗位的技术技能功能差异，对于非技术性的运营和市场岗位只做概括说明。AI 价值链以数据流的处理为核心，这就意味着它更加强调数据整理分析工作，在实际中将出现更细分的岗位功能。而 AI 技能组合目前尚未规范化，不同的市场和公司有时会存在岗位表述和归类的差异。

（二）职业需求的结构差异

AI 价值链的应用开发职位需求量最大，现有的 AI 工作岗位供给数量超过了 AI 人才数量。据 Indeed 报告，美国在 2018～2019 年，ML 工程师、深度学习工程师、高级数据科学家、计算机视觉工程师和数据科学家是需求量最大的几个 AI 职位（详见表 2）。[①] 根据艾瑞网的招聘信息，目前美国企业需求排名前十位的具体岗位集中在 AI 价值链的应用环节，其一是 AL/ML 工程职位序列，包括 ML 工程师、计算机视觉工程师（AI）、深度学习工程师、数据科学家；其二是产品化职位序列，例如算法开发员、开发员顾问等。

表 2 涉及 AI/ML 技能的前十大需求岗位

排名	岗位名称	占 AI/ML 技能类招聘职位的比重（%）	排名	岗位名称	占 AI/ML 技能类招聘职位的比重（%）
1	ML 工程师	75.0	6	算法开发员	46.9
2	深度学习工程师	60.9	7	初级数据科学家	45.7
3	高级数据科学家	58.1	8	开发员顾问	44.5
4	计算机视觉工程师	55.2	9	数据科学主任	41.5
5	数据科学家	52.1	10	首席数据科学家	32.7

资料来源：Terry Brown，"The AI Skills Shortage"，*IT Chronicles*，https://itchronicles.com/artificial-intelligence/the-ai-skills-shortage/，October 11，2019.

主要岗位的供求结构平稳且稳定增长。Element AI 通过跟踪全球每月的人工智能职位发布情况发现，产品化技术应用，专业工程和研究岗位的总体需求结构保持相对稳定：其中数据分析师占大约 60%，数据科学家和 ML 工程师占 38%左右，研究人员占不到 2%（详见表 3）。人才供给结构也保持类似比例，2019 年不同职位的流动人员数量每月稳定增长约 2%～6%。[②]

[①] Terry Brown，"The AI Skills Shortage"，*IT Chronicles*，https://itchronicles.com/artificial-intelligence/the-ai-skills-shortage/，October 11，2019.

[②] JF GAGNÉ，"Global AI Talent Report 2020"，*Element AI*.

人才蓝皮书

表3 全球人工智能主要岗位需求的平均比例

指标	数据分析师	数据科学家	ML 工程师	研究人员
需求比例(%)	60.50	19.22	18.51	1.77
2019 年月度增长率(%)	1.24	1.14	3.28	6.28
2019~2020 年增长率(%)	-30	-27	-20	-21

注：2019~2020 年增长率是指 2019 年和 2020 年的月度变化平均数的变化率。Element AI 每月在工作招聘网站中搜索不同的职位（例如"数据科学家""ML 工程师"等），统计职位发布数量的月度变化。

资料来源：JF GAGNÉ，"Global AI Talent Report 2020"，*Element AI.*

总体趋势表明，ML 研究人员的职位需求月度增长速度高达 6.28%，而 ML 工程师职位的增长速度（3.28%）是数据科学家（1.14%）的两倍以上，这表明许多国家/地区有意加大应用型 ML 创新的步伐，并且更多的研究人员会受到吸引而离开学术界。

（三）疫情带来的人才结构新变化

2020 年，大多数经济体都对 AI 人才的需求急剧下降。2020 年，受疫情影响，全球对相关职位的需求下降了 20%~30%。比较 2019 年和 2020 年的截至 8 月份的年度平均值，数据分析师的职位招聘数量减少了 30%，数据科学家减少了 27%，ML 工程师减少了 20%，研究人员减少了 21%（详见表3）。

美国收紧了技术签证政策，这将对其吸纳和留住人工智能人才产生长期负面影响，其他国家纷纷利用这一时机积极吸引美国境内人才（包括加拿大、中国等国），特别是在美的人工智能研究人员。正在追赶的发展中经济体比发达经济体对人才的需求更加强烈。麦肯锡于 2020 年 11 月发布的最新全球 AI 调查的早期报告显示，大多数组织受访者在未来三年内增加 AI 投资的可能性要大于减少投资的可能性。

尽管受疫情影响，一些国家在 2020 年的人才需求增长仍较为突出。某些经济体已将经济放缓作为机会，在疫情期间持续增加对 AI 人才的吸纳。例如波兰、俄罗斯和瑞典，它们对数据分析师的需求正在大幅增长（增长率为 95%~125%）；还可以看到，土耳其（225%）、中国（145%）、芬兰（166%）

和少数仍在积极招揽研究者的经济体对 ML 研究员的需求更为迫切；而意大利、丹麦、挪威、韩国、波兰和西班牙的增长率均为 5%～10%；韩国在 2020年全面提高了除研究人员外的其他 AI 职业序列招聘人数；新加坡也加大了所有职位的招聘力度，甚至加倍招聘研究人员（2020 年增长了 122%）。这些趋势显示了国家间 AI 战略的变化以及新进入者的出现。

三　人工智能行业人才分布

全球 AI 人才规模很小，而这拥有 AI 技能的少数人则集中在少数国家就业。美国是最致力于培养顶尖 AI 专家的国家，也是最大的 AI 人才就业国。这里只分析 AI 技术性人才的情况。

（一）人才总量有限但快速增长

总体人才供给在快速增长。腾讯的"全球人工智能人才白皮书"（Global AI Talent White Paper）指出，2017 年全球有 30 万名 AI 研究人员和从业者，其中不仅包括受过专门训练的 AI 专家，还包括学生和 AI 公司技术团队的所有成员。Element AI 通过 AI 社交媒体统计，2020 年全球共有约47.8 万名行业技术性人才在工作，其中研究人员最少，AI/数据产品化人才最多（详见表 4）。由于各国的技能类型不同，因此很难找到总人才库以前的估计值进行比较。

表 4　2020 年通过社交媒体统计的全球 AI 行业人才总量和结构

职业	人数(人)
研究人员	4149
数据工程师/架构师	72748
AI/ML 工程师	150559
AI/数据产品化	250500
合计	477956

资料来源：JF GAGNÉ，"Global AI Talent Report 2020"，*Element AI*.

统计结果显示，人才数量显著增长，近 1~3 年首次从事 AI 工作的人数在增加（详见表5）。其中，作为应用型人才的 AI/ML 工程师增幅最快。特别是应用研究职业的 AI/ML 工程师，2020 年增长了 79.9%。① 这反映了行业应用普及的步伐加快。

表5　2020 年全球 AI 职业的平均人才增长率

单位：%

职业	增长率
研究人员	13.43
AI/ML 工程师	79.90
数据工程师/架构师	31.44
AI/数据产品化	−34.37

注：人才增长限定为在近 1~3 年首次从事 AI 工作的人。Element AI 从社交媒体收集了自我代表数据，通过人才头衔（例如"数据科学家"）和他们技能列表的关键字（例如"ML"＋"tensorflow"＋"博士"）进行搜索。

资料来源：JF GAGNÉ，"Global AI Talent Report 2020"，*Element AI.*

研究人才和顶尖人才仍然明显短缺。研究人才数量增幅明显，在 AI 顶级会议上出现越来越多的 AI 人才。基于对在世界顶级的 21 个 AI 会议上发表学术论文的博士作者的统计，截至 2018 年全球有 22400 名顶尖 AI 学者。全球最大的 AI 研究会议"神经信息处理系统会议"（NeurIPS）在 2019 年有 1.3 万名参会者，比 2018 年增长了 40%。"国际计算机视觉与模式识别会议"（CVPR）在 2019 年有 9200 多名专业人员参会，比 2018 年增长了 34%。② 但在 AI 和 ML 技术正变得越来越丰富的背景下，当今世界上 AI 专家的数量仍然少得惊人。AI 研究人才和顶尖人才人数较少，但他们是行业创新发展的关键。研究人才一般要求有相关领域的博士学位，具有扎实的技术技能以及至少三年的工作经验。行业中从事全职基础研究的比例很低，行业内对纯研究人员的需求比例也同样很小，一些人主要从事工程师或其他工

① JF GAGNÉ，"Global AI Talent Report 2020"，*Element AI* .
② "2020 AI Talent Report Highlights：Current Talent Landscape & 2020 Market Trends"，*TalentSeer*，https：//www.talentseer.com/talent-report，January 22, 2020.

作，只是兼职从事研究工作。参加顶级会议的 AI 专家中 77% 的人在学术界工作，不到 1/4（23%）的人在产业界工作。[①]

（二）应用研究人才增长更快

大量的非顶尖 AI 人才和应用研究人才数量在持续增长。2020 年，科学论文的预发布平台 arXiv[②] 的 AI 作者库显示，围绕 AI 及其应用进行的大量学术研究并没有参加会议的机会，而是通过平台发布研究成果，展示创新进展。该平台的 AI 作者总数到 2020 年底预计将达到 8.6 万人。

因为平台 arXiv 的作者国际化程度高，因而平台作者很大程度上可以显示全球人才变化的新特点。一是 AI 人才供给的门槛在降低。随着 AI 应用的普及和创新交流便利性的提高，技术难度在降低，接受 AI 培训不多的人将会比过去更容易进入该领域。因为平台发布的论文很多部分涵盖了应用方法，而不是根本性创新和发现，更具实用价值，平台可以促进成果加速落地。二是大量其他领域的专家正在转而使用 AI 工具，从而成为人才库的一部分。arXiv 平台作者数量的增长实际上主要来自其他领域专家的进入，他们使用 ML 方法开展研究并发布成果。

发布成果的作者数量的快速增长表明，AI 人才的基础在扩大。但 AI 从科学创新到应用实施的人才基础仍然薄弱，仍需要加大教育培训投入。由于对高等教育的持续投资需要时间来逐渐体现，因此长期保持这种持续投资非常重要。

（三）美国是全球人工智能人才的聚集地

国际 AI 技术人才的集中度很高，人才供给和就业的前 10 位国家合计占

---

① JF GAGNÉ，"Global AI Talent Report 2019"，*Element AI*.

② arXiv 学术发布平台创建于 1991 年，由康奈尔大学（Cornell University）拥有和运营。arXiv 是面向国际开放的学术论文电子预印本和公开印本的存储库，学术论文经批准审核后可以在该平台发布，但未经同行评审。论文可在线访问。该平台作者来自众多国家。目前，有 188.3 万篇学术文章的开放存储存档。在数学和物理学的许多领域中，几乎所有国际性的科学论文都是先在 arXiv 存储库中存档和发布，然后才能在同行评审的期刊上发表，形成科学论文的预发布机制。见 https：//arxiv.org/。

到了全球 AI 技术人才总量的 85% 以上。

1. 美国是 AI 人才最大培养国

在全球的 AI 行业技术性人才中，美国的人才供给占比达到 39.4%，其以最优质的 AI 研究在吸引、教育和留住 AI 人才方面处于领先地位。其次是印度（15.95%）、英国（7.41%）、中国（4.64%）和法国（4.03%）。欧洲国家人才流动性强，欧盟拥有可与美国媲美的 AI 人才库，但由于 AI 投资和 AI 公司的发展落后，顶级企业并未完全抓住这些人才。因为很多跨国公司到加拿大建立 AI 实验室，使加拿大（3.74%）在吸引研究人才方面的能力日益加强（详见图 3）。

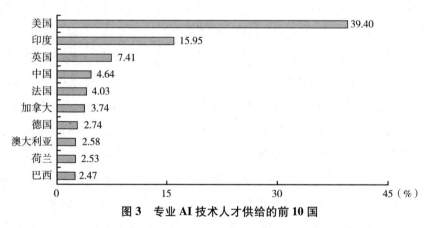

图 3 专业 AI 技术人才供给的前 10 国

资料来源：JF GAGNÉ，"Global AI Talent Report 2020"，*Element AI*.

2. 美国是 AI 人才最大就业国

美国是 AI 研究人才和顶尖人才的最大就业国。领英的调查结果显示，2019 年全球共有 36524 人符合 AI 专家的资格，比 2018 年增长了 19%。其中 50% 的专家在美国，美国的专家中有 36% 在硅谷。所有专家中有 20% 就职于头部技术公司（包括谷歌、微软、苹果、亚马逊、IBM 等）。

在 AI 研究论文预发布平台 arXiv 上，2019 年底的 AI 作者数据显示，AI 人才的就业分布国家相对集中。美国雇主吸引了大部分 AI 顶尖人才，中国保持领先位置。美国仍然是成果发布最多的国家，美国作者占作者总数的

47.9%。其他的主要国家是：中国排名第二，约为 11.4%；接下来是英国（5.3%），法国（4.9%），德国（4.7%）和加拿大（3.9%）；再下一梯队的排名是日本（2.0%），澳大利亚（1.9%），印度（1.8%），意大利（1.3%）和韩国（1.3%）。这 10 国的作者合计占作者总数的 38.6%；加上美国，前 11 国作者合计占作者总数的 86.5%。①

美国人工智能研究严重依赖外国出生的人才。例如，如今在该国受雇的研究生学位的计算机科学家中，有 50%以上是在美国之外出生的，近 70%已入学的计算机科学研究生也是如此。在美国获得 AI 相关领域博士学位的毕业生中，约有 80%留在了该国；同样绝大多数美国之外出生的 AI 相关领域人才想留在美国。但由于美国移民政策存在不利趋势，加上其他国家为开拓新的移民途径和启动人才吸引计划所做的努力，美国在顶尖人才招聘和保留方面的实力处于风险中，并引起了该国民众对留住高技能国际人才的担忧。②

（四）人才结构缺乏多样性

人工智能研究与开发应涉及不同背景的人，尤其是当这些成果要在全球范围内由普通大众大规模长期使用的情况下。尽管 AI 和 ML 的领域不断拓展，但行业内人才在教育、性别、种族、经验和其他相关方面仍然缺乏多样性。在顶级 AI 会议上发表成果的研究人员中，只有 18%是女性；Facebook只有 15%的 AI 研究人员是女性，而谷歌则只有 10%；非洲裔工作人员大约仅占 Facebook 和微软的 4%，仅占谷歌的 2.5%。③

目前人才结构呈现以白人男性为主的单一化状况，这可能会对创建的程

---

① JF GAGNÉ, "Global AI Talent Report 2020", *Element AI*. 作者指出，该统计方法偏向西方经济体。arXiv 平台以西方作者为中心，并且统计过程中只统计拉丁字母论文。其中来自机构的作者按照所在机构的总部所在国家进行统计，而没有考虑他们的实际办公地点，因此由于美国大技术公司的统治地位和跨国发展特点，美国被赋予了更高的比重。

② Remco Zwetsloot, "Strengthening the U. S. AI Workforce：A Policy and Research Agenda". *Center for Security and Emerging Technology（CSET）*, https：//cset.georgetown.edu/publication/strengthening-the-u-s-ai-workforce/, September 2019.

③ "2020 AI Talent Report Highlights：Current Talent Landscape & 2020 Market Trends", *TalentSeer*, https：//www.talentseer.com/talent-report, January 22, 2020.

序和系统类型产生负面影响，从而导致在构建程序时存在对少数群体的偏见和差异。美国国家标准技术研究院最近对 189 种主要的商业化面部识别算法进行了测试，发现它们对非裔美国人和亚洲人面孔的识别错误率，是白种人面孔的 10~100 倍。另据报道，苹果公司的信用算法为女性提供的信用额度比男性低。2019 年，人们越来越多地致力于改善 AI 领域的多样性和包容性。越来越多的 AI 公司在招聘过程中会认真考虑多样性问题，甚至为代表性不足的性别和族裔群体设置配额。[①]

AI 人才的性别严重失衡。根据斯坦福大学发布的《2018 年 AI 指数》报告，在美国，申请 AI 工作的大多数人（71%）是男性。斯坦福大学和加州大学伯克利分校发现，2017 年女性在本科 AI 和 ML 课程中的比例偏低。[②] 2007~2020 年 arXiv 平台作者中，女性的比例从 2007 年的 12.26% 平稳而缓慢增加到 2020 年的 15.44%。[③]

鉴于人们已经认识到多元化领导力的价值，预计对女性 AI 人才的需求将增加，保留现有的女性 AI 研究人员可能会对吸引更多女性进入该领域发挥积极的作用。TalentSeer 公司的分析表明，在 AI 技术工程师的学历、经验和资历相同的情况下，男女的薪水并没有显著差异。人工智能人才的稀缺可能会减轻性别偏见的影响。

四　人工智能岗位薪酬

由于目前市场上人工智能岗位应聘者不足，使招聘市场形成高度竞争的格局，因此人工智能岗位的工资远远高出其他同等技能岗位的工资水平，对于那些拥有所需技能的人来说，一些最好的人工智能工作的报酬确实非常有

① "2020 AI Talent Report Highlights: Current Talent Landscape & 2020 Market Trends", *TalentSeer*, https://www.talentseer.com/talent-report, January 22, 2020.

② "2020 AI Talent Report Highlights: Current Talent Landscape & 2020 Market Trends", *TalentSeer*, https://www.talentseer.com/talent-report, January 22, 2020.

③ JF GAGNÉ, "Global AI Talent Report 2020", *Element AI*.

吸引力，具有特定技术技能和领域知识的经验丰富的 AI 人才经常被科技巨头追捧。

人工智能岗位工资水平较高。2020 年 9 月，Indeed 根据对美国过去 36 个月内的 84321 名员工、用户以及网站上的招聘广告进行估计，发布了对美国人工智能薪资水平的评估。评估结果显示，人工智能工程师的工资水平取决于专业领域。"人工智能工程师"的总体平均工资从研发工程师的每年约 93625 美元到 ML 工程师的每年 135260 美元不等。[①] 2021 年人工智能职位薪酬仍呈现波动上涨趋势（详见表 6）。对于人工智能人才而言，工作经验、学校与专业、学位和所在管理层是影响薪酬的主要因素。

表 6　2021 年美国人工智能 7 个职位的平均薪酬

单位：美元

职位	年平均基本工资
ML 工程师	151302
软件工程师	110662
高级软件工程师	132252
数据科学家	123074
研究科学家	113436
科学家	97046
研发工程师	94712

资料来源："Average salaries for 'artificial intelligence'"，*indeed*，February 15, 2021.

旧金山湾区是全球薪酬最高的区域。作为 AI 行业的首要枢纽，旧金山湾区吸引了全球顶尖的 AI 人才，根据 TalentSeer 公司调查，与人工智能相关的工程师职位的平均基本工资为每年 16.8 万美元。许多公司基于成本压力而向其他技术条件相对成熟地区迁移。在美国本土，与硅谷相比，纽约、洛杉矶、波士顿、西雅图、奥斯汀等主要都会区的基本工资相对更低，大多为 15 万~16 万美元；与美国主要城市相比，加拿大技术创新中心城市（例

① Terry Brown, "Jobs in AI", *IT Chronicles*.

如多伦多和温哥华）的 AI 人才成本相对较低，这使它们成为 AI 公司理想的搬迁地点。此外，AI 生态系统正在许多教育机构附近发展，例如卡内基梅隆大学所在地匹兹堡和密歇根大学所在地安娜堡。

鉴于 AI 人才市场竞争激烈，招聘公司需要精心设计薪酬方案，以吸引求职者。美国的人工智能工程师薪酬结构一般分为基本薪资、股票期权和奖金等部分。待遇结构根据公司规模及类型而有所差别。硅谷（旧金山湾区）提供具有竞争力的薪酬方案。按企业生命周期划分，不同时期的公司提供的薪酬水平和结构有所差异。从薪酬水平看，成长期公司和顶尖技术公司（如谷歌、Facebook 等）最高，初创公司次之，成熟的技术公司（成立 10年以上）和非技术行业公司（金融，零售，医疗保健，传统运输等）最低。从薪酬结构看，通常早期和成长期的初创公司会提供较高比例的股票期权与科技巨头竞争；成长阶段的初创公司通常提供比例最高的基本薪资，以吸引技术巨头人才担任重要的领导职务；成立 10 年以上的成熟技术公司和非技术行业公司通常会提供高达 50% 的奖金来吸引和留住人才。当技术巨头公司争夺专业领域的顶级 AI 人才时，入职签约奖金是薪酬体系中的常见部分，有时甚至可以高达 20 万美元。[①]

五　人工智能技能培养

人工智能具有非常广泛的产业化可能性，所提供的就业机会正以惊人的速度增长，几乎任何技能都可以以某种方式变得与 AI 相关。人工智能的就业领域几乎是无边际的，将某种形式的人工智能技术融入工作中即会产生很多就业机会。

（一）人工智能职业技能要求

从教育背景看，人工智能领域的职业通常需要计算机科学或相关学科

---

① "2020 AI Talent Report Highlights: Current Talent Landscape & 2020 Market Trends", *TalentSeer*, https://www.talentseer.com/talent-report, January 22, 2020.

（如数学）的学士学位，更高级的职位可能需要硕士或博士学位。然而，像苹果和谷歌这样的知名雇主已经不再把拥有大学学位作为硬性要求。

从技能方面看，AI 中的许多工作要求求职者可以理解并使用诸如 R、Python、java 和 C++等编程语言，以及诸如数据结构等概念。对于 ML 工作来说，统计学、线性代数、微积分和各种数学模型知识对于有效处理算法的设计和操作是必不可少的。[1]

非技术技能在 AI 时代越来越受到关注。在人工智能领域就业时，有些非技术技能和个人特质往往更受重视。当今的 AI 人才正面临着前所未有的技术挑战和巨大的模糊性，因此，拥有开放的思维，快速创新能力并能在不确定条件下保持韧性至关重要；有效的沟通对于确保协作的流畅也很重要。《2019 年领英全球招聘趋势报告》显示，92%的人力资源经理发现，强大的软技能对于企业成功越来越重要。尤其是创造力、批判性思维、成长心态、适应力和沟通能力是 AI 公司要求的顶级非技术技能的一部分。[2]

（二）教育培训渠道

AI 技能差距的出现主要是由于工作场所数字化步伐加快，再加上教育体系未能培养出具备所需技能的人员所致。显然，没有一种单一方法可以解决 AI 技能危机。

其一，政府大幅增加数字、数学和技术教育资源投入。

国际上的典型经济体近年来高度重视人工智能人才的开发。普遍将人才的开发和吸纳作为人工智能战略的优先措施，并制定专项计划，加大相关教育培训资源的投入（详见表 7）。美国政府的 2019 年人工智能计划宣布加大人工智能领域的教育培训投入。美国许多大学也开始扩大相关教育投入。

---

[1] Prajakta Patil，"How to Build a Career in Artificial Intelligence and Machine Learning"．*Experfy*，https：//resources. experfy. com/ai-ml/how-to-build-a-career-in-artificial-intelligence-and-machine-learning/，November 20，2019.

[2] "2020 AI Talent Report Highlights：Current Talent Landscape & 2020 Market Trends"，*TalentSeer*，https：//www. talentseer. com/talent-report，January 22，2020.

2009 年以来，加州大学伯克利分校、斯坦福大学学习人工智能课程的学生人数均大幅增长；麻省理工学院（MIT）于 2018 年宣布成立一所新的 AI 学院，并于 2019 年在阿布扎比开设了全球第一所人工智能大学；2019 年秋天，卡内基梅隆大学开设了美国第一个 AI 本科学位。[①]

表 7 典型经济体的人工智能人才战略

序号	经济体	与 AI 人才开发投入相关的战略和计划
1	美国	《美国人工智能计划》(2019 年)，《联邦 STEM 教育战略 5 年计划》(2018 年)，《总统对于教育部长的备忘录》(2017 年)，《国家人工智能研发战略计划：2019 年更新版》(2022 年将制定新计划)，《2020 国家人工智能倡议法案(NAIIA)》。
2	欧盟	《欧洲新技能议程》(2016 年)，《塑造欧洲的数字未来》(2020 年)，《人工智能白皮书》(2020 年)，《欧洲数据战略》(2020 年)，《数字教育行动计划(更新版)》，欧盟成员国《AI 合作计划》； 设立数字经济与社会指数(DESI)。
3	加拿大	《泛加拿大人工智能战略》(2017 年)； 建立"公共投资+学术实验室"与"成熟创投体系+人才创新创业"相结合模式的生态体系。
4	英国	《AI 部门协议计划(AI Sector Deal)》(2018 年)，《未来十年的新国家 AI 战略》(2021 年)； 长期建设 AI 生态系统，提升国家 AI 数据基础能力和技能，分阶段推进人才环境建设，制定短期、中期、长期计划。
5	德国	《国家 AI 战略》(2018 年和 2020 年)； 联邦政府建立德国人工智能监测平台，劳动和社会事务部、教育和研究部、经济事务和能源部负责战略的实施； 议会成立 AI 研究委员会。
6	澳大利亚	《AI 行动计划(2021)》； 在行动上，一是对 AI 教育和研究给予直接资金支持，二是对新型数字和网络安全技术技能开展专项培训计划，三是改进基础性政策环境。
7	以色列	成立 AI 战略政府团队，由总理办公室、国防部、创新局、国家网络指挥中心和高等教育委员会 5 个机构组成； 高等教育委员会制定《数据科学倡议》。

资料来源：作者根据公开资料整理。

---

① "2020 AI Talent Report Highlights: Current Talent Landscape & 2020 Market Trends", *TalentSeer*, https://www.talentseer.com/talent-report, January 22, 2020.

其二，短期和在职培训创新模式提供更广泛的学习机会。

在线培训和训练营在将当前劳动力转移到人工智能工程师方面发挥了重大作用。越来越多的人愿意寻求机会提高自己的技能或从事 AI 领域的工作，各类在线计划，以及创新竞赛机制为他们提供了许多学习机会。

越来越多的学生报名参加训练营和在线 AI 课程。事实上，大学学位不再是 AI 职业生涯的先决条件。美国/加拿大的线下编码训练营在 2019 年有 17.5 万名毕业生，并且还在逐年加速增长。作为最受欢迎的 AI 网络学习课程，斯坦福大学提供的 ML 课程到 2019 年底已有 270 万人注册；在线教育机构 Udacity 上的 AI 和 ML 学位注册者在 2019 年底达到了 12500 人的峰值。统计数据表明，训练营培训对于职业发展很有用——76%的软件工程师认为训练营有助于他们做好开展相关工作的准备；57%的雇主表示他们会雇用训练营毕业生。个人学习的难点在于将个人学习成果与需要他们的组织联系起来。在加拿大，AI 学习和开发平台 Agorize 将学习和创新互动结合起来，以满足个人和社会对 AI 技能升级的新需求。①

其三，企业加大对员工技能再提升的投入。

企业需要迅速行动。世界经济论坛（World Economic Forum）估计，到 2022 年，全球将有超过一半（54%）的员工需要大量的技能再培训，而在某些地区，AI 技能缺口会更大。事实上，AI 的发展已从探索期进入快速发展期，面对巨大的技能缺口，企业需要大量投资于员工培训。实际上，一些大公司已经在大力投资以提高员工技能。在过去的五年中，培训的数量在增加，公司也越来越重视培训投入。例如，亚马逊最近宣布计划投资 7 亿多美元对美国本土员工进行再培训。②

---

① Terry Brown, "The AI Skills Shortage", *IT Chronicles*, https：//itchronicles. com/artificial - intelligence/the-ai-skills-shortage/, October 11, 2019.
② Terry Brown, "The AI Skills Shortage", *IT Chronicles*, https：//itchronicles. com/artificial - intelligence/the-ai-skills-shortage/, October 11, 2019.

六　对我国的启示

随着 2020 年 AI 应用的进一步成熟，对 AI 人才的强劲需求将继续，并在未来可能持续 3~4 年甚至更长的时间。AI 人才的规模和素质是未来结构转型和创新的前提条件。全球人工智能人才库的规模有限，教育培训需要迎头赶上，及时采取正确的措施教育和（重新）培训劳动力，以保障这场产业和工作领域的大规模变革的推进。

其一，国家和组织层面要保证有足够竞争力的投入以吸引人才。随着 AI 的成熟，AI 研发和商业化团队将扩大对团队成员和关键职位（如销售、营销、业务开发、产品管理等）的需求，而这些职位，需要增强其他技能以及对数据和 AI 理解的培训，以便将 AI 创新技术有效地推向市场。同时，AI 人才正在进入非技术行业，例如金融、医疗保健、零售、农业、汽车等，寻求 AI 转型的非技术公司如果要快速成功，需要经验丰富的 AI 工程人才领导转型。可以预测，兼有经验丰富的领导者和年轻专业人员的分层团队结构是平衡成本和生产力的有效方法。

其二，积极开展跨国跨地区的人才招募和使用。分布式团队合作模式将会越来越流行，远程招聘人才会更加普遍。人才短缺使公司扩大招聘视野，纷纷扩大远程团队以降低生产成本，在可替代技术中心所在地搜寻 AI 人才和远程劳动力，并就地招募。这需要采用新的团队整合技术和流程，例如跨时区的视频通话，群聊和工作流程协同体系。人才的流动性也会加大。例如，由于硅谷的生活成本很高，美国的人工智能人才也可能会寻找美国国内外的其他地方或其他技术中心以改善生活质量。

其三，扩大多元化人才培育渠道。目前的教育和培训计划还不能跟上 AI 创新的步伐。AI 人员既需要正式培训也需要工作经验，而当前还缺乏足够的 AI 专业人才承担教育培训的领导者角色，因此要探索人才培养的多元化渠道，既可以设计 AI 训练营和开设社区大学 AI 课程，还可以利用在线培训提高当前技术团队的技能。在 AI 学习中，实践经验是关键。政府和机构要开展模块化技能认证和微型学位课程设计，训练营学员也需要接触现实世界的项目并获得经验，以强化在线培训和指导的效果。新入职者必须多方寻找参与项目的机会，尤其是在进入公司的初期，以获取经验，例如，可以尝试无偿工作以获得机会和经验。

其四，提高政府对 AI 人才的直接利用能力。政府和公共部门掌握和使用人工智能的重要性在凸显，对人工智能人才的需求量很大。但是有效的 AI 劳动力计划和招聘需要更多的基础性工作：需要调查政府中对 AI 技能需求量最大的地方，以及招募、培训和留住人才的方式；还应要求人事管理部门跟踪在政府中雇用了多少 AI 专家以及存在多少 AI 职位空缺；决策者还应探索将 AI 人才引进政府的新机制和执行机构。

其五，积极鼓励有经验的人才转型到 AI 领域。随着对 AI 人才需求的加大，将会有大量人才转入 AI 领域的现象出现。具有相关行业经验并转到 AI 领域的人才更可能成为值得招募的对象。在间接 AI 领域（如物理学、统计学、半导体）接受过培训并在特定行业工作的人也有很大可能成为 AI 工程师。一个很好的方式是利用自己现有的专业知识进入一家 AI 公司，然后在工作中增强自己的 AI 和 ML 技能。进入新行业可能会对长期职业生涯和专业网络产生重大影响，因此对于 AI 人才来说，对新行业进行深入研究并仔细评估至关重要。

其六，加强人工智能人才的沟通和管理技能的提升。随着 AI 成为企业和消费者市场的主流，对生产和商业化人才的需求将不断增长，成功的产品开发需要整体团队的合作和流畅的工作流程。要确保从数据科学家和 ML 工程师到市场营销和销售的每个人都与业务目标保持一致，以实现研发和经营的协调统一。在企业内部，要鼓励对生产会产生直接影响的工程师提升产品管理和沟通技巧，并通过在线培训和工作实践对目标市场有更好的了解，同时保持与产品负责人和最终用户的直接互动。

参考文献

1. Catherine Aiken, James Dunham, Remco Zwetsloot, "Career Preferences of AI Talent". *Center for Security and Emerging Technology* (*CSET*), https：//cset. georgetown. edu/ publication/career-preferences-of-ai-talent/. June 2020.

2. Holger Hürtgen, Sebastian Kerkhoff, Jan Lubatschowski et al. , "Rethinking AI Talent Strategy as Automated Machine Learning Comes of Age". *Mckinsey*, https：//www. mckinsey. com/business - functions/mckinsey - analytics/our - insights/rethinking - ai - talent-strategy-as-automated-machine-learning-comes-of-age. Aug 14, 2020.

3. Diana Gehlhaus, Santiago Mutis, "The U. S. AI Workforce：Understanding the Supply of AI Talent". *Center for Security and Emerging Technology* (*CSET*), https：// cset. georgetown. edu/publication/the-u-s-ai-workforce/. January 2021.

4. Andrew Chamberlain, "Who's Hiring AI Talent in America？". *Glassdoor*, https：// www. glassdoor. com/research/ai-jobs/. November 16, 2017.

5. "Gartner Says Strongest Demand for AI Talent Comes from Non - IT Departments". *Gartner*, https：//www. gartner. com/en/newsroom/press - releases/03 - 18 - 2020 - gartner-says-strongest-demand-for-ai-talent-comes-from-non-it-departments. March 18, 2020.

行 业 篇
Industry Reports

B.5

互联网行业人工智能人才发展报告

崔 艳*

摘　要： 本报告对互联网行业人工智能人才的供给和需求状况进行了深入
分析。互联网行业人工智能人才供给呈现年轻化、高学历化的趋
势。伴随着人工智能在互联网企业的加速落地，该行业对人工智
能人才需求旺盛，供求存在结构性矛盾。人才队伍建设中，应关
注当前人员架构理性调整、人才质量有待提高、人才管理服务有
待提升等新情况新问题。本报告据此提出，应加强顶层设计，构
筑互联网人才创新发展高地；适应产业发展，提升人才队伍整体
质量；加大人才集聚力度，打造适应产业发展的人才队伍支撑；
持续优化环境，引导和规范行业人才发展。

关键词： 人工智能　人工智能人才　互联网行业　人才集聚

---

* 崔艳，中国劳动和社会保障科学研究院副研究员，经济学博士，主要研究领域为新经济发展
与就业、劳动关系。

一 互联网行业人工智能人才的定义

按照《中国统计年鉴》的有关行业分类，本研究将互联网行业界定为包括互联网和相关服务以及软件和信息技术服务业。[①] 人工智能的定义有广义和狭义之分。广义的人工智能是指人工智能的技术体系，是数据生产、传输和分析决策技术的统称；狭义的人工智能是指算法应用，是基于信息化大数据和计算机软件算法的数据分析决策技术及其运用。[②]

人才是指具有某种创造性劳动的专业知识或专门技能的劳动者，是人力资源中能力和素质较高且对社会经济贡献较大的劳动者。顾名思义，互联网行业人工智能人才是指互联网行业中的人工智能专业人才。

二 人工智能在互联网行业的发展和应用

作为新一轮科技革命和产业变革的核心驱动力，人工智能正在对世界经济、社会进步和人类生活产生极其深刻的影响，在互联网领域的应用持续落地，有关政策体系加速完善。自 2015 年国务院印发《关于积极推进"互联网+"行动的指导意见》后，互联网与人工智能、大数据、云计算等前沿技术以及经济社会各领域深度融合、创新发展，推动互联网由消费领域向生产领域拓展，加速提升产业发展水平，增强各行业创新能力，构筑经济社会发展新优势和新动能。

近年来，我国深入实施创新驱动发展战略，强化基础研究，在关键核心技术方面取得了一系列重大成果。世界知识产权组织发布的《2020 年全球

---

① 互联网和相关服务包括互联网接入及相关服务、互联网信息服务、互联网平台、互联网安全服务、互联网数据服务、其他互联网服务；软件和信息技术服务包括软件开发、集成电路设计、信息系统集成和物联网技术服务、运行维护服务、信息处理和存储支持服务、信息技术咨询服务、数字内容服务、呼叫中心等。

② 史忠植编著《人工智能》，机械工业出版社，2018，第 1~3 页。

创新指数（GII）报告》显示，在全球 131 个经济体中，2020 年中国保持在全球创新指数榜单的第 14 名，与上一年持平，且近几年中国的这一排名迅速攀升。[①] 5G 技术世界领先，专利申请数量优势明显，在 5G 正式进入商用的时代，全球的 5G 网络技术约有 1/3 来自中国。[②] 5G 应用和产业创新载体不断丰富，创新能力持续增强，各地有 5G 联盟 148 个、创新中心 80 个、实验室 109 个，5G 应用创新案例超过 1 万个。[③]

在网络基础设施建设方面，中国加快布局 5G 网络、数据中心、工业互联网、人工智能等新型基础设施，加快推动互联网行业的智能化变革。[④] 2021 年 3 月，工业和信息化部印发了《"双千兆"网络协同发展行动计划（2021-2023 年）》，加快推动以千兆光网和 5G 为代表的"双千兆"网络建设，为系统布局新型基础设施夯实底座[⑤]。2021 年，我国电信业务收入累计完成 1.47 万亿元，比上年增长 8.0%，增速较上年提高 4.1 个百分点。其中，云计算、大数据、数据中心等面向企业的新兴数字化服务快速发展，收入比上年增长 27.8%，通信业发展质量进一步提升。截至 2021 年底，我国累计建成并开通 5G 基站 142.5 万个，建成全球最大的 5G 网络，覆盖全国所有地级市城区、超过 98% 的县城城区和 80% 的乡镇镇区，我国 5G 基站数量占全球总量的 60% 以上。[⑥] 2022 年 2 月，国家发展改革委、中央网信办、国家能源局等部门联合印发通知，我国正式启动国家"东数西算"战略。

我国积极利用"互联网+"人工智能前沿技术探索数字经济模式创新，

[①] 《〈2020 年全球创新指数报告〉：中国创新能力排名保持第 14 位》，百度百家号，https://baijiahao.baidu.com/s？id=1677130385252960518&wfr=spider&for=pc，2020 年 9 月 7 日。

[②] 中国网络空间研究院编著《中国互联网发展报告 2020》，电子工业出版社，2020，第 2~10 页。

[③] 中国信通院：《中国信通院发布 5G "扬帆"发展指数（2021 年）》，CAICT 中国信通院微信公众号，https://mp.weixin.qq.com/s/DHrT9oufsS_SXuKd_IJesw，2021 年 12 月 25 日。

[④] 中国网络空间研究院编著《中国互联网发展报告 2020》，电子工业出版社，2020，第 2~10 页。

[⑤] 《工业和信息化部关于印发〈"双千兆"网络协同发展行动计划（2021—2023 年）〉的通知》，中华人民共和国中央人民政府门户网站，http://www.gov.cn/zhengce/zhengceku/2021-03/25/content_5595693.htm，2021 年 3 月 24 日。

[⑥] 《2021 年通信业统计公报解读 行业发展向好 新型信息基础设施加快构建》，中华人民共和国工业和信息化部门户网站，https://www.miit.gov.cn/gxsj/tjfx/txy/art/2022/art_e2c784268cc74ba0bb19d9d7eeb398bc.html，2022 年 1 月 25 日。

加快数字经济和实体经济深度融合，行业应用持续深入，推动经济高质量发展。2020 年，中国数字产业化规模为 7.5 万亿元，向全球高端产业链迈进；产业数字化进程持续加快，规模达 31.7 万亿元，工业、农业、服务业数字化水平不断提升。[①] 近年来，随着人工智能技术及产业应用规模的不断突破，人脸识别、机器学习、知识图谱、自然语言处理等技术主导的人工智能技术及产品在互联网行业加快落地并广泛渗透到经济生产活动的各主要环节（详见图 1），助力经济发展与社会进步。尤其是在疫情期间，"健康码""通信大数据行程卡"等互联网政务服务在提供疫情信息服务、推行业务线上办理、协助推进精准防疫方面有力地发挥了支撑作用。网上购物、在线教育、在线问诊、远程办公等一系列线上需求井喷式增长，2021 年全年移动互联网接入流量达 2216 亿 GB，比上年增长 33.9%。[②]

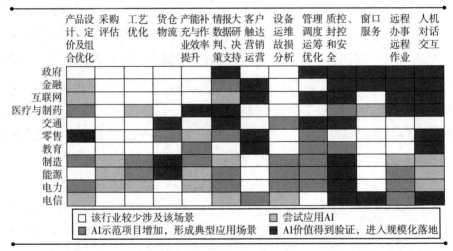

图 1 人工智能技术广泛渗透到经济生产活动的各主要环节

资料来源：艾瑞咨询《2021 年中国人工智能产业研究报告（IV）》，艾瑞网，https://report. iresearch. cn/report_ pdf. aspx？id＝3925。

---

① 中国网络空间研究院编著《中国互联网发展报告 2021》，电子工业出版社，2021。
② 《2021 年通信业统计公报解读行业发展向好 新型信息基础设施加快构建》，中华人民共和国工业和信息化部门户网站，https://www.miit. gov. cn/gxsj/tjfx/txy/art/2022/art _ e2c784268cc74 ba0bb19d9d7eeb398bc. html，2022 年 1 月 25 日。

互联网行业与科技发展相伴而行，人工智能等前沿科技驱动互联网行业不断前进，为互联网市场不断注入发展活力，带动互联网行业持续创新。人工智能发展是大势所趋，人工智能技术的多样化应用将持续加速互联网行业的发展，引发新的行业风口，为互联网行业带来更大的想象空间。

三　互联网行业人工智能人才供给情况

功以才成，业由才广。人工智能技术及其产品之所以能加速推动互联网行业发展，人才是关键因素之一。为进一步考察我国互联网行业人工智能人才的供给和需求状况，本报告对猎聘网 2021 年 7 月获取的互联网行业人工智能人才有关数据进行了详细分析。

（一）性别分布

根据猎聘网的简历投递情况，在互联网行业人工智能人才中，近八成（78.49%）为男性，女性仅占两成左右（21.51%）。[①] 在互联网行业，人工智能人才以男性为主。

（二）平均年龄

人员年轻化是互联网行业的突出特点之一。脉脉发布的《互联网人才流动报告 2020》显示，20 家互联网头部企业的人才平均年龄为 29.6 岁，其中字节跳动和拼多多的人才平均年龄仅为 27 岁；20 家公司中员工平均年龄最高的是滴滴出行，为 33 岁（详见图 2）。[②] 同时，根据劳科院实地调研情况，在互联网行业，企业招聘时大多不限制年龄，但超过 35 岁的互联网人"不受企业欢迎"。"35 岁焦虑"已经成为互联网行业的热议话题。

[①]　根据猎聘网有关数据整理计算。

[②]　《谈 35 岁焦虑，我们在担忧什么》，新华网，http://www.xinhuanet.com/politics/2021-05/04/c_1127407933.htm，2021 年 5 月 4 日。

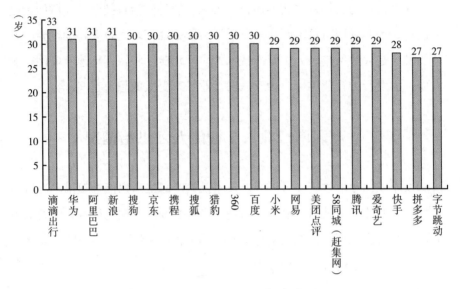

图 2   互联网行业人才的平均年龄

注：时间截至 2020 年 2 月 14 日。
资料来源：根据脉脉数据研究院数据整理。

（三）工作经验

根据猎聘网的简历投递情况，在互联网行业人工智能人才中，5 年及以下工作经验的占比合计达 46.5%。1~3 年、3~5 年、5~8 年工作经验的人才分布相对均匀，占比为 18.2%~20.66%（详见图 3）。

我们发现，5~10 年工作经验的人工智能人才活跃度相对较高，其占比为 28.51%。根据拉勾招聘发布的《互联网大厂人才需求报告》，我们也发现了类似情况。据拉勾招聘公布的有关数据，2021 年活跃的大厂背景人才中，5~10 年工作经验的资深从业者占比为 30.0%，比上年增长了 4.4 个百分点，成为当年求职活跃度最高的人群（详见图 4）。①

分析认为，以上现象的出现是由于近年来互联网企业对自身发展的战略

---

① 拉勾招聘数据研究院：《互联网大厂人才供需报告》，道客巴巴，http：//www.doc88.com/
p-18761730201948.html，2021 年 12 月 13 日。

性调整和优化，以及对人工智能人才"年轻化"的不断追逐，导致一些资深从业者的职业稳定性受到影响。

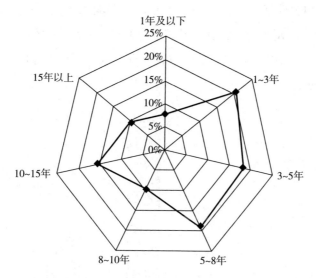

图3 互联网行业人工智能人才的工作经验分布

资料来源：根据猎聘网相关数据整理。

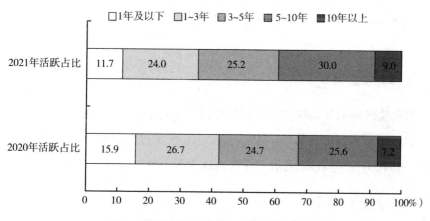

图4 互联网大厂活跃人才的工作经验分布

资料来源：拉勾招聘数据研究院《互联网大厂人才需求报告》。

（四）学历分布

猎聘网相关数据显示，互联网行业人工智能人才主要以大学学历（包含本科和大专）人才为主，其占比高达79.14%；其次为硕士学历的人才，占比达19.61%（详见图5）。在互联网行业，人工智能人才的高学历化已经成为一种趋势。

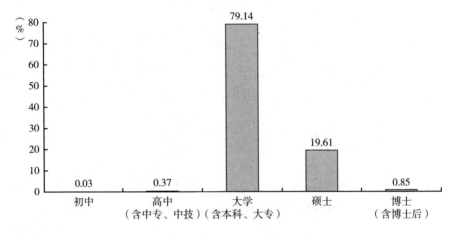

图5　互联网行业人工智能人才的学历分布

资料来源：根据猎聘网相关数据整理。

（五）专业背景

根据猎聘网的简历投递情况，互联网行业人工智能人才的专业主要为计算机科学与技术（占比为20.71%）、软件工程（占比为8.38%）、电子信息工程（占比为4.75%）、通信工程（占比为3.20%）等（详见图6）。

（六）期望薪资

从期望薪资看，互联网行业人工智能人才对薪资的期望值为15万~25万元的占比最高，达32.98%；其次为10万~15万元的，占比为17.94%；薪资期望值为40万元及以上的占比仅为4.71%（详见图7）。

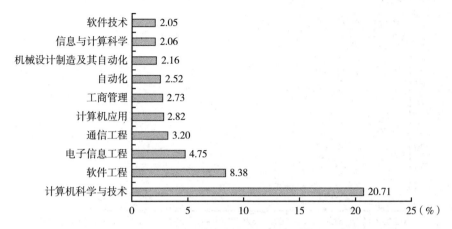

图6 互联网行业人工智能人才的专业背景中排名前十位的专业分布

资料来源：根据猎聘网相关数据整理。

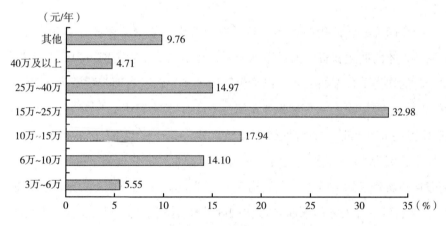

图7 互联网行业人工智能人才的期望薪资分布

资料来源：根据猎聘网相关数据整理。

结合学历来看，随着期望薪资值的攀升，大专学历人工智能人才的占比呈下降趋势。而硕士学历人工智能人才的占比呈快速上升趋势，本科学历人工智能人才虽然在各期望薪资值都占有最大比例，但总体呈现先升后降的趋势（详见图8）。

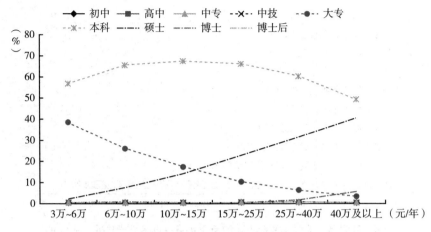

图8 不同学历人工智能人才的期望薪资分布

资料来源：根据猎聘网相关数据整理。

　　结合岗位来看，我们主要考察了平台架构、数据、算法、AI硬件、研发五类人才的期望薪资。通过数据分析，在不同的期望薪资段中，求职者占比最高的均为平台架构人才。以平台架构人才为例，当期望薪资为3万~15万元时，平台架构人才的求职占比超过90%；当期望薪资为15万~25万元和25万~40万元时，平台架构人才的求职占比下降至87.85%和82.26%；当期望薪资为40万元及以上时，平台架构人才的求职占比下降至69.13%。随着期望薪资值的上升，平台架构人才的求职者占比下降，而数据、算法、AI硬件、研发等人才的求职者占比则随着期望薪资的上升出现不同程度的增长（详见图9）。

　　结合工作经验看，根据拉勾招聘数据，拥有不同工作经验的大厂人才期望薪资差异较大。对比近两年同一时期大厂人群的期望薪资发现，互联网人才对薪酬的增幅期待较为保守，远低于互联网大厂提供的人均薪资涨幅（18.6%）。随着工作年限的增加，"老互联网人"的涨薪期待更为消极，具有3~5年、10年以上工作经验的大厂人才期望薪资增幅仅为5%（详见图10）。

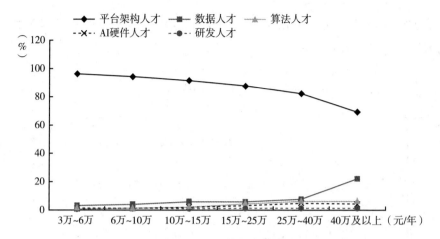

图9 不同技术岗位人工智能人才的期望薪资分布

资料来源：根据猎聘网相关数据整理。

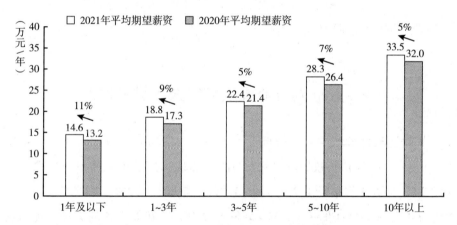

图10 不同工作经验互联网大厂人才的期望薪资分布

资料来源：拉勾招聘数据研究院《互联网大厂人才需求报告》。

（七）区域分布

根据猎聘网相关数据，在互联网行业，21~35岁人工智能人才分布的前三位区域依次为长三角地区、京津冀地区和珠三角地区；36岁及以上人工智能人才分布的前三位区域依次为京津冀地区、长三角地区和珠三角地区

（详见图 11）。可以看出，在 21 岁及以上人工智能人才中，长三角地区的互联网人工智能人才相对年轻化。

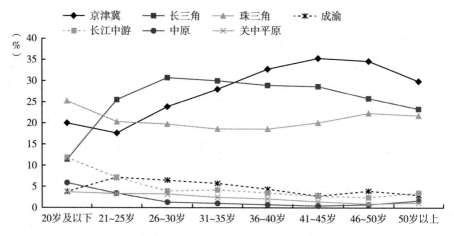

图 11　不同年龄人工智能人才的区域分布

资料来源：根据猎聘网相关数据整理。

四　互联网行业人工智能人才需求情况

工信部教育考试中心有关负责人曾表示，中国人工智能人才缺口超过 500 万人。[1] 拉勾招聘数据研究院发布的《2021 人工智能人才报告》数据显示，2021 年人工智能行业人才需求指数较上年增长 103%，其中算法人才缺口达 170 万人。[2] 为进一步了解互联网行业对人工智能人才的需求，我们依托猎聘网进行了深入研究。

（一）不同岗位类别需求

从猎聘网发布的企业招聘信息看，互联网企业对人工智能人才的需求主

---

[1] 《乡村里的"AI"：拍人像、集手势、教人工智能认识桌椅》，人民网，http://country. people. com. cn/n1/2019/0828/c419842-31322667. html，2019 年 8 月 28 日。

[2] 《拉勾报告：2021 年人工智能行业人才需求翻番》，中国经济网，http://www. ce. cn/cysc/ tech/gd2012/202110/25/t20211025_37026562. shtml，2021 年 10 月 25 日。

要集中在数据分析、平台架构、软件研发等岗位。通过对企业招聘量进行排名发现，互联网企业对平台架构人才的需求量最高，占比达96.62%（详见图12）。分析认为，这与当前人工智能在互联网企业的加速落地密切相关。

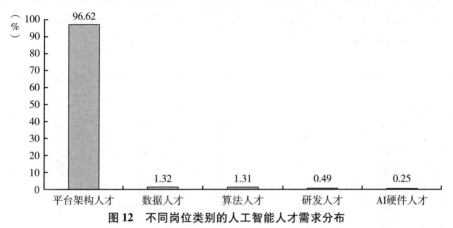

图12 不同岗位类别的人工智能人才需求分布

资料来源：根据猎聘网相关数据整理。

（二）不同细分行业需求

根据猎聘网相关数据，我们对人工智能人才的行业需求进一步细分，分析发现，互联网/移动互联网/电子商务行业的需求量最高，占比高达56.33%；其次为计算机软件行业，占比为32.32%（详见图13）。

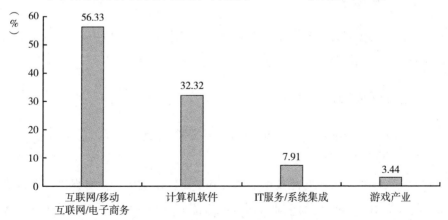

图13 不同细分行业的人工智能人才需求分布

资料来源：根据猎聘网相关数据整理。

（三）工作经验要求

结合学历看，互联网企业对人工智能人才的需求以本科学历为主。伴随着企业要求的工作年限的增长，对硕士、博士这类高学历人才的需求呈增长趋势（详见图14）。

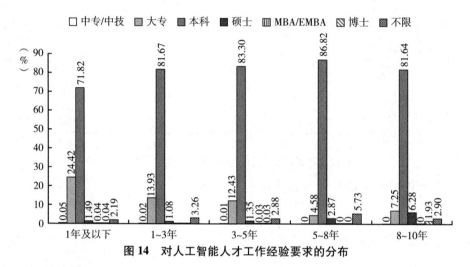

图14　对人工智能人才工作经验要求的分布

资料来源：根据猎聘网相关数据整理。

（四）学历要求

从对人工智能人才的学历要求分布看，需求量最大的为本科学历，占比高达78.27%；大专次之，占比为14.44%（详见图15）。

（五）不同规模企业需求

从不同规模企业的人才需求分布看，1000人及以上的互联网企业对人工智能人才的需求量最大，占比高达41.38%。相对而言，互联网大厂规模较大、实力较强，人工智能技术的研发和应用需求更大，能够提供的薪资更高。其次为100~499人的企业，对人工智能人才的需求占比为29.40%（详见图16）。

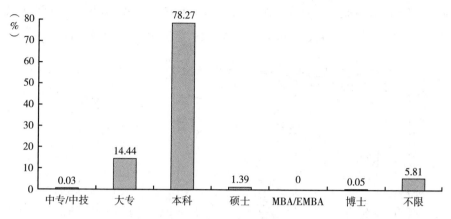

图15 对人工智能人才学历要求的分布

资料来源：根据猎聘网相关数据整理。

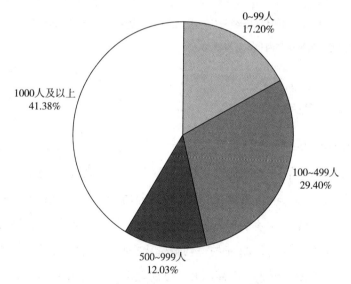

图16 不同规模企业对人工智能人才的需求分布

资料来源：根据猎聘网相关数据整理。

结合行业看，在互联网/移动互联网/电子商务、计算机软件、IT服务/系统集成以及游戏产业中，随着企业规模的增加，互联网/移动互联网/电子商务行业企业对人工智能人才的需求占比提高。0~99人规模的互联网/移动互

联网/电子商务行业企业对人工智能人才的需求占比为49.16%，而1000人及以上规模的这类企业对人工智能人才的需求占比为64.55%（详见图17）。

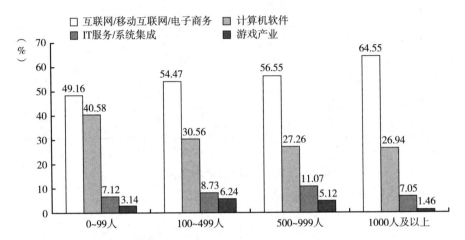

图17　不同规模细分行业企业对人工智能人才的需求分布

资料来源：根据猎聘网相关数据整理。

（六）招聘薪资

《2022年互联网行业春招薪酬报告》的数据显示，2022年1～2月，互联网行业的平均薪资为18500元/月，较上年同期增长7.5%，高于上年6.9%的增幅。2022年自开年以来互联网行业平均薪资增长率更是高达18.7%，行业对优质人才的投入成本依然保持着积极增长。从细分行业来看，互联网各细分行业2022年的平均薪资比去年同期普遍上升，其中企业服务、游戏及智能硬件行业的增幅最大，分别为33.5%、21.6%及20.9%。[①]

（七）不同岗位需求

我们就26家互联网行业企业中的5G相关工作岗位对人工智能人才的

---

① 《拉勾招聘发布薪资报告，2022年春招互联网人均薪资18500元》，松果财经搜狐号，https：//www.sohu.com/a/525438286_120773109，2022年2月25日。

需求情况进行了调查。调查发现，在需求量排名前五位的 5G 相关工作岗位中，需求量最大的是 5G 基站调测与维护和 5G 网络优化，各有 22 家企业已设立或将要设立该岗位，需求量排名二至五的岗位为技术支持工程师（18家）、5G 基站工程督导（17 家）、5G 网络规划（12 家）（详见图 18）。

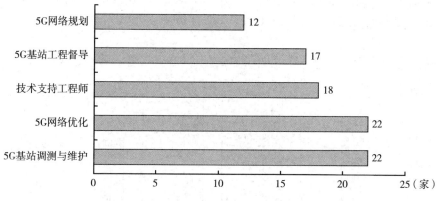

图 18　5G 相关工作岗位对人工智能人才的需求情况

资料来源：根据中国劳动和社会保障科学研究院调查数据整理。

五　当前需要关注的新情况新问题

（一）人员架构理性调整

近年来，随着人工智能在互联网行业的加速应用，新业态、新模式不断涌现，一些互联网大厂①应运而生。2020 年新冠肺炎疫情的出现，使全球科技监管趋严，互联网行业原有的资本驱动模式难以为继，组织架构和人员结构也进入优化调整时期。2016~2021 年，共有 17336 家互联网企业倒闭。② 根据

---

① 一般指互联网行业内企业规模超过 2000 人的大型公司。

② 《半月谈 | 向内"卷"，还是向外"溢"？寒意中的互联网新势力》，新华社新媒体百度百家号，https://baijiahao.baidu.com/s？id = 1728789725086843914&wfr = spider&for = pc，2022年3月31日。

拉勾招聘数据，自 2021 年 11 月起，互联网大厂经历了较大规模的人员架构调整，京东、滴滴、爱奇艺等出现裁员。通过优化组织架构，缩减员工规模，降低人力资源成本，互联网行业企业的整体人才战略从规模优先转入质量优先。与 2020 年相比，2021 年互联网大厂的人才需求指数整体下降 26%（详见图 19），但人均薪资整体上升 18.6%。[①] 可以预见，互联网行业的发展将呈现更加适合数字经济时代的技术驱动模式。

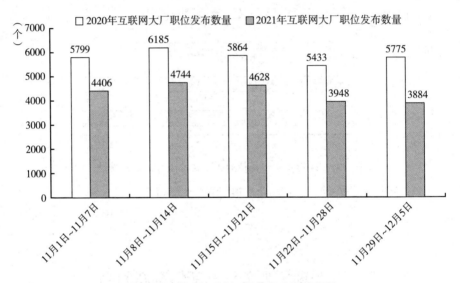

图 19　互联网大厂人工智能人才需求指数

资料来源：拉勾招聘数据研究院《互联网大厂人才需求报告》。

（二）人才质量亟待提高

首先，人才培养滞后于经济社会发展的需要。以人工智能为代表的新一轮科技革命和产业变革的到来，推动互联网行业深度调整和转型升级，新职业、新岗位对劳动者的知识和技能提出了更高的要求。通过实地调查发现，不少高校的专业和课程体系建设与经济社会发展的需求不匹配。以

---

① 拉勾招聘数据研究院：《互联网大厂人才供需报告》，道客巴巴，http://www.doc88.com/p-18761730201948.html，2021 年 12 月 13 日。

5G 为例，虽然部分高校积极开设 5G 相关专业或课程，但也有很多院校的教学中仍以学习 3G 技术、4G 技术为主，讲授内容更新换代过慢，导致学生在毕业后还需要进行二次学习（详见图 20）。其次，教学方式有待进一步改进。当前，很多高校普遍存在的问题是，实训设备缺乏，与实际工作场景脱节严重；相当一部分职业院校仍然使用 3G 或 4G 设备进行教学，且大部分院校难以获取最新的行业技术。最后，教师队伍的技能和素质亟待提高。互联网行业的实践性要求较高，而不少教师理论功底虽强但缺乏实践经验。

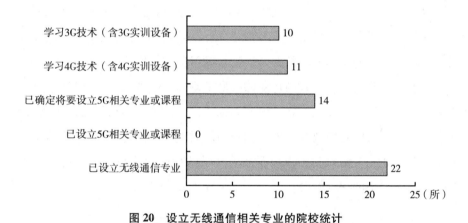

图 20 设立无线通信相关专业的院校统计

资料来源：根据中国劳动和社会保障科学研究院调查数据整理。

（三）人才管理服务有待提升

近年来，互联网行业的发展可谓日新月异，其组织管理中有很多可圈可点之处。但由于互联网行业具备天然的快速发展特质以及资本的助推，使部分企业的组织管理出现一些短视化、粗放化的问题。比如，用极端高额的薪酬暴力"挖人"，破坏薪酬体系；推行"996"、大小周工作制，加班成为常态，对员工的身体健康造成不良影响；员工职业晋升通道匮乏，不利于员工队伍的稳定；使用系统软件等对员工进行管理控制等。

六 促进互联网行业人工智能人才发展的有关建议

国以人治，政以才兴。为进一步加强互联网行业人工智能人才队伍建设，本报告提出以下建议。

（一）加强顶层设计，构筑互联网人才创新发展高地

做好人才队伍建设，顶层设计是关键。面对世界"百年未有之大变局"，以习近平同志为核心的党中央提出了加快确立人才引领发展战略地位、深化人才发展体制机制改革、构建具有全球竞争力的人才制度体系，聚天下英才而用之的总体战略部署。人工智能等新技术持续驱动互联网行业的融合发展，因此应围绕互联网行业的发展基础和人才现状，科学布局未来五年该行业人才工作的发展方向，研究和探索人才发展目标和路径。研究出台数字经济时代人才发展政策，加快构建与新时代互联网行业发展相适应的人才发展制度和相关治理安排，从而推动互联网行业的核心技术创新和应用，加快与实体经济的深度融合。

（二）适应产业发展，提升人才队伍整体质量

着眼长远，围绕推动原始性创新、颠覆性创新谋划科技人才发展重点任务，创新高层次人才培养机制和模式。根据人工智能、互联网等科技人才成长规律，建立前沿项目、人才发现机制，构建新型人才培养机构和服务平台，为一流人才的潜心研究提供突破性、专门化保障服务。面向全产业链和社会发展需求，科学设立多学科交叉融合的课程体系。建立政府、产业、院校人才培养联动机制，推动行业人才需求、企业人才需求、院校人才培养信息的发布与对接。鼓励企业参与共建产教融合创新平台，在人工智能、互联网等发展重大问题和突破方向上，实行联合科研攻关和融合育人。完善全民终身学习体系，加快推进互联网领域的职业培训。不断深化人才发展体制机制改革，建立健全以创新能力、质量、实效、贡献为导向的科技人才评价体系。

（三）加大人才集聚力度，打造适应产业发展的人才队伍支撑

聚天下英才而用之。加强各类实验室、研发机构等载体的建设，吸引和利用全球高端人才。建立优秀海外人才信息库，充分发挥市场机制作用，由用人单位根据自身需求主动引进海外高端人才。探索建立人才引进的安全保障机制，开展风险评估。加强国际交流合作，紧盯人工智能、互联网国际前沿，鼓励高层次人才开展国际交流。同时，应重视互联网行业人才队伍的稳定性，加强监测预警，防止部分互联网平台因裁员等导致社会不稳定因素的滋生。发挥行业协会作用，制定相应的保障机制。

（四）持续优化环境，引导和规范行业人才发展

有关行业主管部门应发挥职能作用，健全创新激励和保障机制，加大科技人才离岗创业的政策支持力度，构建充分体现知识、技术等创新要素价值的收益分配机制等。发挥行业协会、学会的作用，加快推进互联网行业人才标准的编制，规范和提振人才队伍建设，鼓励行业协会进行行业规范、自律、自查。同时，要积极引导互联网企业遵守法律法规，坚持事业留人，以前瞻性、系统性的战略思维开展人力资源管理。加强企业文化建设，不断增强企业的凝聚力和向心力。

B.6
金融业人工智能人才发展报告

崔 艳 刘永魁*

摘　要： 人工智能等新技术推动金融业的创新发展，人才是关键因素。本报告通过对金融业人工智能人才的供给和需求状况进行深入分析，发现伴随着人工智能在金融业的加速发展，金融业人工智能人才呈现供需双增长、供给不足的现象。同时发现，金融业人工智能人才队伍建设还存在一些问题，如人才供需存在结构性矛盾，人才培养与现实需求存在一定的差距，有关人才评价标准亟待完善等。基于此本报告提出，应强化顶层设计，科学谋划人才队伍建设；产学研深度融合，多元共促人才培养；加大人力资本投入，健全在职人才培养体系；建立健全人才评价标准，完善人才激励机制。

关键词： 人工智能　人工智能人才　金融业

一　人工智能在金融业的发展和应用

人工智能技术的不断发展正在重塑金融业，而金融业拥有的海量数据和多维度应用场景也为人工智能的应用发展提供了良好基础。近年来，国家先后出台了多项相关政策，通过顶层设计推进金融科技发展，人工智能等新技术已经广泛渗透到金融行业中。金融和科技的深度融合、各类关键技术的快

---

* 崔艳，中国劳动和社会保障科学研究院副研究员，经济学博士，主要研究领域为新经济发展与就业、劳动关系；刘永魁，中国劳动和社会保障科学研究院管理学博士，主要研究领域为就业服务和职业标准。

速发展，催生了金融行业的产品和业务模式创新，应用场景不断探索演进。

一是加强政策支持和强化监管。在"十四五"规划纲要中，提出要"探索建立金融科技监管框架，稳妥发展金融科技，加快金融机构数字化转型"，同时也提出要"强化监管科技运用和金融创新风险评估，探索建立创新产品纠偏和暂停机制"。2022年1月，中国人民银行印发《金融科技发展规划（2022-2025年）》，提出要"高质量推进金融数字化转型，健全适应数字经济发展的现代金融体系"。中央财经委员会第九次会议强调，"充实反垄断监管力量""金融活动要全部纳入金融监管"。在积极推动金融数字化转型的同时，加强监管、规范发展，使金融科技市场环境得到进一步优化。

二是市场主体加快布局。截至2020年8月，央行已陆续在深圳、苏州、北京等地成立深圳金融科技有限公司、长三角金融科技有限公司以及成方金融科技有限公司等金融科技公司，进一步发挥其对地方产业发展的引领作用。[①] 国有五大银行及大部分股份制银行加快组织架构调整变革，成立银行金融科技子公司，保障科技与业务的有效协同，推动各类金融科技研发和场景应用的落地，增强自身的金融科技核心竞争力（详见表1）。如工商银行成立工银科技，推进技术创新、软件研发、产品运营，以科技带动业务转型。传统金融机构不断进行理念升级和实践创新，从"科技赋能"向"科技引领"转型。根据《中国金融科技生态白皮书》统计，2020年国有六大行的IT投入同比增长34.54%，远高于其4.44%的收入增长率，传统金融机构在我国金融科技市场中的角色不断强化。[②]

三是技术研发不断深入。在基础设施方面，金融数据中心建设不断向绿色与智能化方向升级，云架构从中心向边缘延伸，金融中台建设进一步深化。[③] 近年来，不少大型银行、保险等金融机构陆续与IT企业进行战略合作，推动

---

① 《金融科技"三驾马车"抢风头》，新闻晨报，http：//epaper.zhoudaosh.com/html/2020-11/04/content_994523.html，2020年11月4日。

② 中国信通院：《中国金融科技生态白皮书》，http：//www.caict.ac.cn/kxyj/qwfb/bps/2021 10/P020211028399666421971.pdf，2021年10月。

③ 中国信通院：《中国金融科技生态白皮书》，http：//www.caict.ac.cn/kxyj/qwfb/bps/2021 10/P020211028399666421971.pdf，2021年10月。

金融科技发展。例如，中行与腾讯共建普惠金融、云上金融、智能金融和科技金融；[①] 工商银行不断加强前沿技术研究应用，不仅深化"核心业务系统+开放式生态系统"新型 IT 架构，打造一系列领先的新型数字基础设施，还探索前沿技术新高地，率先建成以北斗卫星导航系统为唯一信号源的国产智能 POS 终端监控体系。[②]

表 1 我国银行系统金融科技子公司概况

单位：万元

银行	科技子公司	产品体系	成立时间	注册资本
北京银行	北银金科	数字化、智能化、全方位金融科技综合服务。	2013 年 8 月	5000
兴业银行	兴业数金	银行云、普惠云、非银云、数金云。	2015 年 12 月	50000
平安银行	金融壹账通	智能银行云服务、智能保险云服务、智能投资云服务、开放平台。	2015 年 12 月	120000
招商银行	招银云创	金融基础云服务、金融业务云服务、专项咨询云服务。	2016 年 2 月	24900
光大银行	光大科技	金融云、IT 系统建设、云缴费。	2016 年 12 月	40000
建设银行	建信金科	风险计量、人脸识别、整体系统解决方案、专项咨询。	2018 年 4 月	约 172973
民生银行	民生科技	渠道整合、能力共享、业务支撑服务、智能运营、风控等技术解决方案。	2018 年 4 月	20000
工商银行	工银科技	技术创新、软件研发、产品运营。	2019 年 3 月	90000
中国银行	中银金科	技术创新、软件研发、平台运营与技术咨询。	2019 年 6 月	60000

资料来源：胡滨、杨涛主编《中国金融发展报告（2020）》，社会科学文献出版社，2020。

---

① 王鹏主编、中国电子信息产业发展研究院编著《2019～2020 年中国人工智能产业发展蓝皮书》，电子工业出版社，2020。

② 《未来的企业｜工商银行：金融科技创新助力银行高质量发展》，中新经纬百度百家号，https：//baijiahao.baidu.com/s? id=1719374665420704093&wfr=spider&for=pc，2021 年 12 月 17 日。

四是产品服务持续创新。机器学习、知识地图、生物识别、服务机器人等人工智能技术推动金融业务全流程实现智能化转型，在金融行业前台的服务与营销、中台的产品与风控、后台的管理与数据等多个领域带来深刻变革，较为典型的应用有智能风控、智能客服、智能投顾等。金融区块链应用场景持续探索，目前在供应链金融、支付清算等领域均有落地。[①] 同时，金融机构还利用数字技术进一步提升线上服务能力，不断建设和丰富场景生态，推进跨界互联。例如金融服务与医疗、教育、购物等场景互联，促进多渠道、跨渠道融合互补。[②] 更重要的是，数字人民币试点工作全面推进，根据中国人民银行发布的数据，截至 2021 年 12 月 31 日，我国数字人民币试点场景已超过 808.51 万个，累计开立个人钱包 2.61 亿个，交易金额达875.65 亿元。目前，数字人民币试点已经形成"10+1"格局，包括深圳、苏州、雄安新区、成都、上海、海南、长沙、西安、青岛、大连 10 个试点地区及北京冬奥会场景。[③]

人工智能等技术是未来金融创新的重要应用趋势，是金融创新发展的主要动力。[④] 可以预见，金融科技将向智慧化、智能化方向演进，助力金融行业持续健康发展，进一步推动实体经济的高质量发展和社会民生的持续改善。

二　金融业人工智能人才供给情况

人工智能与金融业加速融合发展的实现，人才是重中之重。为了进一步考察我国金融业人工智能人才的供给和需求状况，本报告对猎聘网 2021 年7 月获取的金融业人工智能人才相关数据进行了详细分析。

---

① 中国网络空间研究院编著《中国互联网发展报告-2021》，电子工业出版社，2021。
② 中国信通院：《中国金融科技生态白皮书》，http：//www.caict.ac.cn/kxyj/qwfb/bps/202110/P020211028399666421971.pdf，2021 年 10 月。
③ 《北京冬奥会丨当数字人民币遇见北京冬奥会》，新华社新媒体百度百家号，https：//baijiahao.baidu.com/s？id=1723207002980939027&wfr=spider&for=pc，2022 年 1 月 28 日。
④ 《新技术将成为金融变革的全新力量》，中国经济新闻网，https：//www.cet.com.cn/wzsy/ycxw/2680571.shtml，2020 年 10 月 19 日。

（一）性别分布

根据猎聘网的简历投递情况，金融业人工智能人才中，超过 3/4（76.31%）为男性，女性仅占 23.69%（详见图 1）。由此可见，目前在人工智能与金融业融合发展领域，男性仍占据主流。

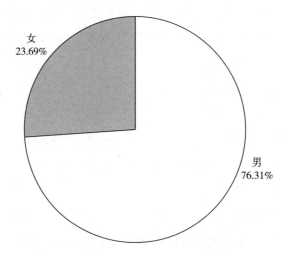

图 1　金融业人工智能人才的性别分布

资料来源：根据猎聘网相关数据整理。

（二）学历结构

2021 年猎聘网相关数据显示，金融业人工智能人才的学历分布中，大学学历（含本科、大专）人才占比为 74.76%，硕士学历的人才占比为 24.00%，博士学历的人才占比为 1.05%（详见图 2）。可以看出，金融业人工智能人才的学历结构呈纺锤形分布，其中大学学历（含本科、大专）人才在金融业人工智能人才中的占比最高。

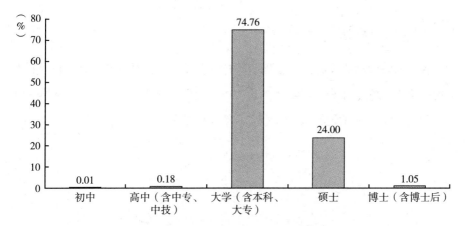

图 2 金融业人工智能人才的学历分布

资料来源：根据猎聘网相关数据整理。

（三）专业背景

猎聘网相关数据显示，计算机科学与技术专业在金融业人工智能人才专业背景中占比最高，为 21.33%；其次为软件工程专业，占比为 8.26%；电子信息工程专业的占比为 3.68%；工商管理专业的占比为 3.39%；通信工程专业的占比为 2.82%（详见图 3）。

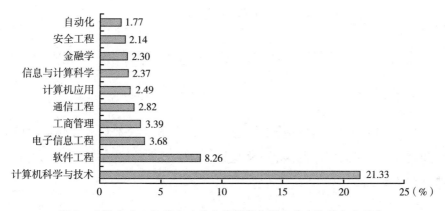

图 3 金融业人工智能人才的专业背景中排名前十位的专业分布

资料来源：根据猎聘网相关数据整理。

（四）工作经验

根据猎聘网相关数据，在金融业人工智能人才中，具有 5 年及以内工作经验的占比合计超过四成，达 42.32%。工作经验为 1~3 年、3~5 年、5~8 年的人才相对均匀分布，占比为 18.27%~19.27%（详见图 4）。

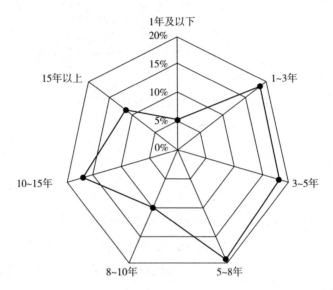

图 4　金融业人工智能人才的工作经验分布

资料来源：根据猎聘网相关数据整理。

总体上，求职活跃用户的工作经验集中在 1~8 年、10~15 年两个阶段。

（五）期望薪资

结合学历来看，随着期望薪资的攀升，大学（含本科、大专）学历的金融业人工智能人才的占比呈下降趋势，而硕士学历人才占比呈快速上升趋势（详见图 5）。

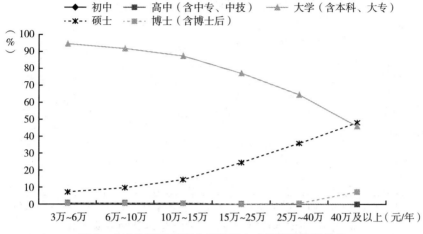

图5 金融业不同学历人工智能人才的期望薪资分布

资料来源：根据猎聘网相关数据整理。

在技术岗位方面，我们主要考察了平台架构、数据、算法、AI硬件、研发五类人工智能人才。根据数据分析，在不同的期望薪资水平上，求职比例最高的均为平台架构人才。以平台架构人才为例，当期望薪资为3万（含）~15万元时，平台架构人才的占比超过90%；当期望薪资为15万（含）~25万元和25万（含）~40万元时，平台架构人才的占比下降至86.02%和78.79%；当期望薪资为40万元及以上时，平台架构人才的占比更是下降至65.64%（详见图6）。随着期望薪资的上升，平台架构人才在求职者中的占比下降，而数据、算法、AI硬件人才的占比总体呈现微弱上涨的趋势，研发人才的占比则出现较大幅度上涨。

（六）区域分布

根据猎聘网相关数据，以35岁作为分水岭，35岁以上较为成熟的金融业人工智能人才集聚的前三位区域依次为京津冀地区、长三角地区和珠三角地区；而21~35岁金融业人工智能人才集聚的前三位区域依次为长三角地区、京津冀地区和珠三角地区（详见图7）。相对而言，在21岁及以上的人工智能人才中，长三角的金融业人工智能人才更为年轻化。

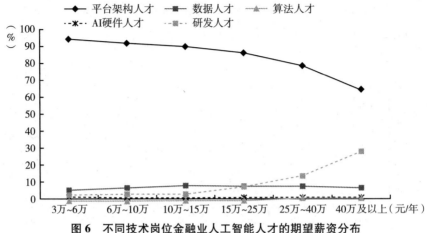

图6 不同技术岗位金融业人工智能人才的期望薪资分布

资料来源：根据猎聘网相关数据整理。

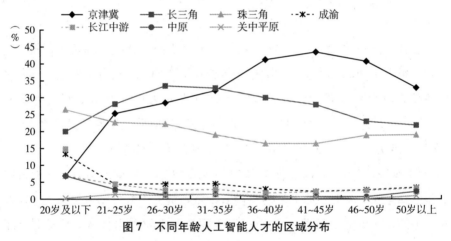

图7 不同年龄人工智能人才的区域分布

资料来源：根据猎聘网相关数据整理。

根据赛迪发布的《2020金融科技发展白皮书》，我们也发现类似结论。由从业人数分布区域来看，以北京、上海、广东、浙江为重点聚集地，其中北京拥有34.1%的金融科技从业者，具备绝对优势；上海拥有14.3%的金融科技从业人员，位居第二。①

————————

① 《最新！赛迪发布〈2020金融科技发展白皮书〉》，赛迪研究院百度百家号，https://baijiahao.baidu.com/s？id＝1671728735948493479&wfr＝spider&for＝pc，2020年7月9日。

三 金融业人工智能人才需求情况

工信部教育考试中心有关负责人曾表示，中国人工智能人才缺口超过500万人。[①] 近年来，金融业非常重视科技人才队伍建设，各大银行、保险公司等积极召开金融科技专场校园招聘会。工商银行在其2021年半年报中指出，要有序推进金融科技人才兴业工程，加大"科技菁英"校园招聘力度，积极引入高端社会化专业科技人才。[②] 交通银行则启动了金融科技人才"万人计划"。民生银行总行推出"民芯金融科技人才计划"，从内部培养金融科技人才。

（一）人工智能人才需求攀升

我们从调研中了解到，金融科技已成为银行、保险等金融机构各业务端不可或缺的一部分，金融机构对金融科技复合型人才尤为热衷，未来将越来越注重提升 STEM（Science，Technology，Engineering，Mathematics）人才的占比。据披露，2021年6月末，建设银行金融科技人员数量为14012人，较2020年末增加超900人，占集团人数的比例增至3.79%。[③]

（二）不同岗位类别需求

为了进一步了解金融业对人工智能等科技人才的需求，我们依托猎聘网进行了深入研究。从猎聘网的招聘信息看，金融业对人工智能人才的需求主要集中在数据分析、平台架构、软件研发等岗位。根据数据可获取情况，我们对比分析了企业招聘量排名比较靠前的部分岗位人工智能人才的分布。金

---

① 《乡村里的"AI"：拍人像、集手势、教人工智能认识桌椅》，人民网，http：//country. people. com. cn/n1/2019/0828/c419842-31322667. html，2019年8月28日。

② 《扩招！扩招！直击银行春招季，金融科技复合型人才最受欢迎，流动率逐渐走高》，证券时报百度百家号，https：//baijiahao. baidu. com/s？id=1727284382677463323&wfr=spider&for=pc，2022年3月14日。

③ 胡滨、杨涛主编《中国金融发展报告（2020）》，社会科学文献出版社，2020。

融行业对平台架构人才的需求可谓"一枝独大",需求占比为94.75%;金融业对数据人才的需求占比为3.50%,高于互联网行业(详见图8)。分析认为,人工智能已经渗透至金融行业各板块,人工智能正在金融业加速落地,并推动金融业的数字化转型。

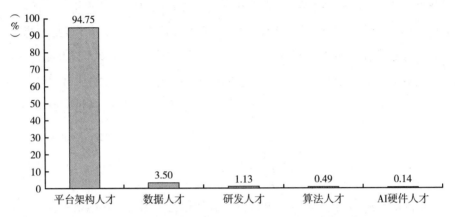

图8　金融业不同岗位类别的人工智能人才需求分布

资料来源:根据猎聘网相关数据整理。

　　根据拉勾招聘发布的有关数据,近三年金融行业各核心岗位在整体人才需求中的占比出现变化:技术/测试/运维岗位始终占据招聘的大头,并持续攀升;同时其他核心岗位,如销售/商务、综合职能/高级管理岗位占比相应减少(详见图9)。[①]

(三)细分行业需求

　　我们对金融业人工智能人才的行业需求进一步细分,根据猎聘网相关数据,基金/证券/期货/投资类的人才需求量最高,占比高达65.67%,其次为银行类和保险类,占比分别为14.38%和14.24%(详见图10)。

---

① 《拉勾招聘:〈2021金融科技行业人才趋势报告〉》,网易,https://www.163.com/dy/article/GHLE3NM305118T4V.html,2021年8月18日。

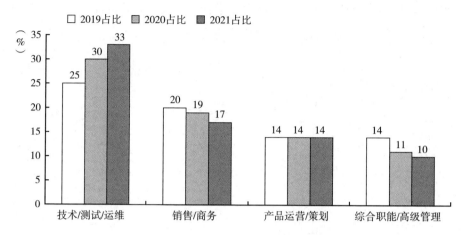

图9 金融业各核心岗位人才需求结构变化

资料来源：拉勾招聘数据研究院《2021人工智能人才报告》。

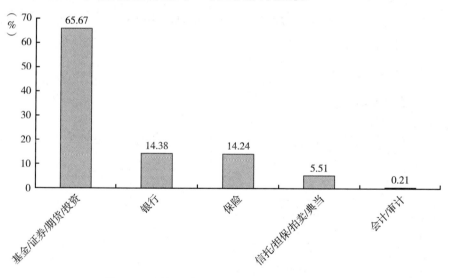

图10 不同细分行业的人工智能人才需求分布

资料来源：根据猎聘网相关数据整理。

（四）工作经验要求

结合学历来看，金融业对所有工作年限人工智能人才的需求均以本科学

历为主。伴随着企业要求的工作年限的增长，对大专人才的需求下降，对硕士、博士等高学历人才的需求呈增长趋势（详见图11）。

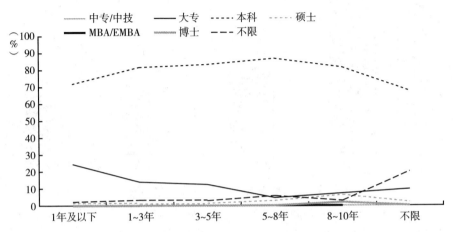

图11　对人工智能人才工作经验要求的分布

资料来源：根据猎聘网相关数据整理。

（五）学历要求

从对人工智能人才的学历要求看，需求量最大的为本科学历，占比高达80.23%，学历不限的次之，占比为9.70%（详见图12）。

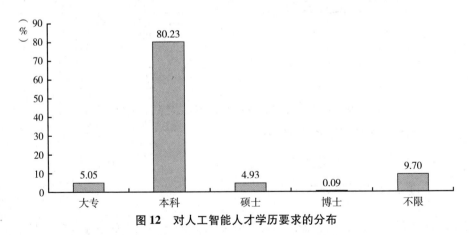

图12　对人工智能人才学历要求的分布

资料来源：根据猎聘网相关数据整理。

（六）不同规模企业的人才需求

从不同规模企业的人才需求情况看，1000人及以上规模的企业对人工智能人才的需求量最大，占比高达46.81%。相对而言，规模较大的金融机构实力较强，人工智能技术的研发和应用需求更大。其次是规模为100~499人的企业，对人工智能人才的需求占比为25.02%（详见图13）。

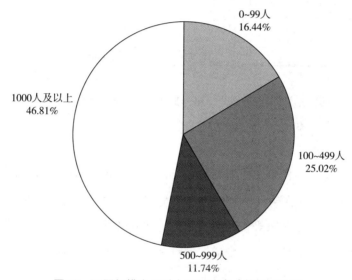

图13 不同规模企业对人工智能人才的需求分布

资料来源：根据猎聘网相关数据整理。

结合行业来看，在基金/证券/期货/投资、银行、保险、信托/担保/拍卖/典当以及会计/审计行业中，随着企业规模的扩大，银行、保险行业企业对人工智能人才的需求总体呈上升趋势。0~99人规模的银行、保险行业企业对人工智能人才的需求占比分别为0.76%和3.64%，而1000人及以上规模的这类行业企业对人工智能人才的需求占比分别为21.80%和13.98%（详见图14）。

（七）不同岗位的人才需求

研究过程中，我们对部分金融企业进行了访谈调研，研究认为，人工智

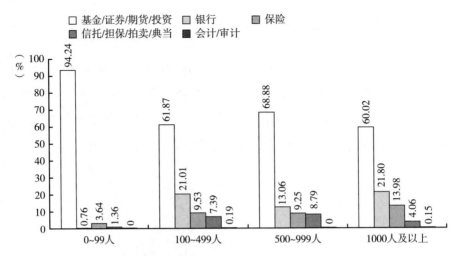

图14　不同规模细分行业企业对人工智能人才的需求分布

资料来源：根据猎聘网相关数据整理。

能技术发展持续引发金融业的商业变革，催生新商业模式和新产业、支持业内智能化分析和决策等，在就业方面则引发了企业内部的结构性调整，如柜台专员、呼叫中心客服等普通岗位减少，而软件研发工程师、运维工程师、产品经理、商务经理等岗位增加。柜台专员、呼叫中心客服等岗位人员逐步向理财专员等转岗或转向其他行业。

根据波士顿咨询公司的研究，到 2027 年，中国金融业就业人口可达993 万人，其中约23%的工作岗位将受到人工智能带来的颠覆性影响，受影响的主要是从事标准化、重复性工作的岗位，其影响方式为岗位的削减或转变为新型工种。

四　金融业人工智能人才队伍建设的现存问题

（一）金融业人工智能人才供需存在结构性矛盾

当前，人工智能等新技术与金融业深度融合，重塑着金融的价值链和金融生态，拓展着金融服务的广度和深度，推动着金融模式的变革。在这场变革中，人才是核心资源和重要动力，金融业竞争的本质是优质人才的竞争。通过梳理现有政策发现，目前我国尚未出台金融业人工智能人才的专项规划。通过调研了解到，伴随人工智能在金融业的加速发展，相关配套的金融业人工智能人才供给不足。一方面，金融业短期内的快速发展导致人才需求大量增加。《金融行业科技人才管理趋势报告》数据显示，2019年，有接近40%的公司增加金融科技人才编制。在中国金融科技招聘领域，行业内人才争夺激烈成为目前金融企业面临的重要问题。① 另一方面，具备金融知识与互联网技术等的复合型人才稀缺是人才供给不足的主要原因。《2021年中国金融科技企业首席洞察报告》数据显示，缺乏复合型金融科技人才是当前金融科技企业面临的重要挑战。86%的受访企业认为，"难以找到金融+科技复合背景的人才"是目前人才方面所面临的最大挑战。②

（二）人才培养与现实需求存在一定差距

作为人才的主要培养地，高等院校目前在金融业人工智能人才培养方面存在以下问题。一是课程设置亟待优化。不少院校的课程设置仍停留在传统模式上，开设诸如货币银行、证券投资、金融学等传统课程，涉及金融科技、互联网金融等方面的课程寥寥无几，这与企业需求存在一定的差距。二是师资力量有待提升。当前金融科技快速发展，多数高校教师对新兴的金融理论和创新工具不甚熟悉，前沿金融理论知识相对欠缺。三是产学研融合的人才培养模式有待加强。未来的金融科技人才必须具备金融学科专业知识、互联网运用和大数据分析等交叉知识储备。目前学校实践基地质量参差不

---

① 《上海高金白皮书称金融科技人才招不到、用不起、用不好》，经济观察报百度百家号，https：//baijiahao. baidu. com/s？id＝1682313736188035279&wfr＝spider&for＝pc，2020年11月3日。

② 《2021中国金融科技企业首席洞察报告正式发布！》，中关村网金院百度百家号，https：//baijiahao. baidu. com/s？id＝1706368268633235782&wfr＝spider&for＝pc，2021年7月27日。

齐，实践效果存在局限性。四是教学方式相对滞后。目前金融专业的培养体制，采取的仍然是"灌输式"教学模式，传统的教学手段已不能满足当前互联网金融背景下的需求，在多重因素叠加影响下，学生实践应用能力不足、创新积极性不高。

（三）金融业人工智能人才评价标准亟待完善

2018 年 2 月，《关于分类推进人才评价机制改革的指导意见》提出要"分类健全人才评价标准，改进和创新人才评价方式，加快推进重点领域人才评价改革""根据不同职业、不同岗位、不同层次人才特点和职责，坚持共通性与特殊性、水平业绩与发展潜力、定性与定量评价相结合，分类建立健全涵盖品德、知识、能力、业绩和贡献等要素，科学合理、各有侧重的人才评价标准""加快新兴职业领域人才评价标准开发工作"。金融业人工智能人才评价尚属新领域，目前该领域人才评价的做法多为沿用传统的评价方式，或是用人单位的主观评价等，缺乏规范性、统一性的金融业人工智能人才评价体系。这在一定程度上，既不利于发挥人才评价的正向激励作用，也不利于最大限度激发和释放人才创新创业活力，同样不利于该领域人才的流动。

五 有关对策建议

（一）强化顶层设计，科学谋划人才队伍建设

为进一步促进金融科技的健康发展，建议有关政府部门加强职能建设，做好金融业人工智能人才队伍建设，护航金融科技行稳致远。根据"十四五"规划纲要和各项区域发展规划要求，制定金融业人工智能人才发展规划。建立健全金融业人工智能人才的使用、引进、评价、激励、统计等制度，如放宽引进金融业人工智能人才落户限制，制定高层次人才的子女就学政策，出台引进高层次人才安居政策，完善海外高层次人才签证政策等。加

强金融业人工智能人才梯队建设，实施金融业人工智能领军人才培养工程、骨干人才培养工程、青年人才培养工程，营造金融业人工智能人才发展的良好生态环境，最大限度激发人才的创新创业活力，推动金融业的数字化发展。同时，应依托国际合作基地和项目、留学人员创新创业平台以及校友会、人才工作站等各类平台、组织和机构，积极发挥好国际人才交流大会等平台的作用，积极稳妥地引进海外高层次金融科技人才。

（二）产学研深度融合，多元共促人才培养

深化高等教育体制改革，建立健全金融科技相关学科专业和人才培养结构布局，切实提升教学质量和办学水平。加快职业教育改革，以市场需求为导向，尽快建立统一规范、相对完整的培养体系，推动专业设置与社会需求的对接，切实提升各层次人才的职业技能，突出人才培养的创新性、科学性和实用性，以应对行业需求旺盛和职业技能不足的矛盾。在培养模式方面，推动产学研深度融合，加强高校、金融机构和研究机构的合作，可以尝试高校教师、研究机构人员到金融机构等进行挂职学习和交流，金融机构人才到高校兼职教学等方式。在课程体系方面，由有关政府部门发起，校政企三方共同合作开发专业核心课程，实现资源共建共享。在教学方式方面，运用互联网资源，探索多元化的教学方式，拓展金融科技发展背景下的案例教学等项目，提高学生的实践能力，培养复合型人才。此外，还应积极打造金融科技实验室，鼓励高校、科研机构等设立金融高端智库，开创引领金融政策、制度创新等研究和服务。

（三）加大人力资本投入，健全在职人才培养体系

金融机构应结合产业行业发展和实际工作需要，发挥自身优势，积极开展多层次的人才培训，通过岗位轮训、在职教育、交流研讨等多种方式，努力提升人才的综合能力和整体素质。通过加强金融机构、金融行业协会、培训机构、高等学校和科研院所之间的合作，积极搭建多元化金融人才培养合作平台，如共建实习实训基地、金融实验室等，面向市场需求培养实践型金

融人才。鼓励和引导金融机构利用网络、远程教育、专题讲座等途径开展培训，切实提高金融人才掌握先进知识和前沿技术的能力。同时，要加强交流合作，学习借鉴国外金融机构的人才培养先进经验，创新培养模式，共同培育国际化专业化金融人才。

（四）建立健全人才评价标准，完善人才激励机制

创新人才评价机制，突出品德、能力和业绩评价。坚持德才兼备、以德为先，重点考察人才的职业道德，对职业道德有问题的"零容忍"。针对不同领域、不同行业、不同层次的专业技术人才的工作内容、性质等特点，制定不同的、可操作的评价标准，真正实现以工作内容为导向的人才评价。要逐步提高人才评价专业性，积极引入专业性强、信誉度高的行业协会、专业组织等第三方机构参与评价。加快制定金融业人工智能人才相关标准，助力人才跨地区、跨机构顺畅流动。同时，建立金融业人工智能人才准入标准和黑名单制度，制定行业人才的自律公约与规则，有效约束和规范人才队伍。鼓励金融机构、企业设立人才基金，对做出突出贡献的高层次金融人才按规定给予相应奖励等。

B.7
汽车行业人工智能人才发展报告

崔艳　陈勇*

摘　要： 人工智能等新技术催生了汽车行业的系统性变革，引发了汽车领域的人才争夺战。本报告通过对汽车行业人工智能人才供给和需求状况的深入分析，揭示了汽车行业人工智能人才市场呈现供需两旺、供给严重不足的现象。同时发现，汽车行业人工智能人才队伍建设存在一些问题，如教育滞后于企业需求，产教结合、校企合作有待加强，人才评价机制尚待完善等。为此本报告提出应广开门路，吸引核心技术人才；科学培养，提高人力资源供给；多方协同，促进校企合作；不断健全人才评价机制等建议。

关键词： 人工智能　人工智能人才　汽车行业　校企合作

一　人工智能在汽车行业的发展和应用

新一轮科技革命和产业变革的蓬勃兴起，新一代信息技术、新材料技术、智能制造技术等使能技术和赋能技术的高速发展，为汽车产业的发展注入了强劲动能，深刻影响着全球汽车产业生态的变化，催生了汽车产业结构、产业价值链、产品形态、消费模式、出行方式等诸方面的系统性变革，

---

* 崔艳，中国劳动和社会保障科学研究院副研究员，经济学博士，主要研究领域为新经济发展与就业、劳动关系；陈勇，苏州富纳艾尔科技有限公司研发部经理、高级技师，主要研究领域为工业视觉与智能控制。

汽车产业迎来了百年未有之大变革时代。

当前，中国经济由高速增长进入高质量发展阶段，受市场下行和新冠肺炎疫情影响，中国汽车产业处于周期性下行与电动化、智能化趋势性变革的交汇期。为应对新冠肺炎疫情对汽车市场的冲击，有关政府部门密集出台相关政策，积极推进产业创新，加快汽车与能源、交通、信息通信等产业的融合发展，做好智能网联汽车技术攻关、标准研制等工作；同时，鼓励各地出台优惠政策，深化汽车流通体制改革，促进汽车消费。无人物流、无人配送等新模式应用在抗击新冠肺炎疫情期间发挥了重要作用。

人工智能等新技术推动智能网联汽车产业快速发展。首先，国家积极鼓励智能网联汽车产业的发展。2018 年 4 月，工业和信息化部、公安部、交通运输部三部门联合印发《智能网联汽车道路测试管理规范（试行）》，为中国智能网联汽车的上路奠定了政策法规的基石。2020 年 2 月国家发改委联合 11 部门印发了《智能网联汽车创新发展战略》。2020 年 11 月，国务院正式发布《新能源汽车产业发展规划（2021-2035 年）》，将新能源汽车产业上升至国家发展战略高度。在《中华人民共和国国民经济和社会发展第十四个五年规划和 2035 年远景目标纲要》中，新能源汽车被列为"构筑产业体系新支柱"的战略性新兴产业之一。同时，各地政府也陆续出台政策，促进新能源汽车的推广和使用。截至目前，全国已建成 16 家国家级智能网联汽车测试示范区、4 个国家级车联网先导区。截至 2021 年 7 月，全国已有 27 个省（区市）出台管理细则，开放 3500 多公里测试道路，道路测试总里程超过 700 万公里，部分城市已开展载人载物测试。①其次，一系列智能网联新技术与新产品诞生。我国在推动智能网联汽车发展的过程中，重视加强产学研用协同创新，注重引导企业加强关键技术装备、核心工业软件、解决方案的研发，自动驾驶激光雷达技术、自动驾驶安全技

---

① 《新能源汽车"三十而立"｜智能网联筑新高地》，搜狐网，https：//www.sohu.com/a/495791347_100273473，2021 年 10 月 18 日。

术、轮胎监控数字解决方案、智能网联技术等一系列新技术实现突破，带动能源、交通、出行等领域的巨大变革。最后，国家减排承诺倒逼汽车产业实现碳中和。以人工智能为代表的新技术和以数字经济、智能经济为代表的新业态，推动汽车产业全面变革，加快"汽车+"的深度融合发展，开展技术创新，推动智能化和制造升级，扩展汽车生态价值链，成为汽车产业的必然趋势。新能源汽车是智能网联技术的最佳载体，以电动化、智能化、网联化、共享化为趋势的"新四化"正重塑汽车产业格局。① 2021年新能源汽车销售"井喷"，全年销量达到352万辆、增长1.6倍。② 截至2021年底，全国新能源汽车保有量达784万辆，占汽车总量的2.60%。2017~2021年，新注册登记的新能源汽车数量从2017年的65万辆增加到2021年的295万辆，呈高速增长态势。③ 2021年12月，新能源汽车的市场渗透率达到19.1%。④ 有关数据显示，2025年，我国智能化与网联化带动汽车的新增产值将达到8000亿元。⑤

二 汽车行业人工智能人才供给情况

伴随着汽车行业的智能化发展，我国逐渐形成一支富有创新活力和科技攻关能力的队伍。为了进一步考察我国汽车行业人工智能人才的供给和需求

---

① 邵立东、李进斌：《新能源汽车高技能人才培养机制研究》，武汉大学出版社，2021。

② 《国务院：今年继续支持新能源汽车消费》，中国汽车工业协会，http://www.caam.org.cn/chn/8/cate_82/con_5235493.html，2022年3月9日。

③ 《权威发布 | 公安部：2021年全国机动车保有量达3.95亿 新能源汽车同比增59.25%》，中国汽车工业协会，http://www.caam.org.cn/chn/7/cate_120/con_5235344.html，2022年1月11日。

④ 《中汽协：2021年12月新能源汽车市场渗透率达到19.1%》，36氪百度百家号，https://baijiahao.baidu.com/s? id=1722348167004835117&wfr=spider&for=pc，2022年1月19日。

⑤ 《急需补缺口，是时候建立汽车人才培养新生态了！| 中国汽车报》，人民资讯百度百家号，https://www.baidu.com/link? url=YI44YfQoxqCz7bx8JE9m0p0NzTzF9GJ4MmUtBgzQ7D34XOTfi4KJbqfG_JU6HFDuMIenJAPtFAKF_MyXXyE2bR0mrZ5Tfd43nuW3aUl_zc7&wd=&eqid=881515d1003375f8000000026252c810，2021年10月8日。

状况，本报告对猎聘网 2021 年 7 月获取的汽车行业人工智能人才相关数据
进行了详细分析。

（一）性别分布

根据猎聘网的简历投递情况，在汽车行业人工智能人才中，男性占比为
85.38%，女性仅占 14.62%（详见图 1）。由此可见，目前在人工智能与汽
车行业融合发展领域，男性占比遥遥领先。

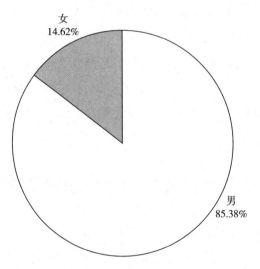

图 1　汽车行业人工智能人才的性别分布

资料来源：根据猎聘网相关数据整理。

（二）学历结构

2021 年猎聘网相关数据显示，汽车行业人工智能人才以大学学历（含
本科、大专）人才为主，占比为 72.28%，硕士、博士学历的人才占比分别
为 26.41% 和 0.98%（详见图 2）。可以看出，汽车行业人工智能人才以大学
（含本科、大专）及以上学历人才为主。

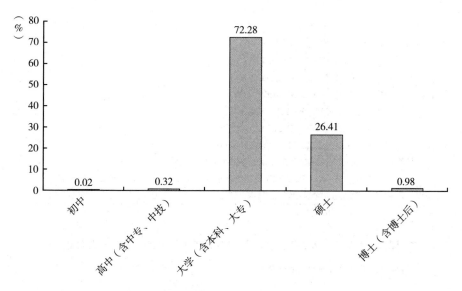

图2　汽车行业人工智能人才的学历分布

资料来源：根据猎聘网相关数据整理。

（三）专业背景

猎聘网相关数据显示，在汽车行业人工智能人才的专业背景中，机械设计制造及其自动化专业占比最高，为11.77%；其后依次为车辆工程专业，占比为10.21%；计算机科学与技术专业，占比为5.59%；电气工程及其自动化专业，占比为3.60%；机械工程专业，占比为3.26%（详见图3）。

（四）工作经验

根据猎聘网相关数据，在汽车行业人工智能人才的相关工作经验中，5年及以下工作经验的占比合计达38.18%，5~10年工作经验的占比合计达31.93%，10~15年工作经验的人才占比为17.89%（详见图4）。

总体上，求职活跃用户的工作经验集中在1~3年、3~5年、5~8年以及10~15年几个时段。

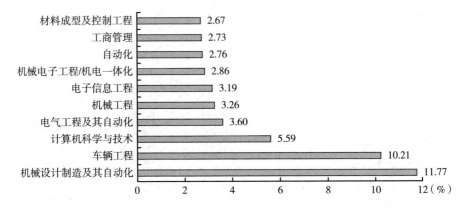

图3 汽车行业人工智能人才的专业背景中排名前十位的专业分布

资料来源：根据猎聘网相关数据整理。

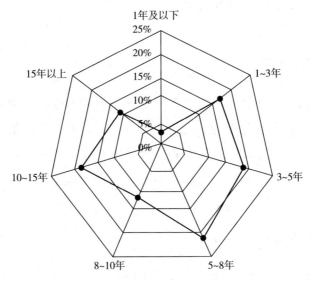

图4 汽车行业人工智能人才的工作经验分布

资料来源：根据猎聘网相关数据整理。

（五）期望薪资

结合学历来看，随着期望薪资的攀升，大学（含本科、大专）学历的汽车行业人工智能人才占比呈下降趋势，而硕士学历的人才占比呈快速上升趋势（详见图5）。

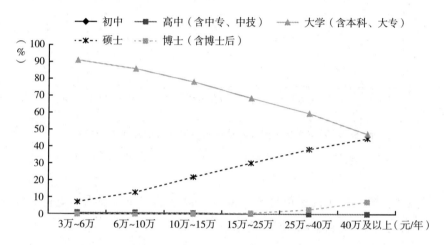

图5　汽车行业不同学历人工智能人才的期望薪资分布

资料来源：根据猎聘网相关数据整理。

结合岗位来看，我们主要考察了平台架构、数据、算法、AI硬件、研发五类人工智能人才。通过数据分析发现，在不同的期望薪资水平，求职者求职比例最高的均为平台架构人才，其求职者占比始终保持在高位，为86.49%~98.67%。但随着期望薪资的上升，平台架构人才的求职者占比有所下降，而数据、算法、研发等人才的求职者占比出现微弱上长，且研发人才求职者占比上涨幅度略高于数据和算法人才，AI硬件人才的求职者占比则随着期望薪资的上升出现缓慢下降（详见图6）。

（六）区域分布

根据猎聘网相关数据，以20岁为分水岭，21岁及以上的汽车行业人工

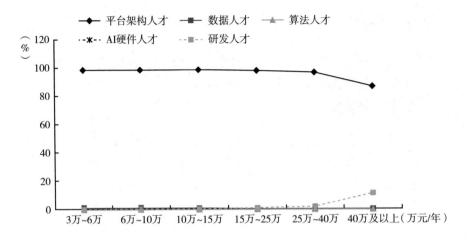

图6 不同技术岗位汽车行业人工智能人才的期望薪资分布

资料来源：根据猎聘网相关数据整理。

智能人才主要分布在长三角地区；20岁及以下的汽车行业人工智能人才主要分布在长江中游和中原地区（详见图7）。

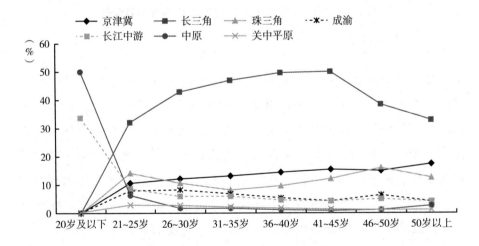

图7 不同年龄人工智能人才的区域分布

资料来源：根据猎聘网相关数据整理。

脉脉人才数据显示，2020年除了北上深等人才聚集的一线城市外，有着良好汽车工业基础的重庆、西安、长春、惠州等地也聚集了大量的新能源汽车人才（详见图8）。[①]

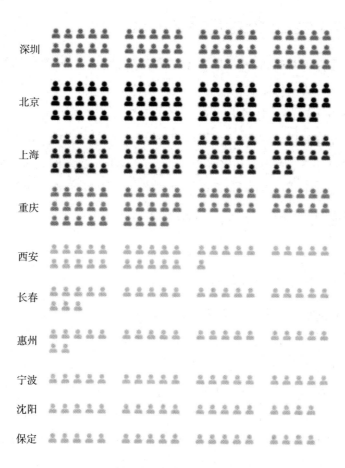

图8　2020年新能源汽车人才聚集城市 Top 10

资料来源：脉脉数据研究院。

---

① 《〈新能源汽车行业观察2020〉：特斯拉年度人才净流入最多，比亚迪人才流动量最大》，腾讯新闻，https://view.inews.qq.com/a/20210427A0835100，2021年4月27日。

三 汽车行业人工智能人才需求情况

（一）人工智能人才需求始终保持高位态势

根据《智能网联汽车产业人才需求预测报告》，2025 年智能网联汽车在高、中、低三种发展情境下，人才需求量分别为 9.2 万人、10.3 万人、11.6 万人，而届时的人才存量仅为 7.2 万人，高校相关专业当年毕业生进入智能网联汽车领域的就业人数约为 0.73 万人，人才净缺口为 1.3 万~3.7 万人。[①] 当前在跨界融合的大浪潮中，智能网联汽车发展势头强劲，IT 领域的企业和人才活跃在汽车行业，创造出更多可能。为进一步了解汽车行业对人工智能人才的需求，我们依托猎聘网进行了深入研究。

（二）不同岗位类别需求

从猎聘网的招聘信息看，汽车行业对人工智能人才的需求主要集中在数据、平台架构、研发等领域。根据数据可获取情况，我们对比分析了企业招聘量排名靠前的部分人工智能人才岗位分布后发现，汽车行业对平台架构人才的需求占比最高，为 97.43%，数据人才、AI 硬件人才、算法人才和研发人才的需求占比分别为 1.10%、0.75%、0.45% 和 0.27%（详见图 9）。分析认为，人工智能已经渗透至汽车行业各板块并加速落地，推动着汽车行业的数字化转型，汽车行业对跨学科复合型人才的需求将与日俱增。

---

① 《急需补缺口，是时候建立汽车人才培养新生态了！｜中国汽车报》，人民资讯百度百家号，https://www.baidu.com/link? url ＝ YI44YfQoxqCz7bx8JE9m0p0NzTzF9GJ4MmUtBgz Q7D34XOTfi4KJbqfG＿JU6HFDuMIenJAPtFAKF＿MyXXyE2bR0mrZ5Tfd43nuW3aUI＿zc7&wd ＝ &eqid＝881515d1003375f8000000026252c810，2021 年 10 月 8 日。

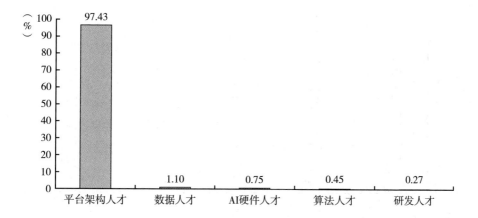

图9 汽车行业不同岗位类别的人工智能人才需求分布

资料来源：根据猎聘网相关数据整理。

（三）工作经验要求

结合学历来看，10 年及以下工作经验的人工智能人才中，无论企业要求工作经验的时间长短，均以本科学历的人才需求为主。伴随着企业要求工作年限的增长，对中专或中技、大专人才的需求呈下降趋势，对本科人才的需求在工作经验为 3~5 年时达到顶峰，对硕士、博士等高学历人才的需求总体呈增长趋势（详见图 10）。

（四）学历要求

从人工智能人才的学历要求看，企业对本科学历人才的需求量最高，占比高达 80.99%；对大专的需求量次之，占比为 11.06%；对硕士的需求占比为 4.61%（详见图 11）。

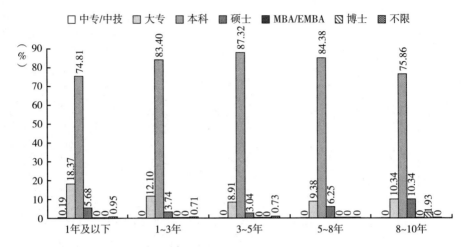

图10 对人工智能人才工作经验要求的分布

资料来源：根据猎聘网相关数据整理。

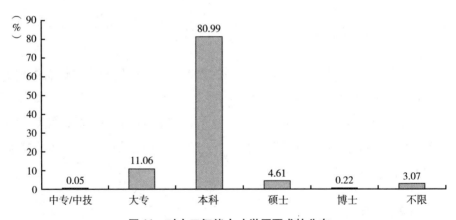

图11 对人工智能人才学历要求的分布

资料来源：根据猎聘网相关数据整理。

（五）不同规模企业需求

从不同规模企业对人工智能人才的需求情况看，1000人及以上规模企业对人工智能人才的需求量最高，占比高达62.88%。相对而言，规模较大的汽车企业，实力较强，人工智能技术的研发和应用需求相对更大。其次为100~499人规模的企业，对人工智能人才的需求占比为19.71%（详见图12）。

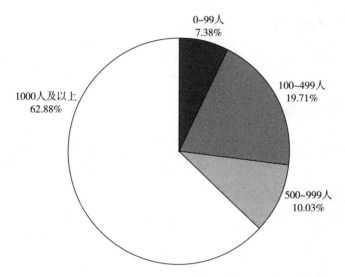

图12　不同规模企业对人工智能人才需求的分布

资料来源：根据猎聘网相关数据整理。

四　汽车行业人工智能人才流动情况

（一）人工智能人才在汽车行业内的流动情况

人才在行业内的流动，反映了汽车行业发展的结构变化。随着我国汽车产业电动化、智能化、共享化的深入推进，人工智能人才呈现由传统汽车企业向新能源汽车企业流动的趋势。《向新而生：新能源汽车行业观察2020》有关数据显示，2020年1~12月新能源汽车行业的人才需求量持续攀升。30岁以上的汽车行业从业者，在面临跳槽或换工作问题时，更多人选择了转向更具想象空间的新经济行业，首选去处是新能源汽车行业，其次是电子商务和新生活服务行业。从微观企业看，2020年，头部新能源汽车企业展现出强劲的人才吸引力，人才净流入较多的有特斯拉、理想汽车、长城汽车等；

同时，部分新能源汽车产业链的上游企业如宁德时代、远景能源等也吸引了大量人才（详见图 13）。

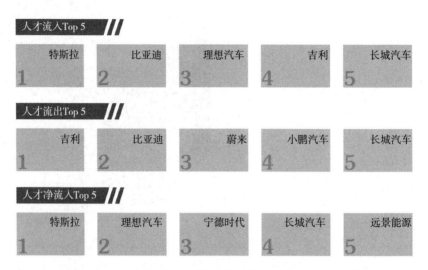

图 13　2020 年新能源汽车相关企业人才流入/流出 Top 榜

资料来源：脉脉数据研究院。

（二）人工智能人才在行业间跨界流动频繁

汽车行业的电动化、智能化融合发展，促使汽车产品功能属性与产业边界极大拓展，汽车行业尤其是新能源汽车企业在人工智能、大数据、互联网等方面的人才需求量不断攀升，人工智能人才逐渐打破行业壁垒，跨界流动频繁。脉脉人才流动数据显示，2020 年华为、腾讯、科大讯飞等互联网和科技公司是新能源车企的重要人才来源，同时特斯拉、比亚迪、蔚来等新能源车企的人才离职后，有不少流入了字节跳动、华为、京东、美团等互联网企业。[1]

---

[1] 《脉脉数据研究院：造车新势力动作频频，职场人最看好小米和华为》，搜狐网，https：//www.sohu.com/a/462362772_327908，2021 年 4 月 22 日。

五　目前存在的问题

（一）人才供给严重不足

人才强则产业强，人才兴则产业兴。随着汽车产业的转型升级，我国汽车产业的人才总量持续增长，人才结构也在不断优化。据统计，2019年汽车行业从业人员约为551万人。根据《2020年汽车行业劳动用工对标报告》有关数据，近五年，研发工艺类人员占比提升，平均增长率为6.8%；管理类人员占比保持稳定，平均增长率为0.5%；非管理技术和不在册人员占比下降，人员结构得到优化（详见图14）。[①] 在汽车行业的"新四化"发展趋势下，汽车行业人工智能人才面临着人才总量不足、质量不高等难题。主要表现为三类人才供给不足。一是研发人员。据统计，2019年汽车行业研发人员约有55.1万人，智能网联研发人员约有5.33万人，包括系统、软硬件、算法、测试等，分布于决策控制、网络通信、大数据、云基础平台等多个技术领域。[②] 其中，在智能网联研发人员中，计算机类专业已超过车辆工程专业成为占比最高的专业。二是复合型人才。根据中国劳动和社会保障科学研究院课题组实地调研情况，目前新能源汽车企业对研发人员等高端人才，以及具有IT专业背景的复合型人才需求大幅增加。"但现实情况是，具有多学科背景的专业技术人员非常少"，一位汽车企业专家反映。三是技术型人才。智能网联汽车技术人才需要掌握的知识面广、内容更抽象、实践操作要求高，因此，从人才的成长规律角度看，这类人才的培养难度系数高、成长周期长。数据显示，未来5年，国内车企对智能网联研发人才的需求将以年复合增长率13.97%的速度增长，而高校相关专业

---

① 《2021年汽车行业（薪酬、用工）对标报告发布会召开》，搜狐网，https：//www.sohu.com/a/479987923_120003355，2021年7月28日。

② 中国汽车技术研究中心有限公司、中国汽车工业协会：《2020年版中国汽车工业年鉴》。

毕业生供给的年复合增长率仅为4.45%。[1] 中国劳动和社会保障科学研究院课题组调查发现，不少汽车企业反映，目前很难招到需要的焊装人员等技术工，部分工种人员进入企业后至少需要培训三个月，有些设备维修工的培训时间甚至需要一年以上。

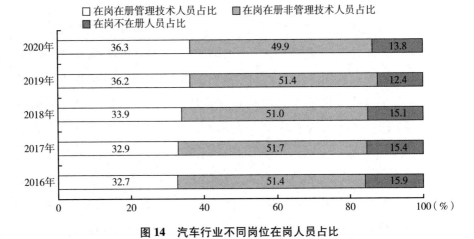

图14 汽车行业不同岗位在岗人员占比

资料来源：中国人才研究会汽车人才专业委员会《2020年汽车行业劳动用工对标报告》。

（二）教育滞后于企业需求

根据业内专家判断，在我国制造业向数字化、智能化的转型过程中，智能网联汽车、智能制造、工业互联网等战略性新兴产业和领域均需要具有车辆工程、机械制造和计算机、自动化、电子信息等复合专业背景的毕业生。由于行业发展迅猛，部分专业的课程设置与实际需求出现偏差，比如车辆工程专业缺少数字电子技术、自动控制等课程，导致学生在毕业后往往需要经过"二次培训"才能适应企业需求。正如清华大学车辆与运载学院有关负

---

[1] 《急需补缺口，是时候建立汽车人才培养新生态了！| 中国汽车报》，人民资讯百度百家号 https：//www.baidu.com/link？url = YI44YfQoxqCz7bx8JE9m0p0NzTzF9GJ4MmUtBgzQ7D34 XOTfi4KJbqfG_JU6HFDuMIenJAPtFAKF_MyXXyE2bR0mrZ5Tfd43nuW3aUl_zc7&wd=& eqid= 881515d1003375f8000000026252c810，2021年10月8日。

责同志所言，"车辆不再是产品，而是学科交叉的平台载体，传统汽车工程和动力工程的人才培养知识体系已经不能满足社会的需求"。[①] 据教育部数据，2019 年全国高等职业院校中新增新能源汽车技术专业的有 126 所，总计达到 415 所。有研究指出，多数高职院校将人才培养定位在新能源汽车后市场的营销与技术服务上，且只是在原有传统的汽车后市场专业群上的简单重建。[②] 同时，学校教授的知识内容更新迭代过慢，部分教材甚至落后于行业发展 8~10 年，学校实训场地和实训设备赶不上产业快速发展的步伐，且人才培养方案缺少行业和企业的论证。以新能源汽车相关教材为例，现有教材侧重于新能源汽车基本原理、基本结构的介绍，而有关新能汽车的故障诊断、维修等实践性、技能性指导的内容偏少。人工智能等新技术对汽车产业的颠覆性重构，亟须创新人才培养体系和模式。

（三）产教融合、校企合作有待加强

产教融合需要政府、行业、企业、学校等多元主体参与，只有各方主体形成合力，才能有效推进产教深度融合。目前，产业需求侧和人才培养供给侧在结构、质量、水平上不匹配。产教融合、校企合作、协同育人的运行机制有待健全。从企业的角度看，汽车行业企业参与职业技能培训的体制、机制在本质上没有突破，缺乏实效性、稳定性和长期性。多数企业存在认识偏差，认为其发展宗旨是追求经济效益，而高校才是人才培养的主体，校企合作的模式不一定是获得人才的最佳选择。同时，由于企业尤其是中小微企业面临较大的经营压力，不少职工接受培训后离职的事情频频发生，给企业带来高昂的成本投入，因此企业参与校企合作、产教融合的积极性不高。从学校的层面看，产教融合、校企合作理应建立在互惠双赢的基础上，目前学校在专业定位、专业师资、人才培养、学生就业等方面还存在局限性，对企业发展贡献度不大，为企业提供技术服务的能力有待提高，难以适应产教融合

---

① 陈秀娟：《汽车人才三大问题突出》，《汽车观察》2019 年第 8 期。
② 邵立东、李进斌：《新能源汽车高技能人才培养机制研究》，武汉大学出版社，2021。

的步伐。不少学校的校企合作项目是通过非制度性因素维系，同时还存在合作项目碎片化、持续性差等问题，部分职业院校反映，"不少校企合作项目要靠和企业长期合作的关系才能拿到"。

（四）人才评价机制尚待完善

长期以来，汽车行业人才评价工作比较落后，全国性人才评价的管理体系尚不健全。不同岗位对人才的要求标准不同，即便是同一岗位，不同时期的要求也会发生变化，但人才评价的动态调整尚显不足。在人才评价中，存在评价手段单一，现有评价体系不能全面反映人才的价值等问题，由此也带来人才评价成果的应用不足等问题，从而导致各类人才的技能提升积极性不高。

六　有关建议

中央人才工作会议提出，要"加快建设世界重要人才中心和创新高地"，为实现这一重要战略目标，进一步加强汽车行业人工智能人才队伍建设，提出如下几点建议。

（一）广开门路，吸引核心技术人才

一是各地应根据汽车产业等战略性产业发展需要和人才紧缺程度制定相应的人才政策。以开放的视野，不拘一格降人才。通过相关政策制度创新，打造更加开放有效的海外及港澳台人才引进体系。二是整合各部门出台的人才支持政策，打好政策"组合拳"。综合施策，系统发力，持续优化综合环境，打造更具有国际竞争力的人才创新创业生态体系。三是加强国际交流合作，瞄准人工智能、汽车行业国际前沿，依托国家重大人才工程，实施优秀人才引进计划，吸引海外高端人才；加大国内外联合培养人工智能、汽车行业博士生、跨界人才等支持力度，推进技术、人才等资源互动，加快提升研发创新能力。四是强化服务保障，做好海外留学生回国工作和外国人员来华工作的对接和服务，丰富服务内容和方式，帮助人才尽快适应环境。

（二）科学培养，提高人力资源供给

一是深化教育体系改革，科学构建人才培养模式。探索和构建面向科学、技术、工程等的跨学科高质量人才体系，根据汽车产业发展需求进行课程体系设置改革试点。学校应加强对汽车行业发展趋势的研判，结合行业需求调整人才培养课程体系，丰富人才培养内容，为汽车行业的发展提供人才保障。在现有的汽车类学科课程中，增加计算机、电子信息、自动化等相关课程，培养复合型人才，以缓解这类人才供给不足的问题。同时，考虑到在数字化、智能化发展趋势下，汽车类相关专业的知识内涵和结构已经发生了深刻变化，建议打破学科间壁垒，为新兴学科的发展提供基础和动力，进一步加强跨专业、跨学科的交叉学科建设，切实提高复合型人才供给。二是强化"双师型"教师队伍建设。通过多种渠道聘请汽车企业专家、专业技术人员入校进行教学实践指导；逐步建立"名师"示范课程，强化专业团队建设；在教师队伍中，通过老带新、师带徒模式，提高新教师的教学能力。学校应鼓励教学团队积极参与各类智能汽车竞赛，培育和打造跨学科的教学资源，以更好地服务于汽车行业复合型人才培养的目标。三是引导教师运用好数字技术，创新教学手段，优化教学效果，为产业的发展提供更多的优秀人才。通过线上线下相结合，拓展线上课堂，培养学生利用碎片化时间加强学习。借助 VR 等虚拟仿真技术和多媒体教学设备，开展智慧教学，提高学生的实践操作能力。四是健全教育督导评估保障机制。加强质量监控工作，通过第三方机构对用人单位和毕业生进行调研，分析毕业生对培养模式、培养效果的评价等以及用人单位对毕业生的满意度，不断创新和优化实践培养模式。

（三）多方协同，促进校企合作

一是应由人社、教育、发改、工信、科技等部门共同联合，形成分工合理、责权明晰、共同参与管理汽车行业等人才培训的宏观决策机构，各有关部门定期对重点行业人才培训有关事项进行磋商，以加强对人才

培训的宏观调控能力。二是有关政府部门应出台鼓励措施，引导企业参与人才培养。按照市场规律，本着多方受益的原则，建立可持续发展的校企合作良性循环机制。例如通过设立专项基金、税收优惠等方式促使企业参与教材的更新修订，设置有关机构保障企业参与，设立校企合作动态信息化管理平台，完善校企合作名录等，不断增强政府的服务功能，激发行业企业的积极性。三是鼓励高校和相关企业加强合作，探索创新合作模式，共建专业实训基地，积极开展有关人才的校企合作。倡导企业和学校发挥各自优势，协同共建企业培训和学校专业建设，共享优质培养资源，促进学校和企业的融合发展，合作育人。作为校方，应主动与企业对接，鼓励教师和学生参与企业的实践、学习和工作。进一步打破人才流动壁垒，创新人才使用机制，通过多种方式吸引汽车企业人才在高校任职、授课。

（四）不断健全人才评价机制

建立健全科学的人才评价体系和激励措施，对汽车行业树立正确的用人导向、激励人才发展、调动人才创新创造积极性，具有重要意义。一是建立政府、行业企业、技工院校多元主体共同参与的汽车行业人才培训决策机制。逐步建立集权与分权相结合、政府与非政府相结合的多元利益主体参与的治理体系，通过多元主体的参与，不同利益主体的声音都得到反映，以构筑多元化、多渠道、多层次的合作伙伴关系和网络组织，符合多元化的实际需求，形成科学合理的汽车行业人才培训决策机制。二是建立健全多元评价机制，除政府部门、专家、社会人士等参与外，行业企业要积极参与并发挥其评价主体作用。三是加强对人才评价体系的动态调整，将一些发展态势好、从业规模大的新兴职业纳入人才评价范围。四是发挥好人才评价的正向激励作用，将人才评价结果与薪酬激励结合，把人才评价、职称评审的结果作为岗位和薪酬调整的重要依据，对表现优异的教师、专业技术人才给予适度奖励，激励各类人才更好地学习技术、致力创新、创造业绩。

区 域 篇
Regional Reports

B.8

2022年深圳市人工智能
人才发展报告

高亚春*

摘　要： 本报告对2022年深圳市人工智能人才供给和需求数据进行了深入分析。分析发现，深圳市人工智能人才男性多于女性，专业背景多为计算机科学与技术，主要来源于珠三角地区；深圳市人工智能人才培养力度需要进一步加强；人工智能高端人才较为缺乏。本报告据此建议加强本土人工智能人才的培养力度，同时引进高端人才，打造人工智能人才高地。

关键词： 人工智能　人工智能人才　人工智能产业　深圳

---

* 高亚春，中国劳动和社会保障科学研究院宏观战略研究室副研究员，主要研究领域为人社统计分析。

深圳市作为我国改革开放的重要窗口和广东省人工智能的主要聚集地，拥有华为、腾讯、平安等一批人工智能领域的领头企业，在发展人工智能产业方面具有明显优势。

一 深圳市人工智能产业发展情况

深圳市非常重视人工智能产业的发展。深圳国家新一代人工智能创新发展试验区建设启动、深圳人工智能创新应用先导区揭牌、人工智能与数字经济（深圳）广东省实验室获批，这一系列成果为深圳市人工智能产业的发展奠定了良好的基础。深圳市人工智能企业中有 22.89% 的企业布局在基础层，重点聚焦物联网、大数据以及云计算领域；20.57% 的企业布局在技术层，重点聚焦计算机视觉和生物特征识别领域；56.54% 的企业布局在应用层，重点聚焦公共安全、智能制造、智能交通和智能家居领域。[①] 由此可以看出，深圳市人工智能应用层企业分布十分广泛，公共安全领域优势较为突出。在良好的发展环境下，深圳人工智能产业发展已经初具规模，总体竞争力较强，形成了"高端资源集聚、技术深度融合、应用遍地开花"的发展格局。[②]

二 深圳市人工智能人才供需状况

（一）深圳市人工智能人才供给数据分析

1. 深圳市人工智能人才的性别分布

从人工智能人才的性别分布（详见图 1）来看，2020 年深圳市人工智能人才男性多于女性，男性占比为 74.8%，女性占比为 16.5%。

---

① 《2021 年深圳市特色产业之人工智能产业全景分析》，维科网人工智能，https：//www. ofweek. com/ai/2021-09/ART-201700-8420-30527844. html，2021 年 9 月 30 日。
② 《2020 年深圳市人工智能产业发展白皮书》，深圳国家高技术产业创新中心，http：//fgw. sz. gov. cn/hiic/zlzx/zyztyj/cydj/content/post_8538637. html，2021 年 3 月 24 日。

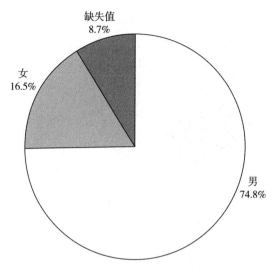

图1 2020年深圳市人工智能人才的性别分布

资料来源：根据猎聘公司提供的数据整理计算。

2.深圳市人工智能人才的年龄分布

从深圳市人工智能人才的年龄分布（详见图2）来看，26~30岁的人工智能人才占比最高，为30.4%；其次是31~35岁的人工智能人才占比较多，为24.8%；36~40岁人工智能人才占比为13.8%，21~25岁人工智能人才占比为11.5%。总体上看，深圳市年轻的人工智能人才较多，35岁及以下者占比达66.8%。

3.深圳市人工智能人才的学历分布

从深圳市人工智能人才的学历分布（详见图3）情况来看，2020年深圳市人工智能人才中学历为本科的最多，占比为57.4%；其次是学历为硕士的，占比为17.1%，学历为大专的又次之，占比为15.2%。总体上看，深圳市人工智能人才的学历水平较高，学历为本科及以上的占比达75.4%。

2018~2020年，深圳市人工智能人才中，学历为本科的占比呈上升趋势，从2018年的72.6%上升到2020年的77.4%；学历为硕士的占比从2018年的1.2%上升到2020年的2.1%；学历为大专的占比呈下降趋势，从2018年的20.6%下降为2020年的14.8%（详见表1）。说明2018~2020年深圳市人工智能人才的学历水平总体上提高了。

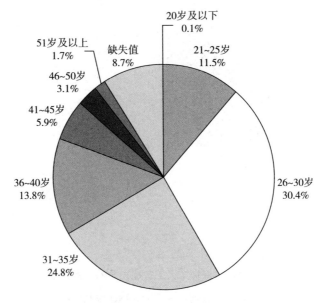

图 2　2020 年深圳市人工智能人才的年龄分布

资料来源：根据猎聘公司提供的数据整理所得。

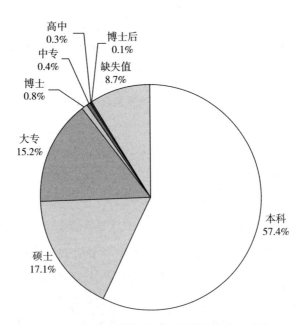

图 3　2020 年深圳市人工智能人才的学历分布

资料来源：根据猎聘公司提供的数据整理所得。

表1   2018~2020年深圳市人工智能人才的学历分布

单位：%

学历	2018年简历投递量占比	2019年简历投递量占比	2020年简历投递量占比
中专/中技	0.1	0.1	0.1
大专	20.6	20.6	14.8
本科	72.6	71.1	77.4
硕士	1.2	2.1	2.1
博士	0.0	0.1	0.1
缺失值	5.5	6.0	5.5
合计	100.0	100.0	100.0

资料来源：根据猎聘公司提供的数据整理所得。

　　深圳市不同年龄人工智能人才的学历分布略有不同。随着年龄的增长，学历为本科和硕士的占比呈现先升后降的趋势，而学历为大专和中专的占比则呈现先降后升的趋势（详见图4）。

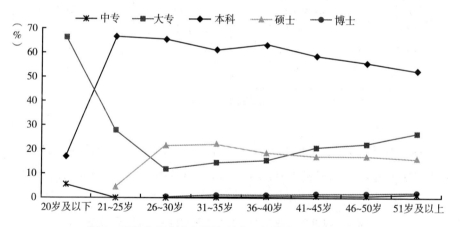

图4   2020年深圳市不同年龄人工智能人才的学历分布

资料来源：根据猎聘公司提供的数据整理所得。

　　从具体年龄来看，深圳市20岁及以下的人工智能人才中，学历为大专的占比最高，为65.7%；其次是学历为本科的占比较高，为17.2%；学历为中专、中技和高中的占比均为5.7%（详见表2）。

表2　2020年深圳市20岁及以下人工智能人才的学历分布

单位：%

学历	简历投递量占比	学历	简历投递量占比
大专	65.7	中技	5.7
本科	17.2	高中	5.7
中专	5.7	总计	100.0

资料来源：根据猎聘公司提供的数据整理所得。

深圳市21～25岁的人工智能人才中，学历为本科的占比最高，为66.4%；其次是学历为大专的占比较高，为28.1%；学历为硕士的占比为4.9%（详见表3）。

表3　2020年深圳市21～25岁人工智能人才的学历分布

单位：%

学历	简历投递量占比	学历	简历投递量占比
本科	66.4	高中	0.2
大专	28.1	中技	0.1
硕士	4.9	总计	100.0
中专	0.3		

资料来源：根据猎聘公司提供的数据整理所得。

深圳市26～30岁的人工智能人才中，学历为本科的占比最高，为65.3%；其次是学历为硕士的占比较高，为21.6%；学历为大专的占比为12.2%（详见表4）。

表4　2020年深圳市26～30岁人工智能人才的学历分布

单位：%

学历	简历投递量占比	学历	简历投递量占比
本科	65.3	中专	0.2
硕士	21.6	高中	0.2
大专	12.2	总计	100.0
博士	0.5		

资料来源：根据猎聘公司提供的数据整理所得。

深圳市 31～35 岁的人工智能人才中，学历为本科的占比最高，为61.0%；其次是学历为硕士的占比较高，为 22.3%；学历为大专的占比为14.6%（详见表5）。

表5　2020 年深圳市 31～35 岁人工智能人才的学历分布

单位：%

学历	简历投递量占比	学历	简历投递量占比
本科	61.0	高中	0.3
硕士	22.3	中专	0.3
大专	14.6	总计	100.0
博士	1.5		

资料来源：根据猎聘公司提供的数据整理所得。

深圳市 36～40 岁的人工智能人才中，学历为本科的占比最高，为63.0%；其次是学历为硕士的占比较高，为 19.0%；学历为大专的占比为 15.7%（详见表6）。

表6　2020 年深圳市 36～40 岁人工智能人才的学历分布

单位：%

学历	简历投递量占比	学历	简历投递量占比
本科	63.0	中专	0.5
硕士	19.0	高中	0.3
大专	15.7	中技	0.1
博士	1.5	总计	100.0

资料来源：根据猎聘公司提供的数据整理所得。

深圳市 41～45 岁的人工智能人才中，学历为本科的占比最高，为58.5%；其次是学历为大专的占比较高，为 20.7%；学历为硕士的占比为17.5%（详见表7）。

表 7　2020 年深圳市 41~45 岁人工智能人才的学历分布

单位：%

学历	简历投递量占比	学历	简历投递量占比
本科	58.5	中专	0.9
大专	20.7	高中	0.8
硕士	17.5	总计	100.0
博士	1.6		

资料来源：根据猎聘公司提供的数据整理所得。

深圳市 46~50 岁的人工智能人才中，学历为本科的占比最高，为
55.6%；其次是学历为大专的占比较高，为 22.4%；学历为硕士的占比为
17.7%（详见表 8）。

表 8　2020 年深圳市 46~50 岁人工智能人才的学历分布

单位：%

学历	简历投递量占比	学历	简历投递量占比
本科	55.6	高中	1.3
大专	22.4	中专	1.0
硕士	17.7	中技	0.1
博士	1.9	总计	100.0

资料来源：根据猎聘公司提供的数据整理所得。

深圳市 51 岁及以上的人工智能人才中，学历为本科的占比最高，为
52.2%；其次是学历为大专的占比较高，为 26.4%；学历为硕士的占比为
16.2%（详见表 9）。

表 9　2020 年深圳市 51 岁及以上人工智能人才的学历分布

单位：%

学历	简历投递量占比	学历	简历投递量占比
本科	52.2	中专	1.5
大专	26.4	高中	1.2
硕士	16.2	中技	0.3
博士	2.2	总计	100.0

资料来源：根据猎聘公司提供的数据整理所得。

4. 深圳市人工智能人才的专业背景

从专业背景情况来看，深圳市人工智能人才的专业背景为计算机科学与技术的占比最高，为13.8%；其次是专业背景为软件工程的占比较高，为6.1%；电子信息工程专业的占比为5.2%（详见图5）。

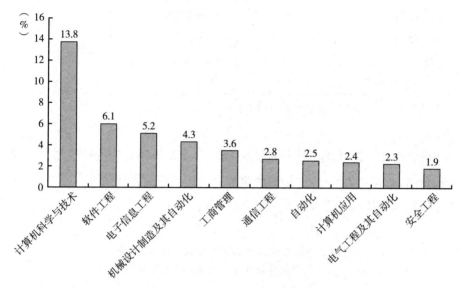

图5　2020年深圳市人工智能人才的专业背景分布（排名前十的专业）

资料来源：根据猎聘公司提供的数据整理所得。

不同年龄人工智能人才的专业背景有所不同，年轻的人工智能人才专业背景多为计算机方面的，年龄较大的人工智能人才专业背景多为工商管理、土木工程方面的。

深圳市20岁及以下的人工智能人才中，专业背景为计算机科学与技术的占比最高，为14.3%；其次是专业背景为计算机应用技术的占比较高，为8.6%；专业背景为物联网应用技术、软件技术、计算机信息管理、计算机网络技术、计算机网络、计算机软件的占比均为5.7%（详见表10）。

表 10　2020 年深圳市 20 岁及以下人工智能人才的
专业背景分布（排名前十的专业）

单位：%

专业	简历投递量占比	专业	简历投递量占比
计算机科学与技术	14.3	计算机网络技术	5.7
计算机应用技术	8.6	计算机网络	5.7
物联网应用技术	5.7	计算机软件	5.7
软件技术	5.7	运动训练	2.9
计算机信息管理	5.7	网页设计	2.9

资料来源：根据猎聘公司提供的数据整理所得。

深圳市 21~25 岁的人工智能人才中，专业背景为计算机科学与技术的
占比最高，为 18.7%；其次是专业背景为软件工程的占比较高，为 15.2%；
专业背景为软件技术的占比为 5.9%（详见表 11）。

表 11　2020 年深圳市 21~25 岁人工智能人才的
专业背景分布（排名前十的专业）

单位：%

专业	简历投递量占比	专业	简历投递量占比
计算机科学与技术	18.7	计算机应用技术	2.9
软件工程	15.2	计算机软件	2.7
软件技术	5.9	网络工程	2.5
电子信息工程	4.3	物联网工程	2.2
计算机应用	3.1	自动化	2.1

资料来源：根据猎聘公司提供的数据整理所得。

深圳市 26~30 岁的人工智能人才中，专业背景为计算机科学与技术的
占比最高，为 11.5%；其次是专业背景为软件工程的占比较高，为 5.9%；
专业背景为电子信息工程的占比为 5.4%（详见表 12）。

表12 2020 年深圳市 26~30 岁人工智能人才的
专业背景分布（排名前十的专业）

单位：%

专业	简历投递量占比	专业	简历投递量占比
计算机科学与技术	11.5	自动化	2.9
软件工程	5.9	电气工程及其自动化	2.9
电子信息工程	5.4	土木工程	2.1
机械设计制造及其自动化	5.2	工商管理	2.1
通信工程	3.3	车辆工程	2.0

资料来源：根据猎聘公司提供的数据整理所得。

深圳市 31~35 岁的人工智能人才中，专业背景为计算机科学与技术的占比最高，为 11.9%；其次是专业背景为电子信息工程的占比较高，为 5.5%；专业背景为机械设计制造及其自动化的占比为 5.2%（详见表13）。

表13 2020 年深圳市 31~35 岁人工智能人才的
专业背景分布（排名前十的专业）

单位：%

专业	简历投递量占比	专业	简历投递量占比
计算机科学与技术	11.9	自动化	2.7
电子信息工程	5.5	通信工程	2.6
机械设计制造及其自动化	5.2	安全工程	2.4
软件工程	4.1	电气工程及其自动化	2.1
工商管理	3.8	土木工程	2.0

资料来源：根据猎聘公司提供的数据整理所得。

深圳市 36~40 岁的人工智能人才中，专业背景为计算机科学与技术的占比最高，为 15.5%；其次是专业背景为电子信息工程的占比较高，为 5.9%；专业背景为工商管理的占比为 5.7%（详见表14）。

表14 2020年深圳市36~40岁人工智能人才的
专业背景分布（排名前十的专业）

单位：%

专业	简历投递量占比	专业	简历投递量占比
计算机科学与技术	15.5	软件工程	2.8
电子信息工程	5.9	计算机应用	2.8
工商管理	5.7	安全工程	1.9
机械设计制造及其自动化	3.5	自动化	1.9
通信工程	2.9	信息与计算科学	1.8

资料来源：根据猎聘公司提供的数据整理所得。

深圳市41~45岁的人工智能人才中，专业背景为计算机科学与技术的占比最高，为12.6%；其次是专业背景为工商管理的占比较高，为7.6%；专业背景为计算机应用的占比为5.9%（详见表15）。

表15 2020年深圳市41~45岁人工智能人才的
专业背景分布（排名前十的专业）

单位：%

专业	简历投递量占比	专业	简历投递量占比
计算机科学与技术	12.6	电子信息工程	3.2
工商管理	7.6	应用电子技术	2.3
计算机应用	5.9	电气工程及其自动化	2.3
机械设计制造及其自动化	3.8	土木工程	2.0
机械电子工程/机电一体化	3.2	软件工程	1.9

资料来源：根据猎聘公司提供的数据整理所得。

深圳市46~50岁的人工智能人才中，专业背景为工商管理的占比最高，为7.3%，其次是专业背景为计算机科学与技术的占比较高，为5.9%；专业背景为计算机应用的占比为4.8%（详见表16）。

表16　2020 年深圳市 46~50 岁人工智能人才的
专业背景分布（排名前十的专业）

单位：%

专业	简历投递量占比	专业	简历投递量占比
工商管理	7.3	土木工程	3.3
计算机科学与技术	5.9	MBA	2.6
计算机应用	4.8	电气工程及其自动化	2.5
安全工程	3.9	应用电子技术	2.1
机械电子工程/机电一体化	3.5	经济管理	2.1

资料来源：根据猎聘公司提供的数据整理所得。

深圳市 51 岁及以上的人工智能人才中，专业背景为工商管理的占比最高，为 7.3%；其次是专业背景为土木工程的占比较高，为 3.8%；专业背景为机械制造工艺与设备的占比为 3.6%（详见表17）。

表17　2020 年深圳市 51 岁及以上人工智能人才的
专业背景分布（排名前十的专业）

单位：%

专业	简历投递量占比	专业	简历投递量占比
工商管理	7.3	安全工程	2.9
土木工程	3.8	计算机应用	2.7
机械制造工艺与设备	3.6	机电一体化	2.7
工业与民用建筑	3.6	电气工程及其自动化	2.5
机械设计制造及其自动化	2.9	经济管理	2.3

资料来源：根据猎聘公司提供的数据整理所得。

5. 深圳市人工智能人才的工龄分布

从工龄分布来看，2020 年深圳市人工智能人才中工龄为 5 年及以下的占比最高，为 35.8%；其次是工龄为 5~10 年的占比较高，为 24.6%；工龄为 10~15 年的占比为 14.7%（详见图6）。

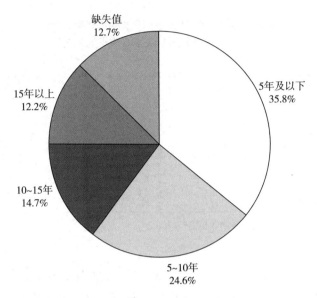

图6　2020年深圳市人工智能人才的工龄分布

资料来源：根据猎聘公司提供的数据整理所得。

6.深圳市人工智能人才的来源区域

从各年龄人工智能人才的来源地区看，深圳市人工智能人才主要来源于珠三角地区。20岁及以下的人工智能人才中，有51.4%来源于珠三角地区，14.3%来源于长江中游地区，8.6%来源于成渝地区（详见表18）。

表18　2020年深圳市20岁及以下人工智能人才的来源区域分布

单位：%

区域	简历投递量占比	区域	简历投递量占比
珠三角	51.4	关中平原	2.8
长江中游	14.3	缺失值	20.0
成渝	8.6		
京津冀	2.9	总计	100.0

资料来源：根据猎聘公司提供的数据整理所得。

深圳市21~25岁的人工智能人才中，有62.3%来源于珠三角地区，6.3%来源于长三角地区，6.1%来源于长江中游地区（详见表19）。

表19　2020年深圳市21~25岁人工智能人才的来源区域分布

单位：%

区域	简历投递量占比	区域	简历投递量占比
珠三角	62.3	中原	2.3
长三角	6.3	关中平原	1.7
长江中游	6.1	缺失值	14.8
京津冀	4.1	总计	100.0
成渝	2.4		

资料来源：根据猎聘公司提供的数据整理所得。

深圳市26~30岁的人工智能人才中，有71.9%来源于珠三角地区，6.2%来源于长三角地区，4.1%来源于京津冀地区（详见表20）。

表20　2020年深圳市26~30岁人工智能人才的来源区域分布

单位：%

区域	简历投递量占比	区域	简历投递量占比
珠三角	71.9	关中平原	0.8
长三角	6.2	中原	0.7
京津冀	4.1	缺失值	11.2
长江中游	3.5	总计	100.0
成渝	1.6		

资料来源：根据猎聘公司提供的数据整理所得。

深圳市31~35岁的人工智能人才中，有72.6%来源于珠三角地区，5.7%来源于长三角地区，3.5%来源于京津冀地区（详见表21）。

表21　2020年深圳市31~35岁人工智能人才的来源区域分布

单位：%

区域	简历投递量占比	区域	简历投递量占比
珠三角	72.6	中原	0.9
长三角	5.7	关中平原	0.7
京津冀	3.5	缺失值	12.0
长江中游	3.0	总计	100.0
成渝	1.6		

资料来源：根据猎聘公司提供的数据整理所得。

深圳市 36~40 岁的人工智能人才中，有 71.1% 来源于珠三角地区，5.7% 来源于长三角地区，4.3% 来源于京津冀地区（详见表22）。

表22　2020 年深圳市 36~40 岁人工智能人才的来源区域分布

单位：%

区域	简历投递量占比	区域	简历投递量占比
珠三角	71.1	中原	1.1
长三角	5.7	关中平原	0.8
京津冀	4.3	缺失值	12.6
长江中游	3.1	总计	100.0
成渝	1.3		

资料来源：根据猎聘公司提供的数据整理所得。

深圳市 41~45 岁的人工智能人才中，有 69.9% 来源于珠三角地区，6.7% 来源于长三角地区，4.4% 来源于京津冀地区（详见表23）。

表23　2020 年深圳市 41~45 岁人工智能人才的来源区域分布

单位：%

区域	简历投递量占比	区域	简历投递量占比
珠三角	69.9	中原	0.8
长三角	6.7	关中平原	0.7
京津冀	4.4	缺失值	13.1
长江中游	2.9	总计	100.0
成渝	1.5		

资料来源：根据猎聘公司提供的数据整理所得。

深圳市 46~50 岁的人工智能人才中，有 61.7% 来源于珠三角地区，7.5% 来源于长三角地区，6.9% 来源于京津冀地区（详见表24）。

表24　2020年深圳市46~50岁人工智能人才的来源区域分布

单位：%

区域	简历投递量占比	区域	简历投递量占比
珠三角	61.7	中原	0.6
长三角	7.5	关中平原	0.4
京津冀	6.9	缺失值	17.0
长江中游	3.4	总计	100.0
成渝	2.5		

资料来源：根据猎聘公司提供的数据整理所得。

深圳市51岁及以上的人工智能人才中，有50.2%来源于珠三角地区，11.5%来源于长三角地区，8.9%来源于京津冀地区（详见表25）。

表25　2020年深圳市51岁及以上人工智能人才的来源区域分布

单位：%

学历	简历投递量占比	学历	简历投递量占比
珠三角	50.2	成渝	2.4
长三角	11.5	关中平原	0.7
京津冀	8.9	缺失值	18.7
长江中游	5.0	总计	100.0
中原	2.6		

资料来源：根据猎聘公司提供的数据整理所得。

7. 深圳市人工智能人才的期望薪资

深圳市不同行业人工智能人才的期望薪资有所不同。随着期望薪资的上升，金融行业人工智能人才的占比上升，消费品行业人工智能人才的占比下降，互联网行业人工智能人才的占比呈现先降后升的走势，电子通信行业、汽车行业人工智能人才的占比则呈现先升后降的走势（详见图7）。

从深圳市不同期望薪资人工智能人才的岗位分布来看，随着期望薪资的上升，研发岗位人工智能人才的占比上升，平台架构岗位人工智能人才的占比下降，其他岗位人工智能人才的占比变化趋势较为平稳（详见图8）。

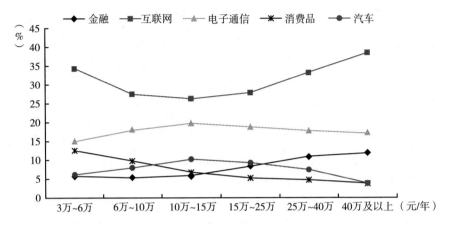

图7 2020年深圳市不同期望薪资人工智能人才的行业分布

资料来源：根据猎聘公司提供的数据整理所得。

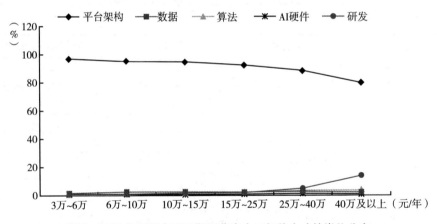

图8 2020年深圳市不同期望薪资人工智能人才的岗位分布

资料来源：根据猎聘公司提供的数据整理所得。

从深圳市不同期望薪资人工智能人才的学历分布来看，随着期望薪资的上升，学历为硕士和博士的占比上升，学历为本科的占比呈现先升后降的走势，学历为大专的占比下降（详见图9）。

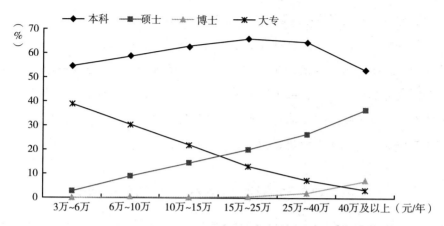

图9　2020年深圳市不同期望薪资人工智能人才的学历分布

资料来源：根据猎聘公司提供的数据整理所得。

（二）深圳市人工智能人才需求数据分析

1.深圳市不同行业对人工智能人才的需求情况

从深圳市不同行业对人工智能人才的需求情况来看，深圳市互联网行业对人工智能人才的需求最多，占比为58.5%；其次是电子通信行业对人工智能人才的需求较多，占比为15.7%；金融行业对人工智能人才的需求占比为4.6%（详见表26）。

表26　2020年深圳市不同行业对人工智能人才的需求分布（排名前十的行业）

单位：%

行业	新发职位量占比	行业	新发职位量占比
互联网	58.5	制药医疗	2.6
电子通信	15.7	消费品	2.4
金融	4.6	建筑	2.2
汽车制造	4.5	教育文化	1.8
服务	3.3	能源化工	1.3

资料来源：根据猎聘公司提供的数据整理所得。

2.深圳市不同岗位对人工智能人才的需求情况

从深圳市不同技术岗位对人工智能人才的需求情况来看，深圳市平台架构岗位对人工智能人才的需求最多，占比为 96.4%；其次是算法岗位对人工智能人才的需求较多，占比为 1.5%；数据岗位对人工智能人才的需求占比为 0.9%；AI 硬件岗位对人工智能人才的需求占比为 0.7%；研发岗位对人工智能人才的需求占比为 0.5%（详见表 27）。

表 27　2020 年深圳市不同岗位对人工智能人才的需求分布

单位：%

岗位	新发职位量占比	岗位	新发职位量占比
平台架构	96.4	AI 硬件	0.7
算法	1.5	研发	0.5
数据	0.9	总计	100.0

资料来源：根据猎聘公司提供的数据整理所得。

3.深圳市对不同学历人工智能人才的需求情况

从深圳市对不同学历人工智能人才的需求情况来看，其对本科学历人工智能人才的需求最多，占比为 77.4%；其次是对大专学历人工智能人才的需求较多，占比为 14.8%；对硕士学历人才的需求占比为 2.1%（详见表 28）。

表 28　2020 年深圳市对不同学历人工智能人才的需求分布

单位：%

学历	新发职位量占比	学历	新发职位量占比
本科	77.4	中专/中技	0.1
大专	14.8	不限	5.5
硕士	2.1	总计	100.0
博士	0.1		

资料来源：根据猎聘公司提供的数据整理所得。

4.深圳市不同规模企业对人工智能人才的需求情况

从深圳市不同规模企业对人工智能人才的需求情况来看，规模为 1000 人及以上的企业对人工智能人才的需求最多，占比为 48.1%；其次是规模为 100~499 人的企业对人工智能人才的需求较多，占比为 21.7%；规模为 0~99 人和 500~999 人的企业对人工智能人才的需求占比分别为 12.8%和 11.6% （详见表 29）。

表 29 2020 年深圳市不同规模企业对人工智能人才的需求分布

单位：%

规模	新发职位量占比	规模	新发职位量占比
0~99 人	12.8	1000 人及以上	48.1
100~499 人	21.7	缺失值	5.8
500~999 人	11.6	总计	100.0

资料来源：根据猎聘公司提供的数据整理所得。

5. 深圳市对不同工作年限人工智能人才的需求情况

深圳市人工智能新发职位中，随着对工作年限要求的增长，对研发人才和 AI 硬件人才的需求占比上升，对平台架构人才的需求占比下降（详见图 10）。

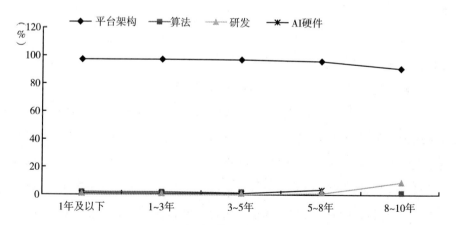

图 10 2020 年深圳市人工智能新发职位在不同工作年限要求中的各岗位分布

资料来源：根据猎聘公司提供的数据整理所得。

三 深圳市人工智能人才培养情况

从深圳市人工智能人才毕业院校的分布情况来看，深圳市人工智能人才多毕业于工业、理工和综合类院校，但毕业院校分布比较分散。毕业于深圳大学的占比最高，为3.4%；毕业于广东工业大学和华南理工大学的均占2.1%，毕业于华中科技大学的占比为1.8%（详见表30）。

表30 2020年深圳市人工智能人才毕业院校分布（排名前十的院校）

单位：%

学校	简历投递数占比	学校	简历投递数占比
深圳大学	3.4	南昌大学	1.6
广东工业大学	2.1	中山大学	1.5
华南理工大学	2.1	桂林电子科技大学	1.4
华中科技大学	1.8	中南大学	1.4
武汉理工大学	1.7	电子科技大学	1.3

资料来源：根据猎聘公司提供的数据整理所得。

深圳大学是在深圳经济特区成立后建立的，不管是从北大、清华、人大等高校对深圳大学的援建，还是从深圳市的财政投入等都能看出，深圳大学的建设和发展备受重视。深圳大学腾讯云人工智能学院[①]与腾讯云计算（北京）有限责任公司校企协同创办腾讯云人工智能特色班，培养系统掌握AI理论知识和智能计算、处理等相关技术及应用知识，具备AI系统思维的研究型创新性的AI工程技术骨干和科研人才，这对于深圳大学的人才培养、产学科合作机制、人工智能研究等都具有非常重要的意义，也有利于深化深圳大学学科建设布局、拓宽人才培养渠道、创新校企办学路径，更会对深圳

[①] 《深圳大学腾云人工智能学院揭牌》，光明网，https：//m.gmw.cn/2018－11/08/content_31927276.htm，2018年11月8日。

市的经济发展和社会进步产生重要影响。

　　除此之外，一些社会培训机构也积极培育人工智能高技能人才。深圳市南山区嘉华职业技术培训学校是开设人工智能课程的培训机构，为深圳市培养了众多的人工智能人才。

四　深圳市人工智能人才队伍建设存在的问题

（一）人工智能人才培养力度需要加大

　　由于深圳市高校资源和学术研究机构不足，本土培养人工智能人才的力量较为薄弱。人工智能原创性理论研究基础薄弱、行业人才较为缺乏是深圳市人工智能技术发展的天然短板。多数企业处于应用层，缺乏多学科、多领域的深度融合，不利于人工智能产业发展。

（二）本科学历人才为主，高端人才缺乏

　　深圳市人工智能人才中本科学历者占比最高，超过50%。相对而言，博士占比不到1%。多学科交叉融合的复合型人才和高层次研发团队仍然较少，因此需要加大力度培养和引进人工智能高端人才。

五　深圳市人工智能人才发展的对策建议

（一）加强本地人工智能人才的培养力度

　　人工智能领域涉及范围较广，对多学科交叉复合型人才需求较多，要重视本地人工智能人才的培养，加大投入，整合高等教育资源，鼓励高校加强人工智能基础研究和研发人才培养，推动人工智能前沿科技成果转化应用于企业实践，以人才优势带动产业的快速发展。

（二）引进高端人才，打造人工智能人才高地

人工智能产业的快速发展对人才队伍建设提出了更高的要求。发展人工智能产业、提升深圳市人工智能在国际上的影响力需要高素质人才队伍的支撑，因此深圳市要建设一流的人工智能人才队伍，加快引进人工智能高端人才，打造人工智能人才高地，推动人工智能进入全球前列。

B.9
2022年苏州市人工智能人才调研报告

高亚春　吴加富*

摘　要： 本报告对苏州市人工智能人才发展情况开展了深入的实践调研，并对人工智能人才供给和需求数据进行了深入分析。研究发现，苏州市人工智能人才结构不均衡，人工智能学科专业建设师资紧缺，人才培养财政资金支持力度需进一步加大。本报告建议加强人工智能高端人才储备库建设；优化师资结构，培养产业实际需要的人才；加大财政资金支持力度，优化人工智能人才培养环境。

关键词： 人工智能　人工智能人才　人工智能产业　苏州

苏州市主动融入国家战略布局，围绕人工智能赋能实体经济发展这一主线，立足良好的制造业根基，优化城市发展环境，提升企业科研能力，完善5G、工业互联网、大数据、超算中心等数字基础设施，人工智能产业综合实力跃居我国第一方阵。为了深入了解苏州市人工智能人才的发展情况，课题组赴苏州市开展了实地调研，在苏州市人社厅的协助下组织政府部门、人工智能企业、高校、职业院校召开座谈会，并针对典型人工智能企业进行了问卷调查，分析了苏州市人工智能人才队伍建设存在的问题，并提出了相应的对策建议。

---

* 高亚春，中国劳动和社会保障科学研究院宏观战略研究室副研究员，主要研究领域为人社统计分析；吴加富，苏州富纳艾尔科技有限公司董事长、总经理，苏州高新区人大代表，主要研究领域为智能制造技术和人才培养。

一 苏州市人工智能产业发展情况

据 36 氪研究院分析发布的我国主要城市人工智能发展成效指数（截至 2020 年第一季度），苏州排名第六。① 苏州人工智能相关产业的集聚效应已经显现，初步形成了近千亿级的产业集群，日渐成为长三角区域人工智能产业发展的新引擎。苏州深入实施人工智能领域名城名校融合发展战略，筑牢人工智能产业发展的科研软实力。工业园区多项核心技术实现突破，细分领域"独角兽"企业逐步涌现。相城区高铁新城围绕自动驾驶及大数据领域聚力发展，加快建设长三角地区智能驾驶产业示范区，自动驾驶领域技术积累优势明显，集聚了人工智能技术领域的头部企业。

二 苏州市人工智能人才供需状况

（一）苏州市人工智能人才供给数据分析

1. 苏州市人工智能人才的性别分布

从人工智能人才的性别分布（详见图 1）来看，2020 年苏州市人工智能人才中男性多于女性，男性占比为 75.8%；女性占比为 16.1%。

2. 苏州市人工智能人才的年龄分布

从 2020 年苏州市人工智能人才的年龄分布（详见图 2）来看，26~30 岁的人工智能人才最多，占比为 27.0%；其次是 31~35 岁的人工智能人才较多，占比为 26.6%；36~40 岁的占比为 16.9%；21~25 岁的占比为 9.3%，41~45 岁的占比为 6.9%。总体上看，苏州市年轻的人工智能人才较多，35 岁及以下者占比达 62.9%。

---

① 《36 氪研究院丨新基建系列之：2020 年中国城市人工智能发展指数报告》，36 氪，https://36kr.com/p/802518422234373，2020 年 7 月 21 日。

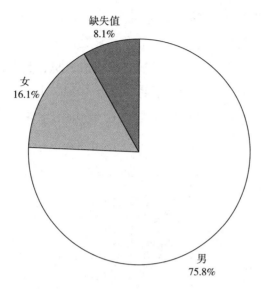

图 1 2020 年苏州市人工智能人才的性别分布

资料来源：根据猎聘公司提供的数据整理所得。

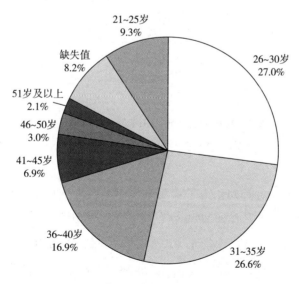

图 2 2020 年苏州市人工智能人才的年龄分布

资料来源：根据猎聘公司提供的数据整理所得。

3.苏州市人工智能人才的学历分布

从苏州市人工智能人才的学历分布（详见图3）来看，2020年苏州市人工智能人才中学历为本科的最多，占比为71.7%；其次是学历为大专的占比较高，为20.3%；学历为硕士的占比为3.9%。总体上看，苏州市人工智能人才学历水平较高，学历为本科及以上的占比达75.9%。

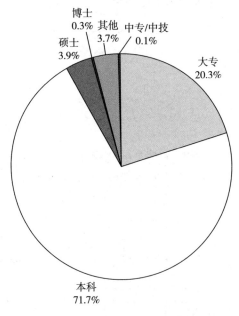

图3　2020年苏州市人工智能人才的学历分布

资料来源：根据猎聘公司提供的数据整理所得。

2018~2020年，苏州市人工智能人才中学历为本科的占比呈上升趋势，从2018年的63.0%上升到2020年的71.7%；学历为大专的占比呈下降趋势，从2018年的29.3%下降到2020年的20.3%；学历为硕士和博士的占比均呈上升趋势，分别从2018年的3.3%和0.1%上升到2020年的3.9%和0.3%（详见表1）。可见，2018~2020年，苏州市人工智能人才的学历水平总体上提高了。

表1 2018~2020年苏州市人工智能人才的学历分布

单位：%

学历	2018年简历投递量占比	2019年简历投递量占比	2020年简历投递量占比
中专/中技	0.1	0.4	0.1
大专	29.3	29.7	20.3
本科	63.0	59.4	71.7
硕士	3.3	2.8	3.9
博士	0.1	0.1	0.3
不限	4.2	7.6	3.7
合计	100.0	100.0	100.0

资料来源：根据猎聘公司提供的数据整理所得。

苏州市不同年龄人工智能人才的学历分布有所不同。随着年龄的增大，学历为本科的人工智能人才占比呈下降趋势，学历为大专的人工智能人才占比呈先降后升的走势，学历为硕士的人工智能人才占比则呈先升后降的趋势（详见图4）。

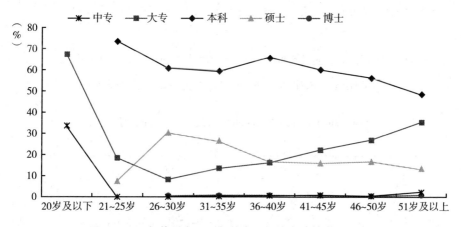

图4 2020年苏州市不同年龄人工智能人才的学历分布

资料来源：根据猎聘公司提供的数据整理所得。

从具体年龄来看，苏州市20岁及以下的人工智能人才中，学历为大专的最多，占比为66.7%；学历为中专的占比为33.3%（详见表2）。

表2　2020年苏州市20岁及以下人工智能人才的学历分布

单位：%

学历	占比
大专	66.7
中专	33.3
总计	100.0

资料来源：根据猎聘公司提供的数据整理所得。

苏州市21~25岁的人工智能人才中，学历为本科的最多，占比为73.3%；其次是学历为大专的较多，占比为18.4%；学历为硕士的占比为7.6%（详见表3）。

表3　2020年苏州市21~25岁人工智能人才的学历分布

单位：%

学历	占比	学历	占比
本科	73.3	中专	0.4
大专	18.4	高中	0.3
硕士	7.6	总计	100.0

资料来源：根据猎聘公司提供的数据整理所得。

苏州市26~30岁的人工智能人才中，学历为本科的最多，占比为60.3%；其次是学历为硕士的较多，占比为30.4%；学历为大专的占比为8.3%（详见表4）。

表4　2020年苏州市26~30岁人工智能人才的学历分布

单位：%

学历	占比	学历	占比
本科	60.3	中专	0.2
硕士	30.4	高中	0.2
大专	8.3	初中	0.1
博士	0.5	总计	100.0

资料来源：根据猎聘公司提供的数据整理所得。

苏州市31~35岁的人工智能人才中，学历为本科的最多，占比为59.3%；其次是学历为硕士的较多，占比为25.8%；学历为大专的占比为13.4%（详见表5）。

表5　2020年苏州市31~35岁人工智能人才的学历分布

单位：%

学历	占比	学历	占比
本科	59.3	中专	0.5
硕士	25.8	高中	0.2
大专	13.4	中技	0.1
博士	0.7	总计	100.0

资料来源：根据猎聘公司提供的数据整理所得。

苏州市36~40岁的人工智能人才中，学历为本科的最多，占比为65.8%；其次是学历为大专的较多，占比为16.6%；学历为硕士的占比为16.0%（详见表6）。

表6　2020年苏州市36~40岁人工智能人才的学历分布

单位：%

学历	占比	学历	占比
本科	65.8	中专	0.6
大专	16.6	高中	0.1
硕士	16.0	初中	0.1
博士	0.8	总计	100.0

资料来源：根据猎聘公司提供的数据整理所得。

苏州市41~45岁的人工智能人才中，学历为本科的最多，占比为60.1%；其次是学历为大专的较多，占比为22.3%；学历为硕士的占比为15.6%（详见表7）。

表7　2020年苏州市41~45岁人工智能人才的学历分布

单位：%

学历	占比	学历	占比
本科	60.1	高中	0.6
大专	22.3	博士	0.5
硕士	15.6	总计	100.0
中专	0.9		

资料来源：根据猎聘公司提供的数据整理所得。

苏州市 46~50 岁的人工智能人才中，学历为本科的最多，占比为 55.9%；其次是学历为大专的较多，占比为 26.8%；学历为硕士的占比为 16.1%（详见表8）。

表8 2020 年苏州市 46~50 岁人工智能人才的学历分布

单位：%

学历	占比	学历	占比
本科	55.9	初中	0.3
大专	26.8	博士	0.3
硕士	16.1	总计	100.0
高中	0.6		

资料来源：根据猎聘公司提供的数据整理所得。

苏州市 51 岁及以上的人工智能人才中，学历为本科的最多，占比为 48.2%；其次是学历为大专的较多，占比为 35.2%；学历为硕士的占比为 13.4%（详见表9）。

表9 2020 年苏州市 51 岁及以上人工智能人才的学历分布

单位：%

学历	占比	学历	占比
本科	48.2	中专	2.4
大专	35.2	博士	0.8
硕士	13.4	总计	100.0

资料来源：根据猎聘公司提供的数据整理所得。

4. 苏州市人工智能人才的专业背景

从专业背景情况来看，2020 年苏州市人工智能人才的专业背景为机械设计制造及其自动化的最多，占比为 7.9%；其次是专业背景为计算机科学与技术的较多，占比为 7.3%；专业背景为电子信息工程的占比为 4.5%，专业背景为工商管理、电气工程及其自动化的占比均为 3.7%（详见图5）。

苏州市不同年龄人工智能人才的专业背景有所不同。20 岁及以下的人

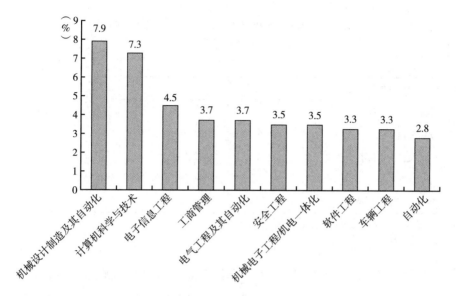

图 5 2020 年苏州市人工智能人才的专业背景分布（排名前十的专业）

资料来源：根据猎聘公司提供的数据整理所得。

工智能人才中，专业背景为应用电子技术教育、物流管理和计算机软件的占比基本相同（详见表 10）。

表 10 2020 年苏州市 20 岁及以下人工智能人才的专业背景分布

单位：%

专业	占比
应用电子技术教育	33.4
物流管理	33.3
计算机软件	33.3
总计	100.0

资料来源：根据猎聘公司提供的数据整理所得。

21~25 岁的人工智能人才中，专业背景为计算机科学与技术的最多，占比为 15.0%；其次是专业背景为软件工程的较多，占比为 10.8%；专业背景为机械设计制造及其自动化的占比为 4.4%（详见表 11）。

表 11 2020 年苏州市 21~25 岁人工智能人才的
专业背景分布（排名前十的专业）

单位：%

专业	占比	专业	占比
计算机科学与技术	15.0	车辆工程	3.0
软件工程	10.8	自动化	2.7
机械设计制造及其自动化	4.4	软件技术	2.7
电子信息工程	3.6	机械电子工程/机电一体化	2.6
电气工程及其自动化	3.4	通信工程	2.5

资料来源：根据猎聘公司提供的数据整理所得。

26~30 岁的人工智能人才中，专业背景为机械设计制造及其自动化的最多，占比为 8.2%；其次是专业背景为车辆工程的较多，占比为 6.2%；专业背景为计算机科学与技术的占比为 5.6%（详见表 12）。

表 12 2020 年苏州市 26~30 岁人工智能人才的
专业背景分布（排名前十的专业）

单位：%

专业	占比	专业	占比
机械设计制造及其自动化	8.2	安全工程	3.9
车辆工程	6.2	机械工程	3.9
计算机科学与技术	5.6	自动化	3.7
电气工程及其自动化	5.0	软件工程	3.0
电子信息工程	3.9	机械电子工程/机电一体化	3.0

资料来源：根据猎聘公司提供的数据整理所得。

31~35 岁的人工智能人才中，专业背景为机械设计制造及其自动化的最多，占比为 8.7%；专业背景为计算机科学与技术的较多，占比为 5.2%；专业背景为电子信息工程的占比为 5.0%（详见表 13）。

表13 2020年苏州市31~35岁人工智能人才的
专业背景分布（排名前十的专业）

单位：%

专业	占比	专业	占比
机械设计制造及其自动化	8.7	工商管理	3.5
计算机科学与技术	5.2	安全工程	3.5
电子信息工程	5.0	车辆工程	2.9
机械电子工程/机电一体化	3.6	自动化	2.6
电气工程及其自动化	3.6	土木工程	2.5

资料来源：根据猎聘公司提供的数据整理所得。

36~40岁的人工智能人才中，专业背景为机械设计制造及其自动化的最多，占比为8.9%；其次是专业背景为计算机科学与技术、工商管理的较多，占比均为7.2%；专业背景为电子信息工程的占比为5.3%（详见表14）。

表14 2020年苏州市36~40岁人工智能人才的
专业背景分布（排名前十的专业）

单位：%

专业	占比	专业	占比
机械设计制造及其自动化	8.9	安全工程	2.6
计算机科学与技术	7.2	环境工程	2.3
工商管理	7.2	电气工程及其自动化	2.2
电子信息工程	5.3	模具设计与制造	2.1
机械电子工程/机电一体化	3.5	计算机应用	1.7

资料来源：根据猎聘公司提供的数据整理所得。

41~45岁的人工智能人才中，专业背景为工商管理的最多，占比为7.2%；其次是专业背景为计算机科学与技术的较多，占比为5.8%；专业背景为机械设计制造及其自动化的占比为5.6%（详见表15）。

表15　2020年苏州市41~45岁人工智能人才的
专业背景分布（排名前十的专业）

单位：%

专业	占比	专业	占比
工商管理	7.2	计算机应用	3.0
计算机科学与技术	5.8	机电一体化	2.8
机械设计制造及其自动化	5.6	电气工程及其自动化	2.8
机械电子工程/机电一体化	5.1	电子信息工程	2.7
安全工程	3.8	行政管理	2.0

资料来源：根据猎聘公司提供的数据整理所得。

46~50岁的人工智能人才中，专业背景为工商管理的最多，占比为6.4%；其次是专业背景为安全工程的较多，占比为4.9%；专业背景为机械设计制造及其自动化的占比为3.7%（详见表16）。

表16　2020年苏州市46~50岁人工智能人才的
专业背景分布（排名前十的专业）

单位：%

专业	占比	专业	占比
工商管理	6.4	机电一体化	3.4
安全工程	4.9	计算机应用	3.1
机械设计制造及其自动化	3.7	计算机科学与技术	2.8
土木工程	3.4	机械电子工程/机电一体化	2.8
机械制造工艺与设备	3.4	法学	2.5

资料来源：根据猎聘公司提供的数据整理所得。

51岁及以上人工智能人才中，专业背景为机械制造工艺与设备的最多，占比为5.2%；其次是专业背景为机电一体化的较多，占比为3.5%；专业背景为经济管理、机械设计制造及其自动化、汉语言文学的占比均为3.0%（详见表17）。

表17　2020年苏州市51岁及以上人工智能人才的
专业背景分布（排名前十的专业）

单位：%

专业	占比	专业	占比
机械制造工艺与设备	5.2	建筑工程	2.6
机电一体化	3.5	计算机应用	2.6
经济管理	3.0	工商管理	2.6
机械设计制造及其自动化	3.0	电气工程及其自动化	2.6
汉语言文学	3.0	安全工程	2.6

资料来源：根据猎聘公司提供的数据整理所得。

5. 苏州市人工智能人才的工龄分布

从工龄分布来看，2020年苏州市人工智能人才中5年及以下工龄的最多，占比为31.8%；其次是5~10年工龄的较多，占比为23.5%；10~15年工龄的占比为17.8%（详见图6）。

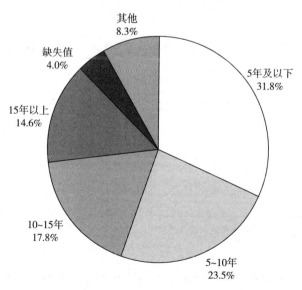

图6　2020年苏州市人工智能人才的工龄分布

资料来源：根据猎聘公司提供的数据整理所得。

6. 苏州市人工智能人才的来源区域

从各年龄人工智能人才的来源地区来看，苏州市人工智能人才主要来源于长三角地区。其中 20 岁及以下的人工智能人才主要来源于长三角地区和京津冀地区，占比均为 33.4%（详见表 18）。

表 18 2020 年苏州市 20 岁及以下人工智能人才的来源区域分布

单位：%

区域	占比
长三角	33.4
京津冀	33.4
缺失值	33.2
总计	100.0

资料来源：根据猎聘公司提供的数据整理所得。

苏州市 21~25 岁的人工智能人才中，有 59.5% 来自长三角地区，5.4% 来自长江中游地区，3.9% 来自中原地区（详见表 19）。

表 19 2020 年苏州市 21~25 岁人工智能人才的来源区域分布

单位：%

区域	占比	区域	占比
长三角	59.5	关中平原	1.9
长江中游	5.4	成渝	1.5
中原	3.9	缺失值	21.0
京津冀	3.6	总计	100.0
珠三角	3.2		

资料来源：根据猎聘公司提供的数据整理所得。

苏州市 26~30 岁的人工智能人才中，有 71.2% 来自长三角地区，4.6% 来自京津冀地区，3.6% 来自珠三角地区（详见表 20）。

表20 2020年苏州市26~30岁人工智能人才的来源区域分布

单位：%

区域	占比	区域	占比
长三角	71.2	成渝	1.2
京津冀	4.6	关中平原	0.9
珠三角	3.6	缺失值	14.4
长江中游	2.4	总计	100.0
中原	1.7		

资料来源：根据猎聘公司提供的数据整理所得。

苏州市31~35岁的人工智能人才中，有75.5%来自长三角地区，3.0%来自京津冀地区，2.4%来自珠三角地区（详见表21）。

表21 2020年苏州市31~35岁人工智能人才的来源区域分布

单位：%

区域	占比	区域	占比
长三角	75.5	成渝	1.3
京津冀	3.0	关中平原	0.6
珠三角	2.4	缺失值	13.6
中原	1.8	总计	100.0
长江中游	1.8		

资料来源：根据猎聘公司提供的数据整理所得。

苏州市36~40岁的人工智能人才中，有78.5%来自长三角地区，3.1%来自京津冀地区，2.0%来自珠三角地区（详见表22）。

表22 2020年苏州市36~40岁人工智能人才的来源区域分布

单位：%

区域	占比	区域	占比
长三角	78.5	成渝	0.9
京津冀	3.1	关中平原	0.6
珠三角	2.0	缺失值	11.9
长江中游	1.6	总计	100.0
中原	1.4		

资料来源：根据猎聘公司提供的数据整理所得。

苏州市 41~45 岁的人工智能人才中，有 76.7% 来自长三角地区，3.9% 来自珠三角地区，3.3% 来自京津冀地区（详见表23）。

表23　2020年苏州市41~45岁人工智能人才的来源区域分布

单位：%

区域	占比	区域	占比
长三角	76.7	关中平原	0.6
珠三角	3.9	成渝	0.4
京津冀	3.3	缺失值	12.0
长江中游	2.1	总计	100.0
中原	1.0		

资料来源：根据猎聘公司提供的数据整理所得。

苏州市 46~50 岁的人工智能人才中，有 59.0% 来自长三角地区，8.2% 来自珠三角地区，6.2% 来自京津冀地区（详见表24）。

表24　2020年苏州市46~50岁人工智能人才的来源区域分布

单位：%

区域	占比	区域	占比
长三角	59.0	中原	1.4
珠三角	8.2	关中平原	0.6
京津冀	6.2	缺失值	21.2
长江中游	1.7	总计	100.0
成渝	1.7		

资料来源：根据猎聘公司提供的数据整理所得。

苏州市 51 岁及以上的人工智能人才中，有 49.0% 来自长三角地区，9.7% 来自京津冀地区，6.9% 来自珠三角地区（详见表25）。

表25　2020年苏州市51岁及以上人工智能人才的来源区域分布

单位：%

区域	占比	区域	占比
长三角	49.0	成渝	1.6
京津冀	9.7	关中平原	1.2
珠三角	6.9	缺失值	23.9
中原	5.3	总计	100.0
长江中游	2.4		

资料来源：根据猎聘公司提供的数据整理所得。

7. 苏州市人工智能人才的期望薪资

从2020年苏州市不同期望薪资人工智能人才的行业分布来看，随着期望薪资的升高，苏州市能源化工行业人工智能人才的占比总体呈上升趋势，互联网行业人工智能人才的占比呈先降后升的走势，汽车制造、电子通信、消费品行业人工智能人才的占比总体呈下降的趋势（详见图7）。

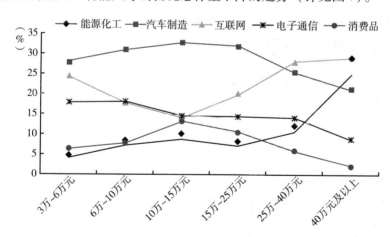

图7　2020年苏州市不同期望薪资人工智能人才的行业分布

资料来源：根据猎聘公司提供的数据整理所得。

从2020年苏州市不同期望薪资人工智能人才的岗位分布来看，随着期望薪资的升高，研发岗位人工智能人才的占比上升，平台架构岗位人工智能人才的占比下降，其他岗位人工智能人才的变化较为平稳（详见图8）。

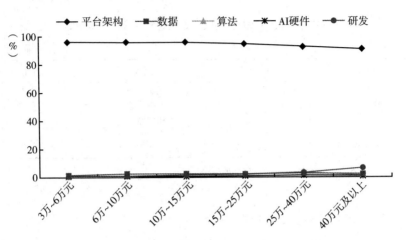

图8　2020年苏州市不同期望薪资人工智能人才的岗位分布

资料来源：根据猎聘公司提供的数据整理所得。

　　从2020年苏州市不同期望薪资人工智能人才的学历分布来看，随着期望薪资的升高，人工智能人才中学历为硕士和博士的占比上升，学历为本科和大专的占比下降（详见图9）。

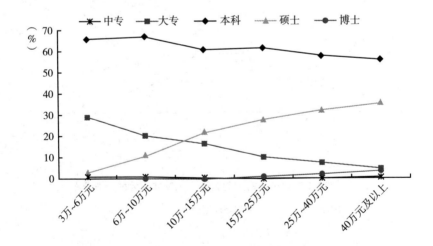

图9　2020年苏州市不同期望薪资人工智能人才的学历分布

资料来源：根据猎聘公司提供的数据整理所得。

（二）苏州市人工智能人才需求数据分析

1. 苏州市不同行业对人工智能人才的需求情况

从 2020 年苏州市不同行业对人工智能人才的需求情况来看，苏州市互联网行业对人工智能人才的需求最多，占比为 41.1%；其次是汽车制造行业对人工智能人才的需求较多，占比为 17.5%；电子通信行业对人工智能人才的需求占比为 14.9%（详见表 26）。

表 26　2020 年苏州市不同行业对人工智能人才的需求分布（排名前十的行业）

单位：%

行业	新发职位量占比	行业	新发职位量占比
互联网	41.1	消费品	3.9
汽车制造	17.5	制药医疗	3.8
电子通信	14.9	教育文化	2.9
服务	4.4	建筑	2.1
能源化工	4.3	金融	1.0

资料来源：根据猎聘公司提供的数据整理所得。

2. 苏州市不同岗位对人工智能人才的需求情况

从 2020 年苏州市不同技术岗位对人工智能人才的需求情况来看，苏州市平台架构岗位对人工智能人才的需求最多，占比为 95.4%；其次是算法岗位对人工智能人才的需求较多，占比为 2.1%；AI 硬件岗位对人工智能人才的需求占比为 1.3%（详见表 27）。

表 27　2020 年苏州市不同岗位对人工智能人才的需求分布

单位：%

岗位	新发职位量占比	岗位	新发职位量占比
平台架构	95.4	数据	0.7
算法	2.1	研发	0.5
AI 硬件	1.3	总计	100.0

资料来源：根据猎聘公司提供的数据整理所得。

3.苏州市对不同学历人工智能人才的需求情况

从苏州市对不同学历人工智能人才的需求情况来看,对本科学历人工智能人才的需求最多,占比为71.7%;其次是对大专学历人工智能人才的需求较多,占比为20.3%;对硕士学历人工智能人才的需求占比为3.9%(详见表28)。

表28　2020年苏州市对不同学历人工智能人才的需求分布

单位:%

学历	新发职位量占比	学历	新发职位量占比
本科	71.7	博士	0.3
大专	20.3	中专/中技	0.1
硕士	3.9	总计	100.0
不限	3.7		

资料来源:根据猎聘公司提供的数据整理所得。

4.苏州市不同规模企业对人工智能人才的需求情况

从苏州市不同规模企业对人工智能人才的需求情况来看,规模为1000人及以上的企业对人工智能人才的需求最多,占比为31.0%;其次是规模为100~499人的企业对人工智能人才的需求较多,占比为25.6%;规模为0~99人和500~999人的企业对人工智能人才的需求占比分别为20.9%和11.9%(详见表29)。

表29　2020年苏州市不同规模企业对人工智能人才的需求分布

单位:%

企业规模	新发职位量占比	企业规模	新发职位量占比
0~99人	20.9	1000人及以上	31.0
100~499人	25.6	其他	10.6
500~999人	11.9	总计	100.0

资料来源:根据猎聘公司提供的数据整理所得。

三 苏州市人工智能人才培养和典型 企业人工智能人才情况

（一）苏州市人工智能人才培养情况

1. 苏州市人工智能人才毕业院校分布情况

苏州市人工智能人才的毕业院校比较分散，其中从苏州大学毕业的相对最多，占比为4.8%；其次是从江苏大学毕业的，占比为2.7%；从南京大学、南京工业大学、南京工程学院毕业的分别占比1.9%、1.7%、1.6%（详见图10）。

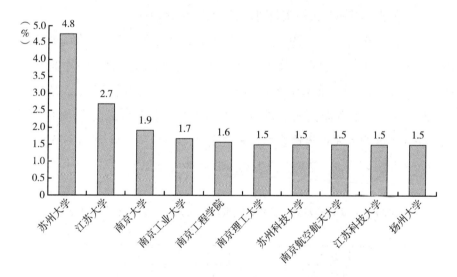

图10 2020年苏州市人工智能人才毕业院校中排名前十的院校

资料来源：根据猎聘公司提供的数据整理所得。

2. 苏州市典型院校培养人工智能人才情况

苏州大学人工智能研究院①是苏州大学的下设科研机构，围绕学科方

---

① 《苏州大学成立人工智能研究院 推动产学研深度融合》，苏州智能制造产业联盟，http：//www. szim. org. cn/content/show-317. html。

向，开展博士、硕士及本科生的培养，逐步形成"人工智能+X"复合专业培养新模式。江苏大学人工智能与智能制造学院[①]立足智能制造和智能农业装备新兴产业，培养从事高端装备制造与智能农业装备的本硕博贯通的高层次创新型工程技术人才。南京大学于2018年3月5日成立人工智能学院[②]，以自身实践探索人工智能内涵式发展新道路，形成"基础研究""人才培养""产业创新"协同发展态势，建成国际一流的学术重镇和人才高地。苏州技师学院[③]以智能制造应用型技能人才培养为目标，通过寻求政、校、企合作，大力开展产教融合模式下的智能制造专业建设，构建智能制造领域技能人才培养体系。

（二）典型企业人工智能人才情况

1.苏州富纳艾尔科技有限公司人工智能人才情况

苏州富纳艾尔科技有限公司属于智能装备制造业企业，所有制类型为有限责任公司（不含私营有限公司）。公司位于苏州工业园区，主要业务是装备开发、技能培训、技术服务。截至2020年底，企业拥有人工智能人才130人，其中人工智能方面的技能人才100人，人工智能高端人才10人。该公司人工智能人才中男性多于女性（详见表30），年龄为31~35岁的人数最多（详见表31），学历为大专的人数最多（详见表32）。

表30　2020年苏州富纳艾尔科技有限公司人工智能人才的性别分布

单位：人

性别	人数
男性	85
女性	45
合计	130

资料来源：根据问卷数据整理所得。

---

① 《国家首批，江苏大学人工智能与智能制造学院来了!》，江苏大学澎湃号，https://www. thepaper. cn/newsDetail_ forward_ 16653053，2022年2月10日。
② 南京大学人工智能学院院况概览，https://ai. nju. edu. cn/18402/list. htm。
③ 江苏省苏州技师学院门户网站，http://ssts. suzhou. com. cn。

表31　2020年苏州富纳艾尔科技有限公司人工智能人才的年龄分布

单位：人

年龄	人数	年龄	人数
25岁及以下	5	41~45岁	10
26~30岁	8	46~50岁	5
31~35岁	70	51岁及以上	2
36~40岁	30	合计	130

资料来源：根据问卷数据整理所得。

表32　2020年苏州富纳艾尔科技有限公司人工智能人才的学历分布

单位：人

学历	人数
高中/中技/中专	10
大专	80
本科	30
硕士及以上	10
合计	130

资料来源：根据问卷数据整理所得。

该企业已经设置人工智能岗位4年。2018~2020年，企业每年招聘人工智能人才20人，要求3~5年工作经验，2020年招聘人工智能人才的渠道为校招（普通院校）和在线平台，学历要求为本科及以上。2018~2020年，每年人工智能人才的离职人数为3人，离职原因为需要回老家结婚，离职后的去向为回家乡。企业人工智能人才的平均薪酬为8000元/月。

企业针对人工智能人才的培训课程有工业视觉，晋升通道为岗位提升、学历提升。企业最注重人工智能人才掌握机器算法、模式识别、自然语言处理的能力，以及较强的数据分析和编程能力、良好的沟通协调能力等。企业招聘的人工智能人才基本符合企业的实际需求。

该企业认为学校和社会培训机构培养的人工智能人才的能力存在滞后性。企业的人工智能人才在实践中存在理论与实践不能较好结合、吃苦耐劳

能力较差等方面的不足。

该企业人工智能人才包括设计、调试、服务等类型。人工智能岗位包括设计工程师、系统工程师、调试工程师。企业人工智能高端人才分布在开发、设计工程师等岗位上。人工智能方面的技能人才分布在调试、运维技术员等岗位上。企业紧缺并急需智能装备的装调人员。

企业对于完善人工智能人才培养体系的建议包括以下几点。一是学校、企业、社会评价组织要联动，以完善对人工智能人才的教育和培训。二是学校应尽快开设机器视觉、计算机算法等方面的课程。当前人工智能人才发展面临的最大障碍是浮躁，建议做好长期职业生涯规划。人工智能人才未来有广阔的发展前景，特别是许多细分领域，应用前景很广阔。三是除了重视人工智能应用外，要注重基础平台的开发，防止人工智能领域出现卡脖子的现象。

2. 力神电池（苏州）有限公司人工智能人才情况

力神电池（苏州）有限公司主要生产锂离子电池，为国有企业，位于江苏省苏州市高新区，截至2020年底，企业员工总数为850人，其中人工智能人才为25人，人工智能方面的技能人才为10人，人工智能高端人才只有1人。该公司的人工智能人才中男性多于女性，年龄为31~35岁的人数最多，为10人，学历为本科的人数最多，为15人。

力神电池（苏州）有限公司设置人工智能岗位已有4年，2020年招聘人工智能人才的渠道为猎头，要求3~5年工作经验。2018~2020年，每年招聘人数分别为10人、5人、5人，每年离职2人；离职的原因包括制造业内部项目少，人才得不到长期高速成长，被其他同行高薪挖走；离职后的去向为软件公司或系统集成商。公司人工智能人才的平均薪酬为1.5万元/月。企业没有固定的人才培养模式，主要是外协厂商培训。目前企业招聘的人工智能人才基本符合企业的实际需求。

该公司认为学校和社会培训机构培养的人工智能人才的能力存在滞后性。人工智能人才在实践中存在理论知识不足、理论与实践不能较好结合的问题。

该企业人工智能人才包括软件工程专业、自动化专业、计算机科学等方面的人才。人工智能岗位包括 MES 系统工程师、视觉检测工程师、AGV 系统工程师。企业人工智能高端人才分布在技改项目团队的技术支持岗位。企业人工智能方面的技能人才主要分布在设备维护、网络系统维护岗位。

企业建议人工智能人才的教育和培训要强调软件与硬件相结合，人工智能人才培训不能脱离硬件；同时还建议学校开设的课程中要增加制造型企业的管理课程。

3. 苏州协鑫光伏科技有限公司人工智能人才情况

苏州协鑫光伏科技有限公司属于制造业企业，所有制类型为私营企业，公司位于苏州市高新区，主要生产太阳能及单晶硅片切割。截至 2020 年底，企业员工总数为 725 人，其中人工智能人才数量为 61 人，在人工智能人才中，技能人才数量为 57 人。该公司的人工智能人才均为男性（详见表 33），年龄为 26~30 岁的人数最多（详见表 34），学历为高中/中技/中专的人数最多（详见表 35）。

表 33 2020 年苏州协鑫光伏科技有限公司人工智能人才的性别分布

单位：人

性别	人数
男性	61
女性	0
合计	61

资料来源：根据问卷数据整理所得。

表 34 2020 年苏州协鑫光伏科技有限公司人工智能人才的年龄分布

单位：人

年龄	人数	年龄	人数
25 岁及以下	10	41~45 岁	0
26~30 岁	33	46~50 岁	0
31~35 岁	13	51 岁及以上	0
36~40 岁	5	合计	61

资料来源：根据问卷数据整理所得。

表35　2020年苏州协鑫光伏科技有限公司人工智能人才的学历分布

单位：人

学历	人数
高中/中技/中专	27
大专	21
本科	12
硕士及以上	1
合计	61

资料来源：根据问卷数据整理所得。

　　该企业已经设置人工智能岗位10年，2018~2020年，企业每年招聘的人工智能人才数量分别为10人、17人、24人，招聘的人工智能人才要求有1~3年工作经验，招聘的渠道为校招（普通院校）和在线平台，对学历的要求为本科及以上。2018~2020年，离职的人工智能人才数分别为5人、7人、6人，离职原因主要是个人原因，为了有更好的发展；离职后的去向为与人工智能相关的单位。该企业人工智能人才的平均薪酬为1.2万元/月。企业针对人工智能人才开展的培训课程有协鑫大学人才培养体系、协鑫大学线上课程、企业内部讲师，人工智能人才的晋升通道主要是内部竞聘晋升。企业注重人工智能人才掌握机器算法、模式识别、自然语言处理的能力，并且要有较强的承受压力能力。企业招聘的人工智能人才基本符合企业的实际需求。

　　该企业认为学校和社会培训机构培养的人工智能人才不存在能力的滞后性。人工智能人才在实践中存在的不足是理论与实践不能较好地结合。

　　该企业人工智能人才包括应用型人才和技术性人才。人工智能岗位包括软件开发、生产系统管理岗位。企业人工智能方面的技能人才分布在生产一线、精密设备技术岗位上，目前企业急需此类人才。

　　该企业认为，人工智能人才培养需要多学科专业的支持，建议学校开设"智能计算与感知""智能装置系统"等方面的课程。未来专业化人才与人工智能人才应当有融合意识，人工智能人才应向专业领域去应用融合，专业化人才也应主动把人工智能理论知识吸收到自己的专业领域中。

4. 苏州领智峰汇创业孵化管理有限公司人工智能人才情况

苏州领智峰汇创业孵化管理有限公司属于服务行业，所有制类型为私营企业，公司位于苏州市相城区，主要业务为企业孵化服务、企业政策咨询与申报。截至 2020 年底，企业员工总数为 4 人，都是人工智能方面的技能型人才，也是人工智能高端人才。该公司的人工智能人才男性女性各占一半，年龄为 26~30 岁的人数最多，为 3 人。

该企业已经开设人工智能岗位 2 年，招聘的人工智能人才要求有 1~3 年工作经验，招聘渠道为在线平台，学历要求为本科及以上。2018~2020 年，每年人工智能人才的离职数为 1 人，离职的原因主要是离开苏州回乡工作，离职后的去向为常州。该企业人工智能人才的平均薪酬为 4000 元/月。企业针对人工智能人才开设的培训课程有沙龙等，晋升通道为内部晋升。企业最注重人工智能人才良好的沟通协调能力。企业招聘人工智能人才完全符合企业的实际需求。该企业认为学校和社会培训机构培养的人工智能人才不存在能力的滞后性。

5. 苏州智汇谷科技服务有限公司人工智能人才情况

苏州智汇谷科技有限公司属于人工智能创业服务企业，所有制类型为私营企业，所在地在苏州，企业主要从事科技服务。截至 2020 年底，企业员工总数为 10 人，全部为人工智能人才，其中人工智能高端人才数量为 8 人。该公司人工智能人才中男性女性各占一半；年龄为 36~40 岁的有 4 人，人数相对较多；学历为本科的有 8 人，人数最多。

该企业已经设置人工智能岗位 3 年。2018~2020 年，每年招聘的人工智能人才数量均为 5 人，要求 5 年以上工作经验。2020 年，企业招聘人工智能人才的渠道为在线平台，学历要求本科及以上。2018~2020 年，没有人工智能人才离职。该企业人工智能人才的平均薪酬为 2 万元/月。企业针对人工智能人才的培训课程有 AI 大学、在线培训课程。企业招聘的人工智能人才基本符合企业的实际需求。

该企业认为学校和社会培训机构培养的人工智能人才存在能力的滞后

性。企业中的人工智能人才在实践中存在理论与实践不能较好结合，缺乏主动性等不足。企业人工智能高端人才主要是总经理、总监，企业仍然急需经营型人工智能人才，同时还需要加大人工智能人才的培养力度，开设创业方面的人工智能课程。

五　苏州市人工智能人才队伍建设存在的问题

（一）人工智能人才结构不均衡

调研发现，随着人工智能技术的不断进阶，对人才素质的要求越来越高，使苏州市人工智能人才队伍建设面临较大的挑战。实践中，企业往往在人工智能人才的教育背景、工作经验等方面设置较高的标准，在招聘人才时，更倾向于选择本科及以上学历的人才，同时也更愿意接受工作经验较丰富、工作年限较长的人才。

（二）人工智能学科专业师资紧缺

在苏州技师学院的调研中了解到，在人工智能人才的培养过程中，学校在专业建设上存在师资严重紧缺的问题。受学校人员编制限制和其他急需、紧缺工种的发展制约，人工智能相关专业教师缺口严重。另外，机电类专业作为人工智能的基础专业，对技能人才的需求量始终处于高位，师资缺口也很大。

（三）人才培养的财政资金支持力度还需加大

在苏州的调研中了解到，学校面向制造业开设的人工智能专业，特别是人工智能技能人才的培养，需要内容不断更新，培养学生的实际操作能力；而同企业生产环境一致的实训设施、设备，需要大量的、持续性的资金投入，财政资金本来就不多，分摊到人工智能相关专业的资金则更少。

六 苏州市人工智能人才发展的对策建议

结合苏州市人工智能产业发展规划，本研究提出以下几点苏州市人工智能人才发展的对策建议。

（一）加强人工智能高端人才储备库建设

建议加强人工智能人才的需求预测，针对算法、深度学习、智能芯片、人机交互等关键技术领域，建立高端人才储备库；鼓励企业招聘人工智能专业优秀毕业生到苏州就业，鼓励各地区各板块根据自身实际，引进人工智能高端人才，为人工智能产业发展提供强有力的人才支撑，推动苏州成为世界级人工智能科研应用城市。

（二）优化师资结构，培养产业实际需要的人才

优化人工智能人才结构，对接现代智能制造技术发展趋势和岗位能力要求，结合人社部颁布的新职业，开发人工智能领域的专业课程标准，开展面向人工智能领域急需人才的培训，推动人工智能人才结构与产业发展的深度融合，为苏州区域经济发展提供技能人才支撑。

（三）加大财政资金支持力度，优化人工智能人才培养环境

建议加大财政资金的支持力度，优化院校培养人工智能人才的环境。鼓励高校开设人工智能相关专业，提高学科建设水平，依托苏州大学、苏州科技大学、西交利物浦等高校，培养人工智能高端人才，提升苏州人工智能产业的影响力及集聚效应，为长三角地区乃至全国人工智能的发展和人才培养提供良好的环境。

B.10
2022年杭州市人工智能人才发展报告

高亚春　李熙*

摘　要: 本报告对 2022 年杭州市人工智能人才供给和需求数据进行了深入分析。分析发现,杭州市人工智能人才男性多于女性,专业背景多为计算机科学与技术,期望年薪多为 15 万~25 万元;分析还发现,杭州市人工智能人才培养与企业需求之间存在时间差;高校数量少,人才培养数量相对受限;高端人才对薪酬等福利要求越来越高。基于此,本报告建议高校要加快人工智能人才培养步伐;建立更多的人工智能人才培养机构;健全完善配套政策,吸引并留住人才。

关键词: 人工智能　人工智能人才　人工智能产业　杭州

杭州市是一座极具创新力的智慧城市,依托位于全国前列的科研支出、研发环境、人才、资本等优势,借助阿里巴巴、浙江大学、浙商银行等名校名企,杭州的人工智能产业实现了快速发展。

一　杭州市人工智能产业发展情况

杭州市人工智能产业发展迅速,人工智能产业综合实力位居全国前列。《2020 年杭州人工智能企业图谱》相关数据显示,杭州市人工智能产业已经形成

---

* 高亚春,中国劳动和社会保障科学研究院宏观战略研究室副研究员,主要研究领域为人社统计分析;李熙,苏州富纳艾尔科技有限公司校企合作部总监,副教授,主要研究领域为职业教育管理。

良好的创新生态和梯队格局，头部企业、"独角兽"企业、准"独角兽"企业梯队建设完善，发展动力十足。2019 年，纳入浙江省统计的规上限上人工智能企业共有 212 家，实现营业收入 1157.69 亿元，同比增长 16.96%。拥有省级认定的人工智能领军企业有 10 家，占全省的 83%；有人工智能行业应用标杆企业 32家，占全省的 71%；有人工智能行业应用培育企业 19 家，占全省的 83%。①

二　杭州市人工智能人才供需状况

（一）杭州市人工智能人才供给数据分析

1. 杭州市人工智能人才的性别分布

从人工智能人才的性别分布（详见图 1）来看，2020 年杭州市人工智能人才中男性多于女性，男性占比为 72.1%，女性占比为 15.1%。

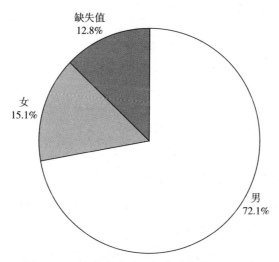

图 1　2020 年杭州市人工智能人才的性别分布

资料来源：根据猎聘公司提供的数据整理所得。

---

① 《〈2020 杭州市人工智能企业图谱〉发布　企业共建"AI 无限想象之城"》，搜狐公众号，https：//www.sohu.com/a/405412639_100019775，2020 年 7 月 2 日。

2. 杭州市人工智能人才的年龄分布

从 2020 年杭州市人工智能人才的年龄分布（详见图 2）来看，26~30 岁的人工智能人才占比最高，为 31.2%；其次是 31~35 岁的人工智能人才占比较高，为 20.8%；21~25 岁的占比为 16.7%；36~40 岁的占比为 9.6%。总体上看，杭州市年轻的人工智能人才较多，35 岁及以下者占比达 68.8%。

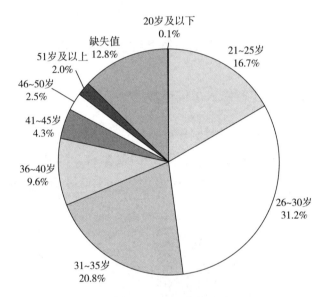

图 2　2020 年杭州市人工智能人才的年龄分布

资料来源：根据猎聘公司提供的数据整理所得。

3. 杭州市人工智能人才的学历分布

从人工智能人才的学历分布（详见图 3）来看，2020 年杭州市人工智能人才中学历为本科的占比最高，为 55.5%；其次是学历为硕士的占比较高，为 18.4%；学历为大专的占比为 11.9%。总体上看，杭州市人工智能人才的学历水平较高，学历为本科及以上的占比为 74.8%。

2018~2020 年，杭州市人工智能人才中，学历为本科的占比略有上升，从 2018 年的 53.5% 上升到 2020 年的 55.5%；学历为硕士和大专的占比略有下降，分别从 2018 年的 25.9% 和 12.3% 下降为 2020 年的 18.4% 和 11.9%（详见表 1）。

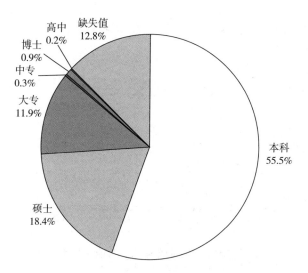

图3 2020年杭州市人工智能人才的学历分布

资料来源：根据猎聘公司提供的数据整理所得。

表1 2018~2020年杭州市人工智能人才的学历分布

单位：%

学历	2018年简历投递量占比	2019年简历投递量占比	2020年简历投递量占比
本 科	53.5	54.8	55.5
硕 士	25.9	22.1	18.4
大 专	12.3	12.6	11.9
博 士	1.4	1.0	0.9
中 专	0.3	0.2	0.3
高 中	0.2	0.2	0.2
缺失值	6.4	9.1	12.8
合 计	100.0	100.0	100.0

资料来源：根据猎聘公司提供的数据整理所得。

杭州市不同年龄人工智能人才的学历分布有所不同。随着年龄的增长，学历为本科和硕士的人工智能人才占比呈先升后降的态势，学历为大专的人工智能人才占比则呈先降后升的态势（详见图4）。

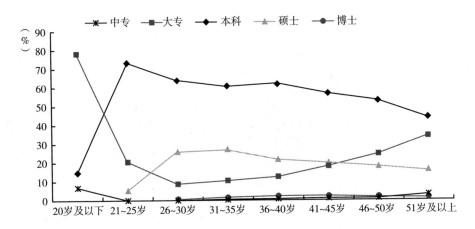

图4 2020年杭州市不同年龄人工智能人才的学历分布

资料来源：根据猎聘公司提供的数据整理所得。

从具体年龄来看，20岁及以下的人工智能人才中，学历为大专的占比最高，为78.6%；其次是学历为本科的，占比为14.3%；学历为中专的占比最低，为7.1%（详见表2）。

表2 2020年杭州市20岁及以下人工智能人才的学历分布

单位：%

学历	简历投递量占比
大专	78.6
本科	14.3
中专	7.1
合计	100.0

资料来源：根据猎聘公司提供的数据整理所得。

21~25岁的人工智能人才中，学历为本科的占比最高，为73.1%；其次是学历为大专的占比较高，为21.0%；学历为硕士的占比为5.5%（详见表3）。

表3　2020年杭州市21~25岁人工智能人才的学历分布

单位：%

学历	简历投递量占比	学历	简历投递量占比
本科	73.1	中专	0.1
大专	21.0	初中	0.1
硕士	5.5	合计	100.0
高中	0.2		

资料来源：根据猎聘公司提供的数据整理所得。

26~30岁的人工智能人才中，学历为本科的占比最高，为64.1%；其次是学历为硕士的占比较高，为26.1%；学历为大专的占比为9.1%（详见表4）。

表4　2020年杭州市26~30岁人工智能人才的学历分布

单位：%

学历	简历投递量占比	学历	简历投递量占比
本科	64.1	中专	0.1
硕士	26.1	高中	0.1
大专	9.1	合计	100.0
博士	0.5		

资料来源：根据猎聘公司提供的数据整理所得。

31~35岁的人工智能人才中，学历为本科的占比最高，为60.7%；其次是学历为硕士的占比较高，为26.9%；学历为大专的占比为10.5%（详见表5）。

表5　2020年杭州市31~35岁人工智能人才的学历分布

单位：%

学历	简历投递量占比	学历	简历投递量占比
本科	60.7	中专	0.2
硕士	26.9	高中	0.2
大专	10.5	合计	100.0
博士	1.5		

资料来源：根据猎聘公司提供的数据整理所得。

36~40岁人工智能人才中，学历为本科的占比最高，为62.2%；其次是学历为硕士的占比较高，为21.8%；学历为大专的占比为12.8%（详见表6）。

表6 2020年杭州市36~40岁人工智能人才的学历分布

单位：%

学历	简历投递量占比	学历	简历投递量占比
本科	62.2	中专	0.4
硕士	21.8	高中	0.3
大专	12.8	初中	0.2
博士	2.3	合计	100.0

资料来源：根据猎聘公司提供的数据整理所得。

41~45岁人工智能人才中，学历为本科的占比最高，为56.6%；其次是学历为硕士的占比较高，为20.1%；学历为大专的占比为18.4%（详见表7）。

表7 2020年杭州市41~45岁人工智能人才的学历分布

单位：%

学历	简历投递量占比	学历	简历投递量占比
本科	56.6	中专	1.2
硕士	20.1	高中	1.1
大专	18.4	初中	0.3
博士	2.3	合计	100.0

资料来源：根据猎聘公司提供的数据整理所得。

46~50岁人工智能人才中，学历为本科的占比最高，为53.2%；其次是学历为大专的占比较高，为24.8%；学历为硕士的占比为18.0%（详见表8）。

表8 2020年杭州市46~50岁人工智能人才的学历分布

单位：%

学历	简历投递量占比	学历	简历投递量占比
本科	53.2	高中	0.5
大专	24.8	中专	1.4
硕士	18.0	中技	0.2
博士	1.9	合计	100.0

资料来源：根据猎聘公司提供的数据整理所得。

51岁及以上人工智能人才中，学历为本科的占比最高，为44.3%；其次是学历为大专的占比较高，为34.0%；学历为硕士的占比为16.0%（详见表9）。

表9 2020年杭州市51岁及以上人工智能人才的学历分布

单位：%

学历	简历投递量占比	学历	简历投递量占比
本科	44.3	中专	3.0
大专	34.0	高中	0.9
硕士	16.0	中技	0.6
博士	1.2	合计	100.0

资料来源：根据猎聘公司提供的数据整理所得。

4. 杭州市人工智能人才的专业背景

2020年，杭州市人工智能人才中，专业背景为计算机科学与技术的最多，占比为15.9%；其次是专业背景为软件工程的较多，占比为7.9%；专业背景为电子信息工程的占比为4.7%（详见表10）。

表10 2020年杭州市人工智能人才的专业背景分布（排名前十的专业）

单位：%

专业背景	简历投递量占比	专业背景	简历投递量占比
计算机科学与技术	15.9	机械设计制造及其自动化	3.0
软件工程	7.9	土木工程	3.0
电子信息工程	4.7	自动化	2.7
通信工程	3.3	电气工程及其自动化	2.4
安全工程	3.1	工商管理	2.4

资料来源：根据猎聘公司提供的数据整理所得。

杭州市不同年龄人工智能人才的专业背景有所不同，年轻的人工智能人才专业背景多为计算机方面的，年龄较大的人工智能人才专业背景多为工商管理、安全工程和土木工程等方面的。

20岁及以下的人工智能人才中，专业背景为计算机应用技术的占比最高，为21.4%；其次是专业背景为计算机科学与技术、软件技术的占比较高，均为14.3%；专业背景为计算机应用、计算机网络技术、医学影像工程的占比均为7.2%（详见表11）。

表11 2020年杭州市20岁及以下人工智能人才的专业背景分布（排名前十的专业）

单位：%

专业背景	简历投递量占比	专业背景	简历投递量占比
计算机应用技术	21.4	医学影像工程	7.2
计算机科学与技术	14.3	应用电子技术教育	7.1
软件技术	14.3	电子信息工程技术	7.1
计算机应用	7.2	移动应用开发	7.1
计算机网络技术	7.2	Java开发(智能平台开发)	7.1

资料来源：根据猎聘公司提供的数据整理所得。

21~25岁的人工智能人才中，专业背景为计算机科学与技术的占比最高，为22.3%；其次是专业背景为软件工程的占比较高，为15.7%；专业背景为软件技术的占比为4.0%（详见表12）。

表12 2020年杭州市21~25岁人工智能人才的专业背景分布（排名前十的专业）

单位：%

专业背景	简历投递量占比	专业背景	简历投递量占比
计算机科学与技术	22.3	物联网工程	3.5
软件工程	15.7	通信工程	2.9
软件技术	4.0	网络工程	2.8
电子信息工程	3.8	计算机应用	2.2
计算机应用技术	3.4	信息与计算科学	2.1

资料来源：根据猎聘公司提供的数据整理所得。

26~30岁的人工智能人才中，专业背景为计算机科学与技术的占比最高，为14.2%；其次是专业背景为软件工程的占比较高，为7.2%；专业背景为电子信息工程的占比为5.4%（详见表13）。

表 13　2020 年杭州市 26~30 岁人工智能人才的专业背景分布（排名前十的专业）

单位：%

专业背景	简历投递量占比	专业背景	简历投递量占比
计算机科学与技术	14.2	土木工程	3.2
软件工程	7.2	电气工程及其自动化	3.1
电子信息工程	5.4	自动化	3.0
机械设计制造及其自动化	3.9	安全工程	2.6
通信工程	3.7	车辆工程	2.3

资料来源：根据猎聘公司提供的数据整理所得。

31~35 岁的人工智能人才中，专业背景为计算机科学与技术的占比最高，为 12.5%；其次是专业背景为电子信息工程的占比较高，为 4.8%；专业背景为安全工程的占比为 4.6%（详见表 14）。

表 14　2020 年杭州市 31~35 岁人工智能人才的专业背景分布（排名前十的专业）

单位：%

专业背景	简历投递量占比	专业背景	简历投递量占比
计算机科学与技术	12.5	土木工程	3.9
电子信息工程	4.8	通信工程	3.3
安全工程	4.6	自动化	3.1
软件工程	4.1	工商管理	2.6
机械设计制造及其自动化	3.9	电气工程及其自动化	2.1

资料来源：根据猎聘公司提供的数据整理所得。

36~40 岁的人工智能人才中，专业背景为计算机科学与技术的占比最高，为 14.9%；其次是专业背景为工商管理的占比较高，为 5.3%；专业背景为安全工程的占比为 4.6%（详见表 15）。

表15　2020年杭州市36~40岁人工智能人才的专业背景分布（排名前十的专业）

单位：%

专业背景	简历投递量占比	专业背景	简历投递量占比
计算机科学与技术	14.9	机械设计制造及其自动化	3.2
工商管理	5.3	通信工程	3.1
安全工程	4.6	自动化	2.7
电子信息工程	4.5	电气工程及其自动化	2.6
土木工程	3.9	计算机应用	2.3

资料来源：根据猎聘公司提供的数据整理所得。

41~45岁人工智能人才中，专业背景为计算机科学与技术的占比最高，为9.3%；专业背景为工商管理的占比较高，为5.8%；专业背景为计算机应用、安全工程的占比均为4.4%（详见表16）。

表16　2020年杭州市41~45岁人工智能人才的专业背景分布（排名前十的专业）

单位：%

专业背景	简历投递量占比	专业背景	简历投递量占比
计算机科学与技术	9.3	机械设计制造及其自动化	3.2
工商管理	5.8	电子信息工程	3.0
计算机应用	4.4	机械电子工程/机电一体化	2.8
安全工程	4.4	MBA	1.9
土木工程	3.9	软件工程	1.9

资料来源：根据猎聘公司提供的数据整理所得。

46~50岁的人工智能人才中，专业背景为工商管理、安全工程的占比最高，二者均为5.6%；其次是专业背景为土木工程的占比较高，为5.1%；专业背景为计算机科学与技术的占比为4.3%（详见表17）。

表 17 2020 年杭州市 46~50 岁人工智能人才的专业背景分布（排名前十的专业）

单位：%

专业背景	简历投递量占比	专业背景	简历投递量占比
工商管理	5.6	法学	2.8
安全工程	5.6	工程管理	2.5
土木工程	5.1	化学工程与工艺	2.5
计算机科学与技术	4.3	机械电子工程/机电一体化	2.3
计算机应用	3.5	经济管理	2.0

资料来源：根据猎聘公司提供的数据整理所得。

51 岁及以上人工智能人才中，专业背景为土木工程的占比最高，为 5.4%；其次是专业背景为安全工程的占比较高，为 4.7%；专业背景为工商管理、经济管理的占比均为 4.0%（详见表 18）。

表 18 2020 年杭州市 51 岁及以上人工智能人才的专业背景分布（排名前十的专业）

单位：%

专业背景	简历投递量占比	专业背景	简历投递量占比
土木工程	5.4	工程管理	3.0
安全工程	4.7	机械制造工艺与设备	2.7
工商管理	4.0	工业与民用建筑	2.7
经济管理	4.0	法律	2.7
机械设计制造及其自动化	3.0	采矿工程	2.7

资料来源：根据猎聘公司提供的数据整理所得。

5. 杭州市人工智能人才的工龄分布

从工龄分布来看，2020 年杭州市人工智能人才中 5 年及以下工龄的占比最高，为 39.9%；其次是 5~10 年工龄的占比较高，为 19.8%；10~15 年工龄的占比为 10.5%（详见表 19）。

表19　2020年杭州市人工智能人才的工龄分布

单位：%

工龄	简历投递量占比	工龄	简历投递量占比
5年及以下	39.9	15年以上	9.7
5~10年	19.8	缺失值	20.1
10~15年	10.5	总计	100.0

资料来源：根据猎聘公司提供的数据整理所得。

6. 杭州市人工智能人才的期望年薪

2020年，杭州市人工智能人才中期望年薪为15万~25万元的最多，占比为26.5%；其次是期望年薪为10万~15万元的较多，占比为22.1%；期望年薪为6万~10万元的占比为15.5%（详见表20）。

表20　2020年杭州市人工智能人才的期望年薪分布

单位：%，元/年

期望年薪	简历投递量占比	期望年薪	简历投递量占比
3万~6万	5.0	25万~40万	13.6
6万~10万	15.5	40万及以上	4.5
10万~15万	22.1	其他	12.8
15万~25万	26.5	合计	100.0

资料来源：根据猎聘公司提供的数据整理所得。

从2020年杭州市不同期望薪资人工智能人才的行业分布来看，随着期望薪资的升高，互联网、能源化工和金融行业人工智能人才的占比呈上升趋势，电子通信、汽车制造行业人工智能人才的占比呈下降趋势。（详见图5）。

从2020年杭州市不同期望薪资人工智能人才的岗位分布来看，随着期望薪资的上升，平台架构岗位和AI硬件岗位人工智能人才的占比呈下降趋

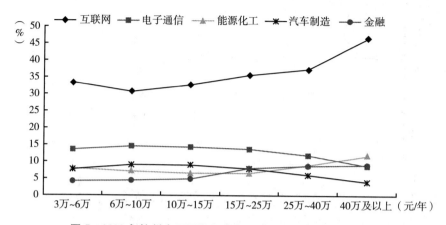

图5 2020年杭州市不同期望薪资人工智能人才的行业分布

资料来源：根据猎聘公司提供的数据整理所得。

势，研发岗位、数据岗位、算法岗位人工智能人才的占比呈上升趋势（详见图6）。

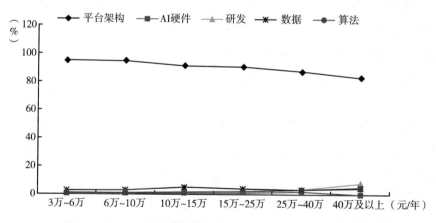

图6 2020年杭州市不同期望薪资人工智能人才的岗位分布

资料来源：根据猎聘公司提供的数据整理所得。

从2020年杭州市不同期望薪资人工智能人才的学历分布来看，随着期望薪资上升，硕士和博士学历人工智能人才的占比升高，学历为本科、大专的占比则呈下降趋势（详见图7）。

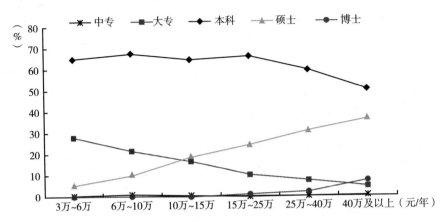

图7　2020年杭州市不同期望薪资人工智能人才的学历分布

资料来源：根据猎聘公司提供的数据整理所得。

（二）杭州市人工智能人才需求数据分析

1. 杭州市不同行业对人工智能人才的需求情况

从2020年杭州市不同行业对人工智能人才的需求情况来看，杭州市互联网行业对人工智能人才的需求最多，占比为66.4%；其次是电子通信行业对人工智能人才的需求较多，占比为11.2%；汽车制造行业对人工智能人才的需求占比为4.2%（详见表21）。

表21　2020年杭州市不同行业对人工智能人才的需求分布（排名前十的行业）

单位：%

行业	新发职位量占比	行业	新发职位量占比
互联网	66.4	能源化工	2.4
电子通信	11.2	制药医疗	1.9
汽车制造	4.2	教育文化	1.8
服务	2.5	金融	1.2
消费品	2.5	建筑	1.0

资料来源：根据猎聘公司提供的数据整理所得。

2. 杭州市不同岗位对人工智能人才的需求情况

从2020年杭州市不同技术岗位对人工智能人才的需求情况来看，杭州市平台架构岗位对人工智能人才的需求最多，占比为96.7%；算法岗位对人工智能人才的需求较多，占比为1.2%；数据岗位对人工智能人才的需求占比为1.1%（详见表22）。

表22　2020年杭州市不同岗位对人工智能人才的需求分布

单位：%

岗位	新发职位量占比	岗位	新发职位量占比
平台架构	96.7	AI硬件	0.6
算法	1.2	研发	0.4
数据	1.1	合计	100.0

资料来源：根据猎聘公司提供的数据整理所得。

3. 杭州市对不同学历人工智能人才的需求情况

从2020年杭州市对不同学历人工智能人才的需求情况来看，对本科学历的人工智能人才的需求最多，占比为77.9%；其次是对大专学历人工智能人才的需求较多，占比为10.1%；对硕士学历人工智能人才的需求占比为2.4%（详见表23）。

表23　2020年杭州市对不同学历人工智能人才的需求分布

单位：%

学历	新发职位量占比	学历	新发职位量占比
本科	77.9	博士	0.2
大专	10.1	不限	9.3
硕士	2.4	合计	100.0
中专/中技	0.1		

资料来源：根据猎聘公司提供的数据整理所得。

4. 杭州市对不同工作年限人工智能人才的需求情况

从2020年杭州市对不同工作年限人工智能人才的需求情况来看，随着对工作年限要求的增长，企业对学历为本科的人工智能人才需求占比呈上升趋势，对学历为大专的需求占比则呈下降趋势（详见图8）。

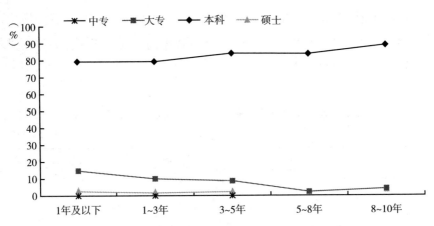

图8 2020 年杭州市企业对不同工作年限人工智能人才需求的学历分布

资料来源：根据猎聘公司提供的数据整理所得。

三 杭州市人工智能人才培养情况

从 2020 年杭州市人工智能人才毕业院校的分布情况来看，毕业院校分布比较分散。毕业于浙江大学和杭州电子科技大学的占比均为 3.2%；毕业于浙江工业大学的占比为 2.9%；毕业于浙江理工大学的占比为 1.6%（详见表24）。同时也可以看到，其他城市的高校也为杭州市输送了人工智能人才，比如郑州大学、南昌大学、华中科技大学等。

表24 2020 年杭州市人工智能人才的毕业院校分布（排名前十的院校）

单位：%

院校	简历投递量占比	院校	简历投递量占比
浙江大学	3.2	浙江工商大学	1.3
杭州电子科技大学	3.2	中国计量大学	1.2
浙江工业大学	2.9	浙江科技学院	1.2
浙江理工大学	1.6	南昌大学	1.2
郑州大学	1.3	华中科技大学	1.1

资料来源：根据猎聘公司提供的数据整理所得。

浙江大学是国内人工智能研究的起源地之一。杭州市科技局与浙江大学共建的杭州市人工智能研究院培养了大批的人工智能人才。杭州电子科技大学人工智能研究院成立于 2018 年 5 月 27 日，是立足本校优势特色学科、汇聚国内外一流学术人才的交叉学科创新平台，也是人工智能人才培养的基地。浙江理工大学人工智能研究院于 2018 年 6 月 25 日依托信息学院成立，重点围绕学校特色学科方向培养人工智能领域的卓越拔尖人才。

除了高校之外，杭州市还有一些相关机构培养人工智能人才。比如光启人工智能研究院也为杭州培养了大批的人工智能人才。

四　杭州市人工智能人才队伍建设存在的问题

（一）人才培养与实践需求之间存在时间差

人工智能发展十分迅速，而高等院校培养人工智能人才不能一蹴而就，往往需要较长的时间，人才供给与需求之间的时间差成为制约人工智能发展的一个瓶颈。目前，在杭高校培养的人工智能人才已经具备一定规模，但是人才培养增量会遇到瓶颈。这就需要人才的培养速度紧跟人工智能快速发展的步伐，这样才能为社会输出更多拥有专业知识、具备综合素质的人工智能人才。[①]

（二）高校数量少，人才培养数量相对受限

人工智能人才培养主要依赖于高校。相比其他一线城市，杭州市 211、985 高校数量总体偏少，这就使得在杭高校培养的人工智能人才数量也相对受限，仅依赖浙江大学、杭州电子科技大学、浙江理工大学、浙江工业大学和成立不久的西湖大学培养人工智能人才不足以支撑杭州市人工智能的快速发展。

---

① 《高校如何跑赢人工智能人才培养时间差》，新华网百度百家号，https：//baijiahao. baidu. com/s？id＝1603112785700024393&wfr＝spider&for＝pc，2018 年 6 月 13 日。

（三）高端人才对薪酬等福利的要求越来越高

随着企业竞争的不断加剧，优质人才也越来越紧缺，"抢人大战"在各地不断上演。人工智能人才供不应求，一些求职者手上有五六份录用通知，这使得求职者对企业越来越挑剔，高端人才在选择企业时，不仅关注企业薪酬，还会看重股权等隐形福利，以及企业是否能提供展示个人才华的平台，企业获得合适的人工智能人才的难度比较大。

五　杭州人工智能人才发展的对策建议

（一）高校要加快人工智能人才培养步伐

高等院校是人工智能人才输出的主阵地，要担负起人工智能人才培养的主要责任。在人工智能领域，高等院校不仅肩负着人工智能科研攻关的重任，还担负着人才培养的重任。在人工智能人才的培养方面，研究生的培养非常重要。人工智能涉及多个学科交叉的问题，研究生培养是人工智能学科重要的切入点，研究生队伍是支撑人工智能未来发展的重要力量，因此，要培养其构建人工智能知识的能力和运用人工智能技术改变未来世界的能力。[1]

（二）建立更多的人工智能人才培养机构

新一代人工智能的发展正考验着各地人才培养的能力。各地政府要突破传统的人才培养模式，大胆尝试、开拓创新。建议政府牵线搭桥，加强与外界的合作，吸引国内外著名大学、科研院所来杭州建立更多的人工智能人才培养机构，并将人才培养机构发展为创新平台，进行技术输出和人才培养。

---

① 《高校如何跑赢人工智能人才培养时间差》，新华网百度百家号，https://baijiahao. baidu. com/s？id=1603108875283818096&wfr=spider&for=pc2018 年 6 月 13 日。

（三）健全完善配套政策，吸引并留住人才

人工智能的创新发展，核心是人才，吸引并留住人才离不开高品质的城市配套。为了满足杭州市人工智能产业快速发展的需求，要吸引高端的人才队伍来杭，政府和企业要制定完善的配套政策，包括休假、住房、子女入学等福利政策，让人工智能人才能够留下，并在实现自身价值的同时，也能创造尽可能多的社会价值。

B.11
2022年广州市人工智能人才发展报告

高亚春 王 浩*

摘 要: 本报告对广州市人工智能人才的供给和需求数据进行了深入分析。分析发现,广州市人工智能人才男性多于女性,专业背景多为计算机科学与技术,主要来源于珠三角地区。分析还发现,广州市对人工智能基础人才的吸引政策需要进一步加强,人工智能人才评定需要有更多的政策支持,高等院校培养人工智能人才的力度仍需加强。本报告由此建议制定多层次的人工智能人才激励政策,将人工智能人才评定权下放到企业,通过校企合作加强高等院校人工智能人才的培养力度。

关键词: 人工智能 人工智能人才 人工智能产业 广州

广州市是数字化变革的先行城市,拥有政策、产业、人才优势,从人工智能基础研究到产业应用均领先全国,具备打造新一代人工智能产业战略高地的基础。

一 广州市人工智能产业发展情况

2018年出台的《广州市加快IAB产业发展五年行动计划(2018~2022年)》和2020年公布的《广州市关于推进新一代人工智能产业发展的行动计

---

* 高亚春,中国劳动和社会保障科学研究院宏观战略研究室副研究员,主要研究领域为人社统计分析;王浩,同道猎聘集团大数据高级分析师,主要研究领域为大数据。

划（2020-2022年）》推动了广州市人工智能产业的快速发展。据不完全统计，2020年广州市人工智能和大数据入库企业560余家，2019年营业收入近800亿元，已逐步形成多层次、多领域的人工智能创新融合应用发展生态系统。[①]

二 广州市人工智能人才供需状况

（一）广州市人工智能人才供给数据分析

1.广州市人工智能人才的性别分布

从人工智能人才的性别分布（详见图1）来看，2020年广州市人工智能人才中男性多于女性，男性占比为75.7%，女性占比为12.9%。

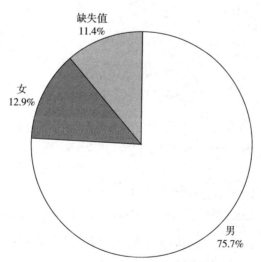

图1 2020年广州市人工智能人才的性别分布

资料来源：根据猎聘公司提供的数据整理所得。

---

① 《助力产业转型有基础，广州人工智能企业数超550家》，南方都市报搜狐公众号，https://www.sohu.com/a/445686361_161795，2021年1月20日。

2. 广州市人工智能人才的年龄分布

从广州市人工智能人才的年龄分布（详见图2）来看，26～30岁的人工智能人才占比最高，为27.5%；其次是31～35岁的人工智能人才占比较高，为21.4%；21～25岁的占比为17.0%。总体上看，广州市人工智能人才较为年轻，35岁及以下者占比达66.2%。

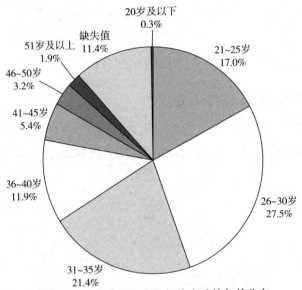

图2　2020年广州市人工智能人才的年龄分布

资料来源：根据猎聘公司提供的数据整理所得。

3. 广州市人工智能人才的学历分布

从人工智能人才的学历分布（详见图3）来看，2020年广州市人工智能人才中学历为本科的占比最高，为57.9%；其次是学历为大专的占比较高，为16.3%；学历为硕士的占比为13.2%。总体上看，广州市人工智能人才的学历水平较高，学历为本科及以上的占比达71.6%。

2018～2020年，广州市人工智能人才中学历为本科的占比上升，从2018年的61.8%上升到2020年的73.1%；学历为大专的占比下降，从2018年的29.5%下降到2020年的19.8%（详见表1）。说明2018～2020年广州市人工智能人才的学历水平总体上提高了。

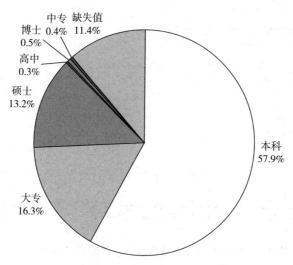

图3 2020年广州市人工智能人才的学历分布

资料来源：根据猎聘公司提供的数据整理所得。

表1 2018~2020年广州市人工智能人才的学历分布

单位：%

学历	2018年简历投递量占比	2019年简历投递量占比	2020年简历投递量占比
中专/中技	0.2	0.3	0.1
大专	29.5	28.0	19.8
本科	61.8	63.0	73.1
硕士	1.1	1.2	1.2
博士	0.0	0.1	0.1
不限	7.4	7.4	5.7
合计	100.0	100.0	100.0

资料来源：根据猎聘公司提供的数据整理所得。

广州市不同年龄人工智能人才的学历分布有所不同。随着年龄的增长，学历为本科和硕士的人工智能人才占比呈现类似倒"U"形的变化趋势，学历为大专的人工智能人才占比则呈现类似"U"形变化趋势（详见图4）。

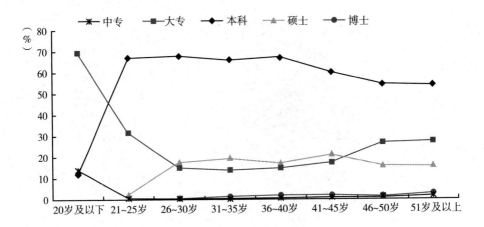

图4 2020年广州市不同年龄人工智能人才的学历分布

资料来源：根据猎聘公司提供的数据整理所得。

从具体年龄来看，广州市20岁及以下的人工智能人才中，学历为大专的占比最高，为69.2%；其次是学历为中专的，占比为13.5%；学历为本科的占比为11.5%（详见表2）。

表2 2020年广州市20岁及以下人工智能人才的学历分布

单位：%

学历	简历投递量占比	学历	简历投递量占比
大专	69.2	中技	3.9
中专	13.5	初中	1.9
本科	11.5	总计	100.0

注：不同学历人工智能人才数据中包含在校学生。

资料来源：根据猎聘公司提供的数据整理所得。

广州市21~25岁人工智能人才中，学历为本科的占比最高，为66.4%；其次是学历为大专的占比较高，为31.0%；学历为硕士的占比为2.0%（详见表3）。

表3　2020年广州市21~25岁人工智能人才的学历分布

单位：%

学历	简历投递量占比	学历	简历投递量占比
本科	66.4	中专	0.3
大专	31.0	高中	0.3
硕士	2.0	总计	100.0

资料来源：根据猎聘公司提供的数据整理所得。

广州市26~30岁人工智能人才中，学历为本科的占比最高，为67.4%；其次是学历为硕士的占比较高，为17.3%；学历为大专的占比为14.5%（详见表4）。

表4　2020年广州市26~30岁人工智能人才的学历分布

单位：%

学历	简历投递量占比	学历	简历投递量占比
本科	67.4	高中	0.2
硕士	17.3	博士	0.2
大专	14.5	初中	0.1
中专	0.3	总计	100.0

资料来源：根据猎聘公司提供的数据整理所得。

广州市31~35岁人工智能人才中，学历为本科的占比最高，为65.8%；其次是学历为硕士的，占比为19.2%；学历为大专的占比为13.5%（详见表5）。

表5　2020年广州市31~35岁人工智能人才的学历分布

单位：%

学历	简历投递量占比	学历	简历投递量占比
本科	65.8	中专	0.3
硕士	19.2	高中	0.3
大专	13.5	中技	0.1
博士	0.8	总计	100.0

资料来源：根据猎聘公司提供的数据整理所得。

广州市 36~40 岁人工智能人才中，学历为本科的占比最高，为 67.0%；其次是学历为硕士的占比较高，为 16.9%；学历为大专的占比为 14.5%（详见表 6）。

表 6　2020 年广州市 36~40 岁人工智能人才的学历分布

单位：%

学历	简历投递量占比	学历	简历投递量占比
本科	67.0	中专	0.4
硕士	16.9	高中	0.2
大专	14.5	中技	0.1
博士	0.9	总计	100.0

资料来源：根据猎聘公司提供的数据整理所得。

广州市 41~45 岁的人工智能人才中，学历为本科的占比最高，为 59.8%；其次是学历为硕士的占比较高，为 20.8%；学历为大专的占比为 16.7%（详见表 7）。

表 7　2020 年广州市 41~45 岁人工智能人才的学历分布

单位：%

学历	简历投递量占比	学历	简历投递量占比
本科	59.8	中专	0.7
硕士	20.8	高中	0.7
大专	16.7	中技	0.1
博士	1.3	总计	100.0

资料来源：根据猎聘公司提供的数据整理所得。

广州市 46~50 岁人工智能人才中，学历为本科的占比最高，为 54.3%；其次是学历为大专的占比较高，为 26.7%；学历为硕士的占比为 15.7%（详见表 8）。

表8 2020年广州市46~50岁人工智能人才的学历分布

单位：%

学历	简历投递量占比	学历	简历投递量占比
本科	54.3	中专	0.9
大专	26.7	高中	0.9
硕士	15.7	中技	0.1
博士	1.4	总计	100.0

资料来源：根据猎聘公司提供的数据整理所得。

广州市51岁及以上人工智能人才中，学历为本科的占比最高，为53.6%；其次是学历为大专的占比较高，为27.3%；学历为硕士的占比为15.0%（详见表9）。

表9 2020年广州市51岁及以上人工智能人才的学历分布

单位：%

学历	简历投递量占比	学历	简历投递量占比
本科	53.6	中专	1.2
大专	27.3	高中	0.7
硕士	15.0	博士后	0.2
博士	2.2	总计	100.0

资料来源：根据猎聘公司提供的数据整理所得。

4. 广州市人工智能人才的专业背景

从专业背景情况来看，2020年广州市人工智能人才中专业背景为计算机科学与技术的最多，占比为15.3%；其次是专业背景为软件工程的较多，占比为7.6%；专业背景为土木工程的占比为4.4%（详见表10）。

表 10　2020 年广州市人工智能人才的专业背景分布（排名前十的专业）

单位：%

专业背景	简历投递量占比	专业背景	简历投递量占比
计算机科学与技术	15.3	工商管理	2.8
软件工程	7.6	机械设计制造及其自动化	2.7
土木工程	4.4	计算机应用	2.5
电子信息工程	3.6	软件技术	2.5
安全工程	3.5	通信工程	2.3

资料来源：根据猎聘公司提供的数据整理所得。

广州市不同年龄人工智能人才的专业背景特征有所不同，年轻的人工智能人才专业背景多为计算机方面的，年龄较大的人工智能人才专业背景多为土木工程、工商管理等方面的。

广州市 20 岁及以下人工智能人才中，专业背景为计算机应用技术和计算机应用的占比最高，均为 8.8%；其次是专业背景为计算机网络和计算机软件的占比较高，均为 7.0%；专业背景为计算机科学与技术、电子商务的占比均为 5.3%（详见表 11）。

表 11　2020 年广州市 20 岁及以下人工智能人才的专业背景分布（排名前十的专业）

单位：%

专业背景	简历投递量占比	专业背景	简历投递量占比
计算机应用技术	8.8	电子商务	5.3
计算机应用	8.8	计算机网络应用	3.5
计算机网络	7.0	计算机网络技术	3.5
计算机软件	7.0	移动互联网应用	1.7
计算机科学与技术	5.3	移动应用开发	1.7

资料来源：根据猎聘公司提供的数据整理所得。

广州市 21~25 岁人工智能人才中，专业背景为计算机科学与技术的占比最高，为 22.0%；专业背景为软件工程的占比较高，为 14.6%；专业背景为软件技术的占比为 6.9%（详见表 12）。

表12 2020年广州市21~25岁人工智能人才的专业背景分布（排名前十的专业）

单位：%

专业背景	投递量比例	专业背景	投递量比例
计算机科学与技术	22.0	网络工程	3.1
软件工程	14.6	计算机软件	2.4
计算机应用	8.1	通信工程	2.1
软件技术	6.9	物联网工程	2.1
电子信息工程	3.2		

资料来源：根据猎聘公司提供的数据整理所得。

广州市26~30岁人工智能人才中，专业背景为计算机科学与技术的占比最高，为13.1%；其次是专业背景为软件工程的占比较高，为7.2%；专业背景为土木工程的占比为4.2%（详见表13）。

表13 2020年广州市26~30岁人工智能人才的专业背景分布（排名前十的专业）

单位：%

专业背景	简历投递量占比	专业背景	简历投递量占比
计算机科学与技术	13.1	安全工程	3.1
软件工程	7.2	通信工程	2.9
土木工程	4.2	车辆工程	2.5
电子信息工程	4.1	电气工程及其自动化	2.5
机械设计制造及其自动化	3.4	自动化	2.4

资料来源：根据猎聘公司提供的数据整理所得。

广州市31~35岁的人工智能人才中，专业背景为计算机科学与技术的占比最高，为12.0%；专业背景为土木工程的占比较高，为6.0%；专业背景为安全工程的占比为5.4%（详见表14）。

表14 2020年广州市31~35岁人工智能人才的专业背景分布（排名前十的专业）

单位：%

专业背景	简历投递量占比	专业背景	简历投递量占比
计算机科学与技术	12.0	电子信息工程	3.7
土木工程	6.0	工商管理	2.9
安全工程	5.4	电气工程及其自动化	2.4
软件工程	4.1	自动化	1.9
机械设计制造及其自动化	3.8	网络工程	1.9

资料来源：根据猎聘公司提供的数据整理所得。

广州市 36~40 岁的人工智能人才中，专业背景为计算机科学与技术的占比最高，为 14.9%；专业背景为土木工程的占比较高，为 6.2%；专业背景为工商管理的占比为 5.1%（详见表 15）。

表 15　2020 年广州市 36~40 岁人工智能人才的专业背景分布（排名前十的专业）

单位：%

专业背景	简历投递量占比	专业背景	简历投递量占比
计算机科学与技术	14.9	软件工程	2.9
土木工程	6.2	机械设计制造及其自动化	2.7
工商管理	5.1	计算机应用	2.3
安全工程	4.5	通信工程	2.2
电子信息工程	3.5	工程管理	2.0

资料来源：根据猎聘公司提供的数据整理所得。

广州市 41~45 岁人工智能人才中，专业背景为计算机科学与技术的占比最高，为 10.9%；其次是专业背景为工商管理的占比较高，为 6.5%；专业背景为计算机应用的占比为 5.3%（详见表 16）。

表 16　2020 年广州市 41~45 岁人工智能人才的专业背景分布（排名前十的专业）

单位：%

专业背景	简历投递量占比	专业背景	简历投递量占比
计算机科学与技术	10.9	工程管理	2.7
工商管理	6.5	行政管理	2.7
计算机应用	5.3	软件工程	2.1
土木工程	4.6	机械设计制造及其自动化	2.1
安全工程	2.9	电气工程及其自动化	2.1

资料来源：根据猎聘公司提供的数据整理所得。

广州市 46~50 岁人工智能人才中，专业背景为土木工程的占比最高，为 7.7%；其次是专业背景为工商管理的占比较高，为 6.9%；专业背景为安全工程的占比为 6.3%（详见表 17）。

表17   2020年广州市46~50岁人工智能人才的专业背景分布（排名前十的专业）

单位：%

专业背景	简历投递量占比	专业背景	简历投递量占比
土木工程	7.7	计算机科学与技术	3.4
工商管理	6.9	工程管理	3.1
安全工程	6.3	机械电子工程/机电一体化	2.1
工业与民用建筑	4.9	法学	2.0
计算机应用	4.3	电气工程及其自动化	1.9

资料来源：根据猎聘公司提供的数据整理所得。

广州市51岁及以上人工智能人才中，专业背景为工业与民用建筑的占比最高，为8.9%；其次是专业背景为土木工程的占比较高，为7.6%；专业背景为工商管理的占比为7.3%（详见表18）。

表18   2020年广州市51岁及以上人工智能人才的专业背景分布（排名前十的专业）

单位：%

专业背景	简历投递量占比	专业背景	简历投递量占比
工业与民用建筑	8.9	机械制造工艺与设备	2.7
土木工程	7.6	建筑工程	2.4
工商管理	7.3	计算机应用	1.9
经济管理	3.5	行政管理	1.9
安全工程	3.5	工民建	1.9

资料来源：根据猎聘公司提供的数据整理所得。

5. 广州市人工智能人才的工龄分布

从工龄分布来看，2020年广州市人工智能人才中5年及以下工龄的占比最高，为36.2%；其次是5~10年工龄的占比较高，为21.7%；10~15年工龄的占比为12.5%（详见表19）。

表19　2020年广州市人工智能人才的工龄分布

单位：%

工龄	简历投递量占比	工龄	简历投递量占比
5年及以下	36.2	其他	11.6
5~10年	21.7	缺失值	6.0
10~15年	12.5	总计	100.0
15年以上	12.0		

资料来源：根据猎聘公司提供的数据整理所得。

6.广州市人工智能人才的来源区域

总体来看，广州市人工智能人才主要来自珠三角地区。从不同年龄人工智能人才的来源区域来看，20岁及以下人工智能人才中有67.3%来自珠三角地区，5.8%来自长江中游地区和京津冀地区（详见表20）。

表20　2020年广州市20岁及以下人工智能人才的来源区域分布

单位：%

来源区域	简历投递量占比	来源区域	简历投递量占比
珠三角	67.3	长三角	1.9
长江中游	5.8	缺失值	19.2
京津冀	5.8	总计	100.0

资料来源：根据猎聘公司提供的数据整理所得。

广州市21~25岁人工智能人才中有66.9%来自珠三角地区，5.3%来自长江中游地区，4.5%来自长三角地区（详见表21）。

表21　2020年广州市21~25岁人工智能人才的来源区域分布

单位：%

来源区域	简历投递量占比	来源区域	简历投递量占比
珠三角	66.9	中原	1.8
长江中游	5.3	关中平原	1.1
长三角	4.5	缺失值	15.6
京津冀	2.9	总计	100.0
成渝	1.9		

资料来源：根据猎聘公司提供的数据整理所得。

广州市 26~30 岁人工智能人才中有 72.1% 来自珠三角地区，5.9% 来自长三角地区，3.2% 来自京津冀地区（详见表 22）。

表 22　2020 年广州市 26~30 岁人工智能人才的来源区域分布

单位：%

来源区域	简历投递量占比	来源区域	简历投递量占比
珠三角	72.1	中原	0.7
长三角	5.9	关中平原	0.7
京津冀	3.2	缺失值	12.9
长江中游	3.0	总计	100.0
成渝	1.5		

资料来源：根据猎聘公司提供的数据整理所得。

广州市 31~35 岁人工智能人才中有 70.4% 来自珠三角地区，5.7% 来自长三角地区，3.8% 来自京津冀地区（详见表 23）。

表 23　2020 年广州市 31~35 岁人工智能人才的来源区域分布

单位：%

来源区域	简历投递量占比	来源区域	简历投递量占比
珠三角	70.4	中原	1.4
长三角	5.7	关中平原	0.6
京津冀	3.8	缺失值	13.1
长江中游	3.5	总计	100.0
成渝	1.5		

资料来源：根据猎聘公司提供的数据整理所得。

广州市 36~40 岁人工智能人才中有 67.9% 来自珠三角地区，6.8% 来自长三角地区，4.7% 来自京津冀地区（详见表 24）。

表24 2020年广州市36~40岁人工智能人才的来源区域分布

单位：%

来源区域	简历投递量占比	来源区域	简历投递量占比
珠三角	67.9	中原	1.3
长三角	6.8	关中平原	0.5
京津冀	4.7	缺失值	14.3
长江中游	2.9	总计	100.0
成渝	1.6		

资料来源：根据猎聘公司提供的数据整理所得。

广州市41~45岁人工智能人才中有65.3%来自珠三角地区，7.6%来自长三角地区，5.6%来自京津冀地区（详见表25）。

表25 2020年广州市41~45岁人工智能人才的来源区域分布

单位：%

来源区域	简历投递量占比	来源区域	简历投递量占比
珠三角	65.3	中原	0.7
长三角	7.6	关中平原	0.4
京津冀	5.6	缺失值	16.2
长江中游	2.9	总计	100.0
成渝	1.3		

资料来源：根据猎聘公司提供的数据整理所得。

广州市46~50岁人工智能人才中有55.7%来自珠三角地区，8.3%来自长三角地区，6.0%来自京津冀地区（详见表26）。

表26 2020年广州市46~50岁人工智能人才的来源区域分布

单位：%

来源区域	简历投递量占比	来源区域	简历投递量占比
珠三角	55.7	中原	1.9
长三角	8.3	关中平原	0.6
京津冀	6.0	缺失值	22.0
长江中游	3.1	总计	100.0
成渝	2.4		

资料来源：根据猎聘公司提供的数据整理所得。

广州市 51 岁及以上人工智能人才中有 45.2% 来自珠三角地区，12.0% 来自长三角地区，9.3% 来自京津冀地区（详见表 27）。

表 27　2020 年广州市 51 岁及以上人工智能人才的来源区域分布

单位：%

来源区域	简历投递量占比	来源区域	简历投递量占比
珠三角	45.2	成渝	2.5
长三角	12.0	关中平原	0.3
京津冀	9.3	缺失值	22.8
长江中游	4.7	总计	100.0
中原	3.2		

资料来源：根据猎聘公司提供的数据整理所得。

7. 广州市人工智能人才的期望薪资

从 2020 年广州市不同期望薪资人工智能人才的行业分布情况来看，随着期望薪资的升高，互联网行业人工智能人才占比呈先降后升的态势；金融行业和汽车制造行业人工智能人才占比不断升高，但在年薪达到 40 万元及以上时，其占比出现下降的趋势；电子通信行业和消费品行业人工智能人才占比呈下降趋势（详见图 5）。

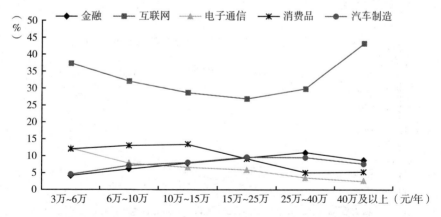

图 5　2020 年广州市不同期望薪资人工智能人才的行业分布

资料来源：根据猎聘公司提供的数据整理所得。

从 2020 年广州市不同期望薪资人工智能人才的岗位分布情况来看，随着期望薪资的升高，研发岗位和数据岗位人工智能人才占比升高，平台架构岗位人工智能人才占比下降（详见图6）。

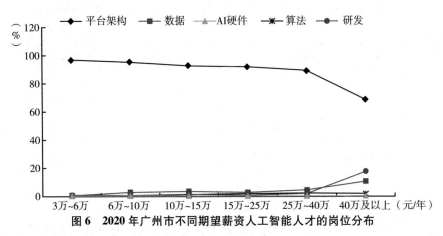

图6　2020 年广州市不同期望薪资人工智能人才的岗位分布

资料来源：根据猎聘公司提供的数据整理所得。

从 2020 年广州市不同期望薪资人工智能人才的学历分布情况来看，随着期望薪资的升高，学历为硕士和博士的人工智能人才占比上升，学历为大专的人工智能人才占比下降，学历为本科的人工智能人才占比呈现"上弓形"曲线（详见图7）。

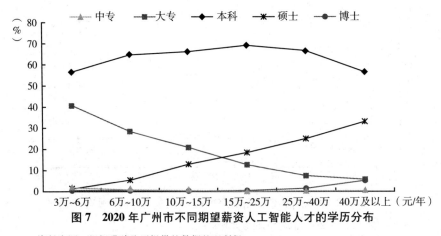

图7　2020 年广州市不同期望薪资人工智能人才的学历分布

资料来源：根据猎聘公司提供的数据整理所得。

（二）广州市人工智能人才需求数据分析

1. 广州市不同行业对人工智能人才的需求情况

从 2020 年广州市不同行业对人工智能人才的需求情况来看，广州市互联网行业对人工智能人才的需求最多，占比为 68.7%；其次是电子通信行业对人工智能人才的需求占比较高，为 6.0%；消费品行业对人工智能人才的需求占比为 4.6%（详见表 28）。

表 28　2020 年广州市不同行业对人工智能人才的需求分布（排名前十的行业）

单位：%

行业	新发职位量比例	行业	新发职位量比例
互联网	68.7	服务	3.5
电子通信	6.0	金融	2.0
消费品	4.6	建筑	1.9
汽车制造	3.8	制药医疗	1.5
教育文化	3.6	能源化工	1.4

资料来源：根据猎聘公司提供的数据整理所得。

2. 广州市不同岗位对人工智能人才的需求情况

从 2020 年广州市不同技术岗位对人工智能人才的需求情况来看，广州市平台架构岗位对人工智能人才的需求最多，占比为 96.8%；其次是算法岗位对人工智能人才的需求较多，占比为 1.1%；数据岗位对人工智能人才的需求占比为 1.0%（详见表 29）。

表 29　2020 年广州市不同岗位对人工智能人才的需求分布

单位：%

岗位	新发职位量比例	岗位	新发职位量比例
平台架构	96.8	AI 硬件	0.8
算法	1.1	研发	0.3
数据	1.0	总计	100.0

资料来源：根据猎聘公司提供的数据整理所得。

3. 广州市对不同学历人工智能人才的需求情况

从 2020 年广州市对不同学历人工智能人才的需求情况来看，对本科学历人工智能人才的需求最多，占比为 73.1%；其次是对大专学历人工智能人才的需求较多，占比为 19.8%；对硕士学历人工智能人才的需求占比为 1.2%（详见表 30）。

表 30　2020 年广州市对不同学历人工智能人才的需求分布

单位：%

学历	新发职位量比例	学历	新发职位量比例
本科	73.1	博士	0.1
大专	19.8	不限	5.7
硕士	1.2	总计	100.0
中专/中技	0.1		

资料来源：根据猎聘公司提供的数据整理所得。

4. 广州市不同规模企业对人工智能人才的需求情况

从 2020 年广州市不同规模企业对人工智能人才的需求情况来看，广州市规模为 1000 人及以上企业对人工智能人才的需求占比最高，为 37.9%；其次是规模为 100~499 人的企业对人工智能人才的需求占比较高，为 30.1%；规模为 0~99 人和 500~999 人的企业对人工智能人才的需求占比分别为 14.0% 和 12.5%（详见表 31）。

表 31　2020 年广州市不同规模企业对人工智能人才的需求分布

单位：%

规模	新发职位量比例	规模	新发职位量比例
0~99 人	14.0	1000 人及以上	37.9
100~499 人	30.1	其他	5.5
500~999 人	12.5	总计	100.0

资料来源：根据猎聘公司提供的数据整理所得。

5. 广州市对不同工作年限人工智能人才的需求情况

2020 年广州市人工智能新发职位中，随着对工作年限要求的增长，对研发岗位人才的需求占比升高，对平台架构岗位人才的需求占比则呈现"V"形曲线的走势（详见图8）。

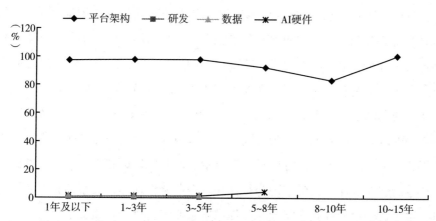

图8 2020年广州市人工智能新发职位中不同工作年限要求的岗位分布

资料来源：根据猎聘公司提供的数据整理所得。

三 广州市人工智能人培养情况

广州市培养人工智能人才的高校主要有广东工业大学、华南理工大学、中山大学等。从2020年广州市人工智能人才毕业院校的分布情况来看，广州市人工智能人才的毕业院校较为分散，但相对较多毕业于工业、理工以及综合类院校。毕业于广东工业大学的占5.5%，毕业于华南理工大学的占4.3%，毕业于中山大学的占2.8%（详见表32）。

表32 2020年广州市人工智能人才的毕业院校分布

单位：%

学校	简历投递量占比	学校	简历投递量占比
广东工业大学	5.5	华南师范大学	2.2
华南理工大学	4.3	暨南大学	1.4
中山大学	2.8	广州大学华软软件学院	1.4
广州大学	2.4	武汉理工大学	1.3
华南农业大学	2.2	仲恺农业工程学院	1.2

资料来源：根据猎聘公司提供的数据整理所得。

培养人工智能人才的在穗高校在专业和学科建设方面都做出了许多努力。比如，广东工业大学的人工智能专业是依托粤港澳大湾区，突出"人工智能+"特色，致力于培养大湾区真正急需的高素质人工智能人才。① 华南理工大学未来技术学院②设置了人工智能专业，围绕人工智能前沿技术开展研究和培养学生。中山大学于2020年6月成立人工智能学院，积极响应国家在粤港澳大湾区建设高水平人才高地的战略布局，已形成"本-硕-博"一体化的人才培养体系。③ 广州大学人工智能与区块链研究院注重联合国际高校培养国际化创新人才，为研究生配备国内外知名高校导师联合指导，立足国家人工智能与区块链方向重大需求牵引的基础理论和应用问题，共同培养卓越的创新人才。该学院还与行业知名企业合作培养实践型创新人才，为研究生配备企业导师联合指导，并提供赴企业实习机会。通过整合行业企业和学校学科资源，围绕粤港澳大湾区产业发展重点方向，推动人工智能与区块链创新实践人才的培养与发展。④ 华南师范大学人工智能学院，着力提高人工智能机器人专业人才培养，为社会培养高质量的新时代人工智能机器人专业工科人才和师资力量。⑤

四　广州市人工智能人才发展存在的问题

（一）凝聚基础人才还需加强政策引导与激励

人工智能产业的发展，不仅需要高端领军人才的引领带动，还需要大量

① 《广东工业大学计算机学院人工智能专业》，广东工业大学计算机学院，https：//computer. gdut. edu. cn/info/1016/1802. htm，2021年12月28日。
② 华南理工大学未来技术学院门户网站，https：//www2. scut. edu. cn/ft/main. htm，2022年7月29日。
③ 中山大学人工智能学院门户网站，http：//sai. sysu. edu. cn/，2020年8月7日。
④ 广州大学人工智能与区块链研究院门户网站，http：//iaib. gzhu. edu. cn/。
⑤ 《华南师范大学人工智能学院学院简介》，华南师范大学人工智能学院，http：//ai. scnu. edu. cn/xueyuangaikuang/xyjj/。

基础人才的支撑推动，因此需要加大对人工智能基础人才的吸引力度。广州市已经为引进人工智能高端人才出台了"人才绿卡"等政策，[①] 但还需要进一步加强政策引导与激励来凝聚基础人才，助推广州市人工智能产业的健康快速发展。

（二）人工智能人才评价需要更多的政策支持

我国已经出台了一些人工智能人才的评价标准，比如人社部和工信部联合发布了人工智能工程技术人员国家职业技能标准和人工智能训练师国家职业技能标准，极大地推动了人工智能人才的评价工作，但由于人工智能人才包括的范围很广，涉及的行业和专业较多，因此，需要更多的评价标准来支持人工智能人才的评价工作。

（三）高等院校培养人工智能人才的力度仍需加强

虽然广州市高等教育资源丰富，高校数量较多，为培养人工智能人才提供了充足的载体。但由于师资力量及教育设施不足等原因，目前仍然有一些高校并没有针对人工智能方向开设智能科学与技术、数据科学与大数据技术等专业，传统的计算机、数学等专业又缺乏与人工智能技术的深度融合，导致出现人工智能专业人才紧缺的问题。[②]

五 广州市人工智能人才发展的对策建议

（一）健全多层次的人工智能人才引进和激励政策

为将广州市打造成为粤港澳大湾区人工智能人才聚集高地，需要健全完

---

① 《政协委员建议广州打造人工智能人才集聚高地》，新浪财经，https：//finance.sina.com.cn/roll/2019-01-15/doc-ihqfskcn7350582.shtml，2019 年 1 月 15 日。

② 《政协委员建议广州打造人工智能人才集聚高地》，新浪财经，https：//finance.sina.com.cn/roll/2019-01-15/doc-ihqfskcn7350582.shtml，2019 年 1 月 15 日。

善多层次的人工智能人才引进和激励政策，比如在落户、住房、医疗、个税以及子女入学方面给予人工智能基础人才优惠政策，以吸引更多的人工智能人才向广州集聚。

（二）完善人工智能人才评价机制，激发人才活力

要完善人工智能人才评价机制，加快制定人工智能人才分类评价标准，建立健全以用人单位为主导的人工智能人才评价机制，突出业绩贡献、企业认可和社会认可的评价标准。并将人工智能专业人才纳入职称评定范围，激发人工智能人才活力，促进人工智能人才发展。

（三）校企合作，加强院校人工智能人才培养力度

在人工智能人才培养方面，建议广州高校尤其是大专及高职、中职院校（包括民办院校）加快设置人工智能相关专业，加强学校、企业与学生的联系，提高学生知识结构与企业需求的契合度，促进学生就业与产业后备人才培养。开展"人工智能实验室进高校"行动，校企联合培养人工智能后备人才，以教育资源优势带动人工智能产业的发展。

B.12
2022年北京市人工智能人才发展报告

高亚春　杨嘉丽*

摘　要： 本报告对2022年北京市人工智能人才的供给和需求数据进行了深入分析。分析发现，北京市人工智能人才中男性多于女性，专业背景多为计算机科学与技术，主要来源于京津冀地区。分析还发现，北京市人工智能人才结构与发达国家相比还有差距，产学研密切度有待进一步提升。本报告据此建议引进高端人才，完善人工智能人才结构；产学研协同育人，打造人工智能人才高地。

关键词： 人工智能　人工智能人才　人工智能产业　北京

北京市高度重视以人工智能为代表的新一代信息技术的发展，明确将人工智能作为北京科技创新和产业发展的时代高精尖产业之一，并积极做好人工智能人才的培养和培育，推动实施智源学者计划，支持高等院校、企业通过各种方式引进培育顶尖的科研和产业人才。

一　北京市人工智能产业发展情况

北京智源人工智能研究院发布的《2020北京人工智能发展报告》数据显示，北京人工智能相关企业数量约为1500家，占全国的28%，居国内首位，主要集中在海淀区和朝阳区。其中海淀区占比为62.4%，呈现集聚发

---

* 高亚春，中国劳动和社会保障科学研究院宏观战略研究室副研究员，主要研究领域为人社统计分析；杨嘉丽，同道猎聘集团公共事务总监，主要研究领域为大数据。

展态势。海淀区在北京大学西门片区打造人工智能源头创新中心区，在中知学地区打造融入新型城市形态的人工智能主题楼宇和微园区，在上地软件园、东升科技园、以中关村壹号为中心的北清路沿线打造人工智能主题园区。朝阳区正在布局打造"一核一廊、四圈多点"的数字经济示范区。北京经济技术开发区正在推动"国家人工智能高新技术产业化基地"建设；石景山、门头沟等区也在建设特色化人工智能产业园区。

北京市人工智能产业已经形成基本完整的产业链条，涵盖基础层、技术层和应用层各环节。北京 AI 基础层企业数量已占全国的 45%，在 AI 芯片和数据平台两个领域具有领先优势。AI 技术层涌现出一批创始成员源自领军科学家团队的技术驱动型初创企业。AI 应用层企业数量占全国的 17%，在智能金融、企业服务、智能交通等领域优势较为明显。①

二 北京市人工智能人才供需状况

（一）北京市人工智能人才供给数据分析

1. 北京市人工智能人才的性别分布

从人工智能人才的性别分布（详见图 1）来看，2020 年北京市人工智能人才中男性多于女性，男性占比为 67.8%；女性占比为 23.9%。

2. 北京市人工智能人才的年龄分布

从北京市人工智能人才的年龄分布（详见图 2）来看，26~30 岁的人工智能人才最多，占比为 27.3%；31~35 岁的人工智能人才较多，占比为26.5%；36~40 岁的占比为 16.5%，21~25 岁的占比为 9.7%。总体上看，北京市年轻的人工智能人才较多，35 岁及以下者占比达 63.6%。

---

① 《〈2020 北京人工智能发展报告〉发布，剖析北京 AI 发展的 17 个中国"第一"》，健康界，https：//www.cn-healthcare.com/articlewm/20201122/content-1165256.html，2020 年 11月 23 日。

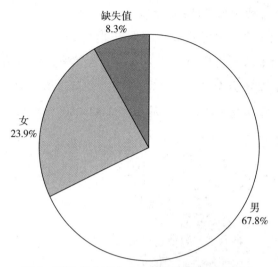

图 1　2020 年北京市人工智能人才的性别分布

资料来源：根据猎聘公司提供的数据整理所得。

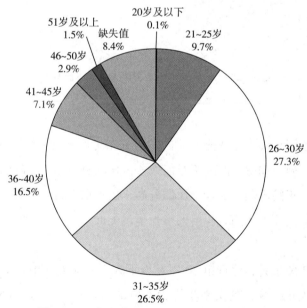

图 2　2020 年北京市人工智能人才的年龄分布

资料来源：根据猎聘公司提供的数据整理所得。

3.北京市人工智能人才的学历分布

从人工智能人才的学历分布（详见图3）来看，2020年北京市人工智能人才中学历为本科的占比最高，为56.7%；其次是学历为硕士的占比较高，为23.8%；学历为大专的占比为9.4%。总体上看，北京市人工智能人才的学历较高，学历为本科及以上的占比达82.0%。

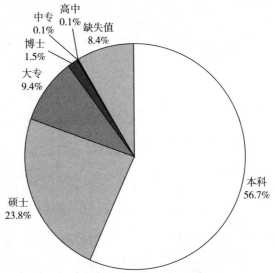

图3　2020年北京市人工智能人才的学历分布

资料来源：根据猎聘公司提供的数据整理所得。

北京市不同年龄人工智能人才的学历分布有所不同。随着年龄的增长，学历为本科、硕士和博士的人工智能人才占比均呈现先升后降的趋势，但各自出现拐点的年龄不同，随着学历的升高，出现拐点的年龄增大；学历为大专的人工智能人才占比随着年龄的增长呈现类似"U"形曲线的走势（详见图4）。

从具体年龄来看，北京市20岁及以下人工智能人才中，学历为大专的占比最高，为63.3%；其次是学历为本科的占比较高，为22.5%；学历为中专的占比为6.1%（详见表1）。

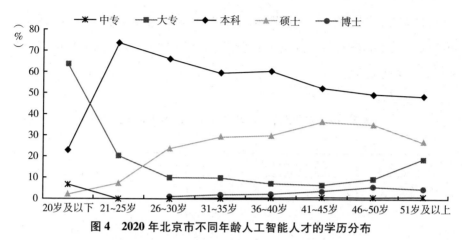

图4　2020年北京市不同年龄人工智能人才的学历分布

资料来源：根据猎聘公司提供的数据整理所得。

表1　2020年北京市20岁及以下人工智能人才的学历分布

单位：%

学历	简历投递量占比	学历	简历投递量占比
大专	63.3	硕士	2.0
本科	22.5	高中	2.0
中专	6.1	总计	100.0
初中	4.1		

注：不同学历人工智能人才数据中包含在校学生。

资料来源：根据猎聘公司提供的数据整理所得。

北京市21～25岁的人工智能人才中，学历为本科的占比最高，为73.1%；其次是学历为大专的占比较高，为19.6%；学历为硕士的占比为7.0%（详见表2）。

表2　2020年北京市21～25岁人工智能人才的学历分布

单位：%

学历	简历投递量占比	学历	简历投递量占比
本科	73.1	高中	0.1
大专	19.6	中技	0.1
硕士	7.0	总计	100.0
中专	0.1		

资料来源：根据猎聘公司提供的数据整理所得。

北京市26～30岁人工智能人才中，学历为本科的占比最高，为66.0%；其次是学历为硕士的占比较高，为23.5%；学历为大专的占比为9.6%（详见表3）。

表3 2020年北京市26～30岁人工智能人才的学历分布

单位：%

学历	简历投递量占比	学历	简历投递量占比
本科	66.0	中专	0.1
硕士	23.5	高中	0.1
大专	9.6	初中	0.1
博士	0.6	总计	100.0

资料来源：根据猎聘公司提供的数据整理所得。

北京市31～35岁的人工智能人才中，学历为本科的最多，占比为59.2%；其次是学历为硕士的较多，占比为29.2%；学历为大专的占比为9.7%（详见表4）。

表4 2020年北京市31～35岁人工智能人才的学历分布

单位：%

学历	简历投递量占比	学历	简历投递量占比
本科	59.2	博士	1.8
硕士	29.2	中专	0.1
大专	9.7	总计	100.0

资料来源：根据猎聘公司提供的数据整理所得。

北京市36～40岁的人工智能人才中，学历为本科的最多，占比为60.3%；其次是学历为硕士的较多，占比为30.0%；学历为大专的占比为7.3%（详见表5）。

表5 2020年北京市36~40岁人工智能人才的学历分布

单位：%

学历	简历投递量占比	学历	简历投递量占比
本科	60.3	中专	0.1
硕士	30.0	高中	0.1
大专	7.3	总计	100.0
博士	2.2		

资料来源：根据猎聘公司提供的数据整理所得。

北京市41~45岁的人工智能人才中，学历为本科的最多，占比为52.3%；其次是学历为硕士的较多，占比为36.6%；学历为大专的占比为6.8%（详见表6）。

表6 2020年北京市41~45岁人工智能人才的学历分布

单位：%

学历	简历投递量占比	学历	简历投递量占比
本科	52.3	中专	0.3
硕士	36.6	高中	0.2
大专	6.8	中技	0.1
博士	3.7	总计	100.0

资料来源：根据猎聘公司提供的数据整理所得。

北京市46~50岁人工智能人才中，学历为本科的最多，占比为49.2%；其次是学历为硕士的较多，占比为35.0%；学历为大专的占比为9.3%（详见表7）。

表7 2020年北京市46~50岁人工智能人才的学历分布

单位：%

学历	简历投递量占比	学历	简历投递量占比
本科	49.2	高中	0.2
硕士	35.0	中技	0.1
大专	9.3	初中	0.1
博士	5.6	总计	100.0
中专	0.5		

资料来源：根据猎聘公司提供的数据整理所得。

北京市 51 岁及以上人工智能人才中，学历为本科的最多，占比为 48.3%；其次是学历为硕士的较多，占比为 27.0%；学历为大专的占比为 18.9%（详见表 8）。

表 8　2020 年北京市 51 岁及以上人工智能人才的学历分布

单位：%

区域	简历投递量占比	区域	简历投递量占比
本科	48.3	中专	0.8
硕士	27.0	高中	0.5
大专	18.9	中技	0.1
博士	4.4	总计	100.0

资料来源：根据猎聘公司提供的数据整理所得。

4. 北京市人工智能人才的专业背景

从专业背景情况来看，2020 年北京市人工智能人才中专业背景为计算机科学与技术的最多，占比为 18.5%；其次是专业背景为软件工程的较多，占比为 6.4%；专业背景为工商管理的占比为 4.1%（详见图 5）。

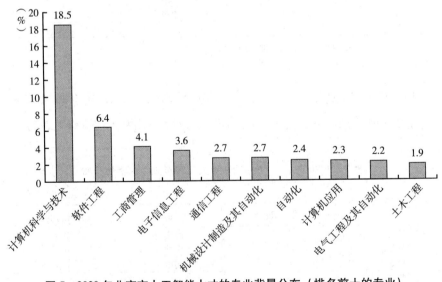

图 5　2020 年北京市人工智能人才的专业背景分布（排名前十的专业）

资料来源：根据猎聘公司提供的数据整理所得。

北京市不同年龄人工智能人才的专业背景分布有所不同。年轻的人工智能人才专业背景多为计算机方面的，年龄较大的人工智能人才专业背景多为土木工程、工商管理方面的。

北京市20岁及以下的人工智能人才中，专业背景为计算机科学与技术的最多，占比为11.1%；其次是专业背景为计算机软件的较多，占比为9.3%；专业背景为计算机信息管理的占比为5.6%（详见表9）。

表9　2020年北京市20岁及以下人工智能人才的专业背景分布（排名前十的专业）

单位：%

专业	简历投递量占比	专业	简历投递量占比
计算机科学与技术	11.1	智能产品开发	1.9
计算机软件	9.3	英语	1.9
计算机信息管理	5.6	艺术设计	1.8
计算机	3.7	移动互联网技术	1.8
电子商务	3.7	药品生产技术专业	1.8

资料来源：根据猎聘公司提供的数据整理所得。

北京市21~25岁人工智能人才中，专业背景为计算机科学与技术的最多，占比为28.5%；其次是专业背景为软件工程的较多，占比为14.2%；专业背景为软件技术的占比为3.2%（详见表10）。

表10　2020年北京市21~25岁人工智能人才的专业背景分布（排名前十的专业）

单位：%

专业	简历投递量占比	专业	简历投递量占比
计算机科学与技术	28.5	网络工程	2.7
软件工程	14.2	计算机软件	2.0
软件技术	3.2	物联网工程	1.9
计算机应用技术	2.8	信息管理与信息系统	1.9
电子信息工程	2.7	通信工程	1.9

资料来源：根据猎聘公司提供的数据整理所得。

北京市 26~30 岁的人工智能人才中，专业背景为计算机科学与技术的最多，占比为 19.3%；其次是专业背景为软件工程的较多，占比为 6.9%；专业背景为电子信息工程的占比为 3.6%（详见表 11）。

表 11　2020 年北京市 26~30 岁人工智能人才的专业背景分布（排名前十的专业）

单位：%

专业	简历投递量占比	专业	简历投递量占比
计算机科学与技术	19.3	通信工程	2.6
软件工程	6.9	电气工程及其自动化	2.6
电子信息工程	3.6	车辆工程	2.2
机械设计制造及其自动化	3.3	工商管理	2.2
自动化	2.6	土木工程	1.9

资料来源：根据猎聘公司提供的数据整理所得。

北京市 31~35 岁的人工智能人才中，专业背景为计算机科学与技术的最多，占比为 14.7%；其次是专业背景为软件工程的较多，占比为 4.4%，专业背景为电子信息工程、工商管理的占比均为 4.1%（详见表 12）。

表 12　2020 年北京市 31~35 岁人工智能人才的专业背景分布（排名前十的专业）

单位：%

专业	简历投递量占比	专业	简历投递量占比
计算机科学与技术	14.7	通信工程	2.8
软件工程	4.4	自动化	2.5
电子信息工程	4.1	电气工程及其自动化	2.4
工商管理	4.1	安全工程	2.2
机械设计制造及其自动化	3.3	土木工程	2.0

资料来源：根据猎聘公司提供的数据整理所得。

北京市 36~40 岁人工智能人才中，专业背景为计算机科学与技术的最多，占比为 18.4%；其次是专业背景为工商管理的较多，占比为 6.1%；专业背景为电子信息工程的占比为 3.9%（详见表 13）。

表13　2020年北京市36~40岁人工智能人才的专业背景分布（排名前十的专业）

单位：%

专业	简历投递量占比	专业	简历投递量占比
计算机科学与技术	18.4	计算机应用	2.6
工商管理	6.1	人力资源管理	2.5
电子信息工程	3.9	自动化	2.4
软件工程	3.2	机械设计制造及其自动化	2.4
通信工程	2.8	土木工程	2.2

资料来源：根据猎聘公司提供的数据整理所得。

北京市41~45岁人工智能人才中，专业背景为计算机科学与技术的占比为14.4%，专业背景为工商管理的占比为8.0%，专业背景为计算机应用的占比为5.3%（详见表14）。

表14　2020年北京市41~45岁人工智能人才的专业背景分布（排名前十的专业）

单位：%

专业	简历投递量占比	专业	简历投递量占比
计算机科学与技术	14.4	自动化	2.1
工商管理	8.0	人力资源管理	2.0
计算机应用	5.3	机械设计制造及其自动化	2.0
软件工程	3.7	电子信息工程	1.9
通信工程	2.4	土木工程	1.9

资料来源：根据猎聘公司提供的数据整理所得。

北京市46~50岁人工智能人才中，专业背景为工商管理的最多，占比为8.0%；其次是专业背景为计算机科学与技术的较多，占比为6.5%；专业背景为计算机应用的占比为6.4%（详见表15）。

表15　2020年北京市46~50岁人工智能人才的专业背景分布（排名前十的专业）

单位：%

专业	简历投递量占比	专业	简历投递量占比
工商管理	8.0	软件工程	2.5
计算机科学与技术	6.5	土木工程	2.3
计算机应用	6.4	计算机及应用	1.9
MBA	3.6	企业管理	1.8
计算机软件	3.2	机械电子工程/机电一体化	1.8

资料来源：根据猎聘公司提供的数据整理所得。

北京市51岁及以上人工智能人才中，专业背景为工商管理的最多，占比为7.2%；其次是专业背景为土木工程、经济管理的较多，占比均为4.0%；专业背景为计算机应用的占比为3.8%（详见表16）。

表16　2020年北京市51岁及以上人工智能人才的专业背景分布（排名前十的专业）

单位：%

专业	简历投递量占比	专业	简历投递量占比
工商管理	7.2	工业与民用建筑	3.5
土木工程	4.0	安全工程	2.9
经济管理	4.0	机械设计制造及其自动化	2.6
计算机应用	3.8	计算机科学与技术	2.5
企业管理	3.7	机械工程	2.3

资料来源：根据猎聘公司提供的数据整理所得。

5. 北京市人工智能人才的工龄分布

从工龄分布来看，2020年北京市人工智能人才中5年及以下工龄的最多，占比为33.2%；其次是5~10年工龄的较多，占比为25.1%；10~15年工龄的占比为17.0%，15年以上工龄的占比为12.7%（详见图6）。工龄的这种分布状况与我国人工智能人才最近几年才开始快速发展有关。

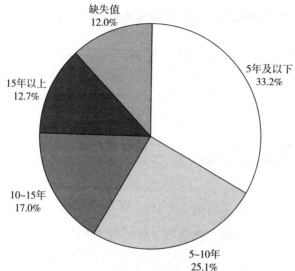

图6　2020年北京市人工智能人才的工龄分布

资料来源：根据猎聘公司提供的数据整理所得。

6. 北京市人工智能人才的来源区域

总体来看，北京市人工智能人才主要来自京津冀地区。从不同年龄人工智能人才的来源地区看，20岁及以下人工智能人才中有81.6%来自京津冀地区，6.1%来自长三角地区（详见表17）。

表17　2020年北京市20岁及以下人工智能人才的来源区域分布

单位：%

区域	简历投递量占比	区域	简历投递量占比
京津冀	81.6	长江中游	2.0
长三角	6.1	成渝	2.0
珠三角	2.1	缺失值	4.1
中原	2.1	总计	100.0

资料来源：根据猎聘公司提供的数据整理所得。

北京市21~25岁人工智能人才中有65.8%来自京津冀地区，6.5%来自长三角地区，3.3%来自中原地区（详见表18）。

表 18 2020 年北京市 21~25 岁人工智能人才的来源区域分布

单位：%

区域	简历投递量占比	区域	简历投递量占比
京津冀	65.8	长江中游	1.9
长三角	6.5	成渝	1.7
中原	3.3	缺失值	15.2
珠三角	3.2	总计	100.0
关中平原	2.4		

资料来源：根据猎聘公司提供的数据整理所得。

北京市 26~30 岁人工智能人才中有 79.0%来自京津冀地区，5.9%来自长三角地区，2.9%来自珠三角地区（详见表 19）。

表 19 2020 年北京市 26~30 岁人工智能人才的来源区域分布

单位：%

区域	简历投递量占比	区域	简历投递量占比
京津冀	79.0	长江中游	1.1
长三角	5.9	关中平原	1.0
珠三角	2.9	缺失值	7.8
中原	1.2	总计	100.0
成渝	1.1		

资料来源：根据猎聘公司提供的数据整理所得。

北京市 31~35 岁人工智能人才中有 82.9%来自京津冀地区，5.0%来自长三角地区，2.1%来自珠三角地区（详见表 20）。

表 20 2020 年北京市 31~35 岁人工智能人才的来源区域分布

单位：%

区域	简历投递量占比	区域	简历投递量占比
京津冀	82.9	成渝	0.8
长三角	5.0	关中平原	0.5
珠三角	2.1	缺失值	6.8
中原	1.0	总计	100.0
长江中游	0.9		

资料来源：根据猎聘公司提供的数据整理所得。

北京市 36~40 岁人工智能人才中有 85.3% 来自京津冀地区，4.2% 来自长三角地区，1.7% 来自珠三角地区（详见表 21）。

表 21　2020 年北京市 36~40 岁人工智能的来源区域分布

单位：%

区域	简历投递量占比	区域	简历投递量占比
京津冀	85.3	长江中游	0.6
长三角	4.2	关中平原	0.4
珠三角	1.7	缺失值	6.1
成渝	0.9	总计	100.0
中原	0.8		

资料来源：根据猎聘公司提供的数据整理所得。

北京市 41~45 岁人工智能人才中有 84.2% 来自京津冀地区，5.2% 来自长三角地区，2.6% 来自珠三角地区（详见表 22）。

表 22　2020 年北京市 41~45 岁人工智能人才的来源区域分布

单位：%

区域	简历投递量占比	区域	简历投递量占比
京津冀	84.2	关中平原	0.5
长三角	5.2	成渝	0.5
珠三角	2.6	缺失值	5.5
长江中游	0.8	总计	100.0
中原	0.7		

资料来源：根据猎聘公司提供的数据整理所得。

北京市 46~50 岁人工智能人才中有 73.3% 来自京津冀地区，7.9% 来自长三角地区，4.3% 来自珠三角地区（详见表 23）。

表23　2020年北京市46~50岁人工智能人才的来源区域分布

单位：%

区域	简历投递量占比	区域	简历投递量占比
京津冀	73.3	成渝	1.1
长三角	7.9	关中平原	0.3
珠三角	4.3	缺失值	10.6
中原	1.3	总计	100.0
长江中游	1.2		

资料来源：根据猎聘公司提供的数据整理所得。

北京市51岁及以上人工智能人才中有65.0%来自京津冀地区，9.4%来自长三角地区，5.2%来自珠三角地区（详见表24）。

表24　2020年北京市51岁及以上人工智能人才的来源区域分布

单位：%

区域	简历投递量占比	区域	简历投递量占比
京津冀	65.0	成渝	1.2
长三角	9.4	关中平原	0.5
珠三角	5.2	缺失值	14.2
中原	2.6	总计	100.0
长江中游	1.9		

资料来源：根据猎聘公司提供的数据整理所得。

7. 北京市人工智能人才的期望薪资

从北京市不同期望薪资人工智能人才的行业分布情况来看，随着期望薪资的升高，2020年北京市金融行业、汽车制造行业人工智能人才的占比呈上升趋势，电子通信行业、服务外包行业人工智能人才的占比呈下降趋势，互联网行业人工智能人才的占比则走出了一条"U"形曲线（详见图7）。

从北京市不同期望薪资人工智能人才的岗位分布情况来看，随着期望薪资的升高，研发岗位人工智能人才的占比上升，平台架构人才的占比下降（详见图8）。

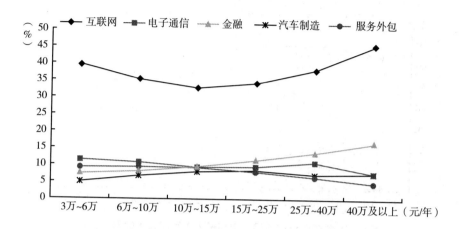

图7　2020年北京市不同期望薪资人工智能人才的行业分布

资料来源：根据猎聘公司提供的数据整理所得。

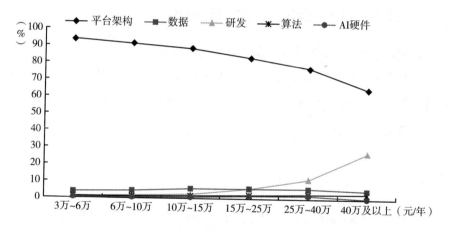

图8　2020年北京市不同期望薪资人工智能人才的岗位分布

资料来源：根据猎聘公司提供的数据整理所得。

　　从北京市不同期望薪资人工智能人才的学历分布情况来看，随着期望薪资的升高，学历为硕士和博士的人工智能人才占比上升，学历为本科、大专的人工智能人才占比呈下降趋势（详见图9）。

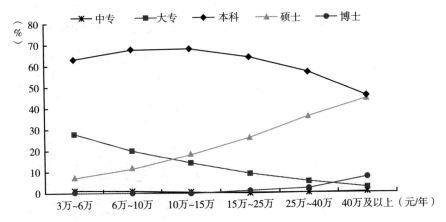

图9 2020年北京市不同期望薪资人工智能人才的学历分布

资料来源：根据猎聘公司提供的数据整理所得。

（二）北京市人工智能人才需求数据分析

1. 北京市不同行业对人工智能人才的需求情况

从北京市不同行业对人工智能人才的需求情况看，2020年北京市互联网行业对人工智能人才的需求最多，占比为69.8%；其次是电子通信行业对人工智能人才的需求较多，占比为7.8%；服务行业对人工智能人才的需求占比为4.3%，金融行业对人工智能人才的需求占比为4.0%（详见表25）。

表25 2020年北京市不同行业对人工智能人才的需求分布（排名前十的行业）

单位：%

行业	新发职位量比例	行业	新发职位量比例
互联网	69.8	教育文化	2.6
电子通信	7.8	制药医疗	1.6
服务	4.3	能源化工	1.3
金融	4.0	消费品	1.3
汽车制造	2.8	建筑	1.2

资料来源：根据猎聘公司提供的数据整理所得。

2. 北京市不同岗位对人工智能人才的需求情况

从北京市不同技术岗位对人工智能人才的需求情况来看，2020年北京市平台架构岗位对人工智能人才的需求最多，占比为94.8%；其次是算法岗位对人工智能人才的需求较多，占比为2.1%；数据岗位对人工智能人才的需求占比为1.8%（详见表26）。

表26　2020年北京市不同岗位对人工智能人才的需求分布

单位：%

岗位	新发职位量比例	岗位	新发职位量比例
平台架构	94.8	研发	0.8
算法	2.1	AI硬件	0.5
数据	1.8	总计	100.0

资料来源：根据猎聘公司提供的数据整理所得。

3. 北京市对不同学历人工智能人才的需求情况

从北京市对不同学历人工智能人才的需求情况看，2020年北京市对本科学历的人工智能人才需求最多，占比为85.4%；其次是对大专学历的人工智能人才需求较多，占比为6.6%；对硕士学历的人工智能人才需求占比为3.3%（详见表27）。

表27　2020年北京市对不同学历人工智能人才的需求分布

单位：%

学历	新发职位量比例	学历	新发职位量比例
本科	85.4	中专/中技	0.1
大专	6.6	不限	4.5
硕士	3.3	总计	100.0
博士	0.1		

资料来源：根据猎聘公司提供的数据整理所得。

4. 北京市不同规模企业对人工智能人才的需求情况

从不同规模企业对人工智能人才的需求情况来看，2020年北京市规模为 1000 人及以上的企业对人工智能人才的需求最多，占比为 45.7%；其次是规模为 100~499 人的企业对人工智能人才的需求较多，占比为 25.7%；规模为 0~99 人和 500~999 人的企业对人工智能人才的需求占比分别为 12.4% 和 10.2%（详见表 28）。

表 28　2020 年北京市不同规模企业对人工智能人才的需求分布

单位：%

规模	新发职位量比例	规模	新发职位量比例
0~99 人	12.4	1000 人及以上	45.7
100~499 人	25.7	其他	6.0
500~999 人	10.2	总计	100.0

资料来源：根据猎聘公司提供的数据整理所得。

5. 北京市对不同工作年限人工智能人才的需求情况

2020 年北京市人工智能新发职位中，随着对工作年限要求的增长，对研发和数据岗位人工智能人才的需求占比升高，对平台架构岗位人工智能人才的需求占比呈先降后升的趋势（详见图 10）。

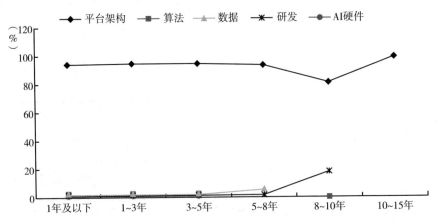

图 10　2020 年北京市人工智能新发职位中不同工作年限要求的岗位分布

资料来源：根据猎聘公司提供的数据整理所得。

三 北京市人工智能人才培养情况

（一）高校培养人工智能人才情况

北京是高等院校最集中的地区，在人工智能的人才培养方面走在了全国的前列，为人工智能产业发展提供了人才支撑。北京市人工智能人才多毕业于理工、航天、邮电、交通、科技类院校，但涉及的具体毕业院校较为分散。2020年北京市人工智能人才的毕业院校相对比较集中于北京理工大学、北京航空航天大学、中国人民大学、北京邮电大学等（详见表29）。

表29 2020年北京市人工智能人才毕业院校分布（排名前十的院校）

单位：%

学校	简历投递量占比	学校	简历投递量占比
北京理工大学	2.7	北京工业大学	1.8
北京航空航天大学	2.6	北京科技大学	1.8
中国人民大学	2.2	北京大学	1.7
北京邮电大学	2.1	吉林大学	1.6
北京交通大学	1.9	燕山大学	1.6

资料来源：根据猎聘公司提供的数据整理所得。

培养人工智能人才的在京高校在专业和学科建设方面都做出了许多努力。北京理工大学人工智能研究院于2019年开始招收人工智能本科学生，致力于孕育和培养一批具有深厚理论基础和突出工程实践能力、服务于国家重大需求的人工智能人才。北京航空航天大学人工智能研究院瞄准关键领域，实施本研一体化的培养模式，培养人工智能领域一流人才[①]。中国人民大学高瓴人工智能研究院开展人工智能领域的本、硕、博人才培养和科学研究工作，全面展开与世界顶尖大学的交流与合作，致力于建成世界一流的人

---

① 北京航空航天大学人工智能研究院门户网站，https://iai.buaa.edu.cn/。

工智能学科。① 北京邮电大学 2020 年 1 月成立了国内规模最大的人工智能学院，学院设置 4 个系和 6 个本科专业培养人工智能人才。② 北京交通大学人工智能研究院于 2017 年 12 月成立，挂靠计算机与信息技术学院，在本硕一体化的培养体系中，人工智能专业的课程体系已经具备雏形。③

（二）研究机构培养人工智能人才情况

北京智源人工智能研究院④是落实"北京智源行动"的重要举措。2019年 11 月，北京智源研究院获批设立园区类博士后科研工作站，开展博士后引进与培养工作，与北大、清华、中科院等优势高校联合培养博士后，产学研资源丰富，拥有一流的学术氛围和科研环境。2020 年 2 月，智源博士后工作站启动首批博士后人才招收计划，在智能系统、认知图谱、智能医疗、前沿交叉、智能政务和智能交通等方向招收博士后科研人员。智源博士后科研工作站作为人工智能研究机构，将人工智能人才培养与相关产业深度协同，对未来人工智能科研创新和人才培养都具有强有力的促进和支撑作用。

四 北京市人工智能人才发展存在的问题

（一）人工智能人才结构与发达国家相比还有差距

北京市的高等院校和科研机构数量较多，从事人工智能基础研究的人才相对充足，在人工智能人才队伍建设方面起点比其他城市高，但是仍然存在基础研究人才多、产业应用人才少的结构性问题，与发达国家相比还存在一定的差距。⑤

---

① 中国人民大学高瓴人工智能研究院门户网站，http：//ai. ruc. edu. cn/。
② 北京邮电大学人工智能学院门户网站，https：//ai. bupt. edu. cn/。
③ 北京交通大学计算机与信息技术学院学院简介，http：//scit. bjtu. edu. cn/cms/item/2. html。
④ 北京智源人工智能研究院门户网站，https：//www. baai. ac. cn/。
⑤ 范漪萍等：《北京人工智能产业发展人才需求分析及精准引才对策建议》，2019 年北京科学技术情报学会学术年会——"科技情报创新缔造发展新动能"论坛。

（二）人工智能产学研合作密切度有待进一步提升

北京人工智能科研机构的研究与企业实践存在一定程度的脱离。在研发方面，北京市的人工智能研发主力集中于科研院所（国外主要集中于大企业）；在应用领域，人工智能的前沿科技成果难以转化到企业的实际生产中。人工智能产学研之间如何实现密切合作的问题亟待解决。

五 北京市人工智能人才发展的对策建议

（一）引进高端人才，完善人工智能人才结构

哈佛大学、麻省理工学院、佛罗里达大学等国外高校是全球人工智能人才较多的高校，国内其他城市优质高校培养的人工智能人才也较多，可以考虑从这些国内外高校引进人工智能高端人才。也可以从国外一些著名企业引进一些能直接推动北京市人工智能产业发展的急需人才。[1]

（二）产学研协同育人，打造人工智能人才高地

探索高校、科研院所、企业联合培养人工智能人才的有效模式，将人才培养与科技创新有机结合，及时把科研成果转化为教学内容。通过产学研深度融合，培养学生的各项能力。[2] 积极探索人工智能人才培养的新模式，为北京市打造人工智能人才创新高地提供沃土。

---

[1] 范漪萍等：《北京人工智能产业发展人才需求分析及精准引才对策建议》，2019 年北京科学技术情报学会学术年会——"科技情报创新缔造发展新动能"论坛。

[2] 《人工智能人才培养任重道远》，电子发烧友，https://www.elecfans.com/d/674600.html，2018 年 5 月 9 日。

后 记

　　《中国人工智能人才发展报告（2022）》是中国劳动和社会保障科学研究院（劳科院）组织编撰的我国第一本关于人工智能人才发展方面的蓝皮书。本书是所有作者及其所代表的科研团队集体努力和智慧的结晶，饱含了他们对中国人工智能人才发展事业的激情与热爱。本书对中国人工智能人才的发展现状、供求情况、面临问题、发展趋势进行分析并提出政策建议，为我国培养高质量人工智能人才提供了参考。

　　《中国人工智能人才发展报告（2022）》在编委会集体讨论的基础上，拟定了全书的编写框架、编写内容和标准，并由各位作者负责撰写。本书由劳科院院长莫荣统筹策划、组织和审定，劳科院宏观战略研究室战梦霞主任承担全书修订、审读和协调出版工作，劳科院宏观战略研究室刘永魁同志负责前期统稿和编校等工作。

　　本书得以顺利出版离不开各位作者的辛勤付出，在调研计划受新冠肺炎疫情持续影响而动态调整变化的情况下，劳科院课题组展现了科研工作者的热忱与担当，多次在疫情防控态势较好的时期赴苏州、北京等地区开展调研，获得了翔实的统计数据和实践案例。此外，同道猎聘集团的高明副总裁、苏州富纳艾尔科技有限公司的吴加富董事长、社会科学文献出版社领导也为本书的顺利出版提供了热情帮助和大力支持，编委会对他们的贡献表示衷心感谢。

　　《中国人工智能人才发展报告（2022）》的编制工作得到了人力资源和社会保障部有关部门的支持和指导，职业能力建设司刘康司长、中国就业培训技术指导中心吴礼舵主任对报告提出了指导意见。劳科院党委书记郑东亮审阅了全书。报告撰写过程中得到了有关专家和人社厅局领导的支持。劳科院科研处副处长李艺，社科文献出版社经济管理分社陈凤玲总编辑在图书编辑出版方面提供了高质量的服务。

劳科院对报告出版给予了大力支持，院学术委员会委员对报告提出了改进意见。我们对上述单位和个人在报告写作和出版过程中给予的支持和帮助表示衷心感谢！

由于时间和水平限制，我们深知本书内容尚有诸多不足之处，欢迎广大读者朋友对此提出宝贵的批评和建议，督促我们更好地做好下一步工作，为推动我国人工智能人才的高质量发展做出积极贡献。

《中国人工智能人才发展报告（2022）》编委会

2022 年 5 月

Abstract

Annual Report on the Development of Artificial Intelligence Talent in China (2022) is the first authoritative research report on the development of Artificial Intelligence (AI) talents in China. This book is organized and written by the Chinese Academy of Labor and Social Security (CALSS), and the results are obtained by using a large amount of data analysis. There are four chapters divided by a general report, three special topic reports, three industry reports, and five region reports, with 12 research reports in total inthe *Annual Report on the Development of Artificial Intelligence Talent in China* (2022),

This book systematically combs the policy, industry, region, and educational background of the development of AI talents in China. 440 colleges and universities in China have set up AI majors. Four colleges and universities have entered the top 10 global academic institutions in the field of AI from 2020 to 2021. This book analyzes the current situation of employment, supply and demand of AI talents in China. It is found that in terms of supply, males, 23-35 years old, and bachelor's degrees are the main characteristics of AI talents in China. The largest number of AI talents graduated from computer science and technology, more than 60% of whom have worked for less than 10 years. The Yangtze River Delta, the Beijing-Tianjin-Hebei Region, the Guangdong-Hong Kong-Macao Greater Bay Area supply three-quarters of AI talents, one-third of AI talents expect an annual salary of 150, 000~250, 000RMB. In terms of demand, large-scale Internet, game, and software enterprises with more than 1000 employees in the Yangtze River Delta and Beijing have a large demand for AI talents such as platform architects with bachelor degree. The structural contradiction of AI talents in China is still prominent, the supporting force of the training system is insufficient, the policy needs to be further improved, and the ecological environment needs to be continuously optimized. This book propose that, we should establish an integrated cultivation coordinated mechanism among the government, industry, university, and research organizations, strengthen the promotion of the integrated cultivation mode of industry and education, optimize the training system of AI talents, and release the vitality of the market evaluation of AI vocational skills in the future. In combination with the relevant policies on supporting the development of AI during the 14th Five Year Plan period issued by various local governments, this book predicts that tackling key core technologies is an important task for technology R&D talents, the application of intelligent products in multiple scenarios has become a new challenge for innovative and applied talents, the importance of science and technology leading talents will be further highlighted. The scale of the AI talent team will be further expanded.

This book studies and analyzes the education and training of AI talents in Chinese colleges and universities, job demands, international AI talents, and employment trends, it points out that the training of AI talents is homogeneous; the construction of grass-roots academic organizations lags behind in development situation; AI discipline and specialty groups have not yet been formed; the curriculum construction lacks continuity and sustainability; teachers are scarce, and the "integration among the science and education, industry and education" is weak. This book believes that in the future, we should make solid progress in adhering to classified and hierarchical training to fully adapt to the diverse needs of the development of AI for talents, optimizing the layout of AI disciplines to improve the AI talent training system, promoting the construction of AI technology innovation system in colleges and universities to enhance the advantages of sustainable innovation and development, establishing and improving the multi-agent collaborative education mechanism to promote the deep integration of industry, science, and education. According to the analysis of the market demand for posts, the post demand for AI talents in China in the order from high to low is: anti-fraud / risk control posts, machine vision posts, AI training and data mining post, machine learning post, and image algorithm post; the total number of global AI talents is limited but growing rapidly, the expansion of applied research

talents is faster. In the future, China's AI talent training needs to ensure sufficient competitive investment at the national and organizational levels, actively carry out transnational and cross – regional talent recruitment and use, expand diversified talent training channels, improve the government's ability to utilize AI talents directly, encourage talents in other fields to transform to AI, and improve the communication and management skills of AI talents.

This book studies and analyzes the development of AI talents in the Internet, Finance, and Automotive industries, and points out that the average age of AI talents in the Internet industry is low, and "35-year-old anxiety" has become a hot topic. We should focus on new situations and new problems, such as rational adjustment of personnel structure, improvement of talent quality, and improvement of talent management services. This book believes that we need to build a highland for innovation and development of Internet talents in the future, improve the overall quality of the talent team, create a talent team support suitable for industrial development, and improve quality and efficiency by guiding and standardizing the development of industry talents; the academic structure of AI talents in the Financial industry is spindle–shaped, and the demand for platform architecture talents is "dominant", accounting for 94.75%. There is a structural contradiction between talent supply and demand, and talent evaluation standards must be improved. This book believes that in the future, we should strengthen the construction of scientific planning talent team, deepen the integration of industry, university, and research organizations, jointly promote talent development, improve the on-the-job talent training system, and improve the talent incentive mechanism; among the AI talents in the automobile industry, the mechanical design & manufacturing, and automation majors account for the highest proportion, accounting for 11.77%, showing a trend of flowing from traditional automobile enterprises to new energy automobile enterprises. The supply of R&D, compound, and technical talents is insufficient, and the training of colleges and universities lags behind the needs of enterprises. This book believes that attracting core technical talents, improving the supply of human resources, and promoting colleges-enterprise cooperation, perfecting the talent evaluation mechanism is the key to promoting the development of AI talents in the Automotive industry.

This book studies and analyzes the supply, demand, and training of AI talents in five typical cities, Shenzhen, Suzhou, Hangzhou, Guangzhou, and Beijing. It is concluded that among the five major cities, the internet, game, and software industries have the largest demand for AI talents, followed by the electronics, communications, and hardware industries, and the automobile, machinery, and manufacturing industries is the third rank; The financial industry in Shenzhen, the automobile, machinery and manufacturing industries in Suzhou, and the advertising, media, education and culture industries in Guangzhou have a significantly higher demand for AI talents than the same industries in other cities; The five major cities all show strong demand for platform architecture talents. This book believes that in the future, all regions need to increase financial support, optimize the teacher structure of colleges and universities, improve the synergy among government, industry, university, and research organizations, strengthen the training of local AI talents, improve relevant supporting policies, and actively introduce top-level talents.

Annual Report on the Development of Artificial Intelligence Talent in China (2022) shows the development status, development difficulties, and development trends of Chinese AI talents for AI-related enterprises and the public. From a scientific and rigorous perspective, the book systematically combs and analyzes the overall picture of Chinese AI talents, hoping to provide authoritative and detailed materials for scientific research institutes, colleges and universities, relevant enterprises, and the public to understand the development of Chinese AI talents.

Keywords: Artificial Intelligence Talent; Employment; Talent Supply and Demand; Talent Training

Contents

I General Report

B.1 Development Report of Chinese Artificial Intelligence Talents
in 2021   *Mo Rong, Liu Yongkui and Zhan Mengxia* / 001

Abstract: With the continuous innovation and improvement of artificial
intelligence technology, the vigorous development of the AI industry, and the
increasing demand for AI talents, there is a large gap in the supply of AI talents in
China, which needs to be supplemented urgently. This report systematically combs
the policies, industries, regions, and educational environment for the development
of artificial intelligence talents in China; comprehensively analyzes the current
situation, supply characteristics, and demand performance of AI talent training in
China based on the Liepin big data; expounds the difficulties existing in the
cultivation of AI talents and puts forward countermeasures and suggestions such as
establishing an integrated cultivation coordinated mechanism of government,
industries, Universities and research institutions, strengthens the promotion of the
integrated cultivation mode of industry and education, optimizes the cultivation
system of artificial intelligence talents, and releases the vitality of market evaluation
of artificial intelligence vocational skills, combines with the relevant policies
introduced by every local governments to support the development of artificial
intelligence during the 14th Five Year Plan period.

Keywords: Artificial Intelligence; Artificial Intelligence Talent; Employment;
Integration of Industries and Education

II Special Topics

B . 2 Report on the Education and Training of AI Talents in Chinese

Colleges and Universities *Zhan Mengxia , Gao Ming* / 031

Abstract: The rapid development of the AI industry has spawned the demand for high-level professional personnels, which has forced the optimization of AI discipline layout and the innovation of talent training mode in colleges and universities. Based on clarifying the development context and policy background of AI talent training in Chinese colleges and universities, this report makes an in-depth analysis of the current situation and training mode of AI talent training in colleges and universities. Because of the practical difficulties of many deficiencies including the training goal orientation, interdisciplinary integration, diversification of curriculum system, and multi-subject education mechanism of AI talents in colleges and universities, this report puts forward that we should adhere to classified and layered training, fully adapt to the diversified needs of the development of AI for talents; optimize the layout of AI disciplines, and build an AI talent training system; promote the integration of teaching and research, and promote the construction of artificial intelligence technology innovation system in colleges and universities; establish and improve the multi-agent collaborative education mechanism and promote the in-depth integration of industries and education.

Keywords: Artificial Intelligence; Artificial Intelligence Talent; Higher Education; AI Discipline

B . 3 Talent Demand Analysis Report for AI-related Posts

Zhang Yiming , Song Sibin / 070

Abstract: The development of Artifical Intelligence (AI) accompanied that

of computers has a long history. In recent years, AI has developed rapidly with the rise of the Internet and cloud computing. With the implementation of the national digital industrialization and industrial digitalization strategy, AI has shifted from its enlightenment stage into era 2.0. The internal mechanisms, related technologies, and algorithms of AI have undergone profound changes, which lead to profound changes in the structure of talents related to AI. Most predictions and analysis on future employment or alternative employment use estimated replacement rates, on the basis of industry development, technological innovation, or specific job segment. In contrast, subsequent to the analysis to the development and functional mechanism of AI, this paper analyzes the demand for AI talent in different industries, different cities, and different positions, based on the job demand information from the mainstream market recruitment websites. This paper also analyzes talent demands and market comittment salaries for 15 types of AI-related jobs and careers, inclusive of further analysis to the demands of 5 types of subdivided positions, based on the demand information from public recruitment websites.

Keywords: Artificial Intelligence; Artificial Intelligence Talent; AI-related Jobs; Demand of Talent

B.4 Research on International AI Talents and Employment Trends

Li Zongze, Shan Qiang / 089

Abstract: This paper analysises the shortage situations of global artificial intelligence talents and the trends of the relevant skill developments. It systematically describes the characteristics and classifications of AI talents, sorts out the talents distributions and structures of relevant typical economies in the world, summarizes the problems during the development of global AI talents. Then relevant policy suggestions for China are put forward at the end. It is advised to foster comprehensively the national artificial intelligence ecosystem, monitor positively the trends of AI talents supply and demand, cultivate diversified AI talents, promote government sectors to utilize AI talents, and attract innovatively international talents.

Keywords: Artificial Intelligence; Artificial Intelligence Talent; AI-employment

Ⅲ   Industry Reports

B.5   Development Report of AI Talents in the Internet Industry

Cui Yan / 113

Abstract: This paper makes an in-depth analysis of the supply and demand of artificial intelligence talents in the Internet industry. The study found that in the construction of artificial intelligence talent teams in the Internet industry, attention should be paid to the current new situations and problems, such as rational adjustment of personnel structure, improvement of talent quality, and improvement of talent management services. This paper proposes that we should strengthen the top-level design and build a highland for the innovation and development of Internet talents; Adapt to industrial development and improve the overall quality of the talent team; Increase the concentration of talents and create a talent team support suitable for industrial development; Continue to optimize the environment and guide and standardize the development of talents in the industry.

Keywords: Artificial Intelligence; Artificial Intelligence Talent; Internet Industry; Talent Agglomeration

B.6   Development Report of AI Talents in the Financial Industry

Cui Yan, Liu Yongkui / 134

Abstract: New technologies such as artificial intelligence promote the innovative development of the financial industry, and talents are the key factor. This paper makes an in-depth analysis of the supply and demand of artificial

intelligence talents in the financial industry. It is found that there are still some problems in the construction of artificial intelligence talent teams in the financial industry, such as the structural contradiction between talent supply and demand, the gap between talent training and actual demand, and the relevant talent evaluation standards that need to be improved. This paper puts forward that the top-level design should be strengthened and the construction of a talent team should be planned scientifically; the integration of industry, university, and research to promote talent training should be deepened furtherly; the human capital investment should be increased; the on-the-job talent training system needs to be improved; the talent evaluation standards need to be established and improved; the talent incentive mechanism should be enhanced.

Keywords: Artificial Intelligence; Artificial Intelligence Talent; Financial Industry

B.7 Development Report of AI Talents in the Automobile Industry

Cui Yan, Chen Yong / 153

Abstract: New technologies such as artificial intelligence give birth to systematic changes in the automotive industry and trigger a battle for talents in the automotive field. This paper makes an in-depth analysis of the supply and demand of artificial intelligence talents in the automotive industry. It is found that there are still some problems in the construction of artificial intelligence talent teams in the automotive industry, such as a serious shortage of talent supply, education lagging behind the needs of enterprises, the combination of industry and education, school-enterprise cooperation need to be strengthened, and the talent evaluation mechanism needs to be improved. This paper puts forward that we should open up more channels and attract core technical talents; improve the supply of human resources through scientific training; promote school - enterprise cooperation through multi - party collaboration; improve the talent evaluation mechanism continuously.

Keywords: Artificial Intelligence; Artificial Intelligence Talent; Automobile Industry; School-enterprise Cooperation

IV Regional Reports

B.8 Development Report of Shenzhen's AI Talents in 2022

Gao Yachun / 173

Abstract: This paper analyzed the supply and demand data of artificial intelligence talents of Shenzhen in 2022. We found that the artificial intelligence talents of Shenzhen are predominantly male, and their professional backgrounds are computer science and technology mostly, they are mainly from the Pearl River Delta region, the cultivation of artificial intelligence talents needs to be further strengthened; advanced artificial intelligence talents are still lacking. We proposed that Shenzhen should strengthen the cultivation of local artificial intelligence talents; introduce advanced artificial intelligence talents and promote Shenzhen to be a highland of artificial intelligence talents.

Keywords: Artificial Intelligence; Artificial Intelligence Talent; AI Industry; Shenzhen

B.9 Development Report of Suzhou's AI Talents in 2020

Gao Yachun, Wu Jiafu / 197

Abstract: We carried out a practical investigation and analyzed the supply and demand data of artificial intelligence talents of Suzhou. We found that the artificial intelligence talent structure is unbalanced, the teachers for the construction of artificial intelligence subjects are still scarce, and the financial support for talent training needs to be further increased. We proposed that Suzhou should strengthen the construction of an advanced artificial intelligence talent pool; optimize the

structure of teachers, train talents needed by the industry; increase financial support and optimize the environment of artificial intelligence talent training.

Keywords: Artificial Intelligence; Artificial Intelligence Talent; AI Industry; Suzhou

B.10 Development Report of Hangzhou's AI Talents in 2022

Gao Yachun, Li Xi / 226

Abstract: This paper analyzed the supply and demand data of artificial intelligence talents of Hangzhou in 2022. We found that the artificial intelligence talents of Hangzhou are predominantly male, their professional backgrounds are in computer science and technology mostly, the expected annual salary ranges from 150, 000 to 250, 000; there is a time gap between the training of artificial intelligence talents and the needs of enterprises; a limited number of universities leads to the number of talents training is relatively limited; advanced talents have higher requirements for benefits such as salary. We proposed that universities should accelerate the pace of artificial intelligence talent training; establish more artificial intelligence talent training institutions; improve supporting policies to attract and retain talents.

Keywords: Artificial Intelligence; Artificial Intelligence Talent; AI Industry; Hangzhou

B.11 Development Report of Guangzhou's AI Talents in 2022

Gao Yachun, Wang Hao / 246

Abstract: This paper analyzed the supply and demand data of artificial intelligence talents of Guangzhou in 2022. We found that the artificial intelligence talents of Guangzhou are predominantly male, and their professional backgrounds are computer science and technology mostly, they are mainly from the Pearl River Delta region. The policy of attracting basic talents needs to be further strengthened, the assessment of artificial intelligence talents needs more policy support, and the training of artificial intelligence talents in universities still needs to be strengthened. We proposed to formulate multi‒level artificial intelligence talent incentive policies, decentralize the evaluation power of artificial intelligence talents to enterprises, and strengthen the cultivation of artificial intelligence talents in universities through school‒enterprise cooperation.

Keywords: Artificial Intelligence; Artificial Intelligence Talent; AI Industry; Guangzhou

B.12 Development Report of Beijing's AI Talents in 2022

Gao Yachun, Yang Jiali / 269

Abstract: This paper analyzed the supply and demand data of artificial intelligence talents in Beijing in 2022. We found that the artificial intelligence talents of Beijing are predominantly male, and the professional backgrounds are in computer science and technology mostly, they are mainly from the Beijing‒Tianjin‒Hebei region. Compared with developed countries, there is still a gap in the artificial intelligence talent gender structure of Beijing; the close relationship of industry‒university‒research needs to be further improved. We proposed to introduce advanced talents, improve the artificial intelligence talent gender structure; educate talents through industry‒university‒research collaboration and promote Beijing to be a highland of artificial intelligence talents.

Keywords: Artificial Intelligence; Artificial Intelligence Talent; AI Industry; Beijing

皮书

智库成果出版与传播平台

❋ 皮书定义 ❋

皮书是对中国与世界发展状况和热点问题进行年度监测，以专业的角度、专家的视野和实证研究方法，针对某一领域或区域现状与发展态势展开分析和预测，具备前沿性、原创性、实证性、连续性、时效性等特点的公开出版物，由一系列权威研究报告组成。

❋ 皮书作者 ❋

皮书系列报告作者以国内外一流研究机构、知名高校等重点智库的研究人员为主，多为相关领域一流专家学者，他们的观点代表了当下学界对中国与世界的现实和未来最高水平的解读与分析。截至2021年底，皮书研创机构逾千家，报告作者累计超过10万人。

❋ 皮书荣誉 ❋

皮书作为中国社会科学院基础理论研究与应用对策研究融合发展的代表性成果，不仅是哲学社会科学工作者服务中国特色社会主义现代化建设的重要成果，更是助力中国特色新型智库建设、构建中国特色哲学社会科学"三大体系"的重要平台。皮书系列先后被列入"十二五""十三五""十四五"时期国家重点出版物出版专项规划项目；2013~2022年，重点皮书列入中国社会科学院国家哲学社会科学创新工程项目。

权威报告·连续出版·独家资源

皮书数据库
ANNUAL REPORT(YEARBOOK)
DATABASE

分析解读当下中国发展变迁的高端智库平台

所获荣誉

- 2020年，入选全国新闻出版深度融合发展创新案例
- 2019年，入选国家新闻出版署数字出版精品遴选推荐计划
- 2016年，入选"十三五"国家重点电子出版物出版规划骨干工程
- 2013年，荣获"中国出版政府奖·网络出版物奖"提名奖
- 连续多年荣获中国数字出版博览会"数字出版·优秀品牌"奖

皮书数据库

"社科数托邦"
微信公众号

成为会员

登录网址www.pishu.com.cn访问皮书数据库网站或下载皮书数据库APP，通过手机号码验证或邮箱验证即可成为皮书数据库会员。

会员福利

- 已注册用户购书后可免费获赠100元皮书数据库充值卡。刮开充值卡涂层获取充值密码，登录并进入"会员中心"—"在线充值"—"充值卡充值"，充值成功即可购买及查看数据库内容。
- 会员福利最终解释权归社会科学文献出版社所有。

数据库服务热线：400-008-6695
数据库服务QQ：2475522410
数据库服务邮箱：database@ssap.cn
图书销售热线：010-59367070/7028
图书服务QQ：1265056568
图书服务邮箱：duzhe@ssap.cn

社会科学文献出版社 皮书系列
SOCIAL SCIENCES ACADEMIC PRESS (CHINA)

卡号：728771679295
密码：

S 基本子库
UB DATABASE

中国社会发展数据库（下设 12 个专题子库）

　　紧扣人口、政治、外交、法律、教育、医疗卫生、资源环境等 12 个社会发展领域的前沿和热点，全面整合专业著作、智库报告、学术资讯、调研数据等类型资源，帮助用户追踪中国社会发展动态、研究社会发展战略与政策、了解社会热点问题、分析社会发展趋势。

中国经济发展数据库（下设 12 专题子库）

　　内容涵盖宏观经济、产业经济、工业经济、农业经济、财政金融、房地产经济、城市经济、商业贸易等 12 个重点经济领域，为把握经济运行态势、洞察经济发展规律、研判经济发展趋势、进行经济调控决策提供参考和依据。

中国行业发展数据库（下设 17 个专题子库）

　　以中国国民经济行业分类为依据，覆盖金融业、旅游业、交通运输业、能源矿产业、制造业等 100 多个行业，跟踪分析国民经济相关行业市场运行状况和政策导向，汇集行业发展前沿资讯，为投资、从业及各种经济决策提供理论支撑和实践指导。

中国区域发展数据库（下设 4 个专题子库）

　　对中国特定区域内的经济、社会、文化等领域现状与发展情况进行深度分析和预测，涉及省级行政区、城市群、城市、农村等不同维度，研究层级至县及县以下行政区，为学者研究地方经济社会宏观态势、经验模式、发展案例提供支撑，为地方政府决策提供参考。

中国文化传媒数据库（下设 18 个专题子库）

　　内容覆盖文化产业、新闻传播、电影娱乐、文学艺术、群众文化、图书情报等 18 个重点研究领域，聚焦文化传媒领域发展前沿、热点话题、行业实践，服务用户的教学科研、文化投资、企业规划等需要。

世界经济与国际关系数据库（下设 6 个专题子库）

　　整合世界经济、国际政治、世界文化与科技、全球性问题、国际组织与国际法、区域研究 6 大领域研究成果，对世界经济形势、国际形势进行连续性深度分析，对年度热点问题进行专题解读，为研判全球发展趋势提供事实和数据支持。

法律声明